21世纪高等院校教材
上海市高校本科教育高地建设项目

无机化学实验

上海师范大学生命与环境科学学院　组编
吴惠霞　主编

科 学 出 版 社
北 京

内 容 简 介

本书是作者根据多年无机化学实验教学改革实践经验编写而成的。全书包括三个部分：基础知识和基本操作介绍；实验内容；附录。全书共分7章，编入了42个实验。除化学实验的基本知识和化学实验基本操作技术外，基本操作训练、基本化学原理、元素及化合物的性质、无机化合物的制备、综合和设计实验等内容采用模块结构编写。本书的编写，既注重训练学生对基本知识和基本技能的掌握，又注重培养学生综合分析和解决问题的能力；既保留一些传统的实验教学内容，又增加了无机化学前沿内容。

本书可作为高等师范院校、综合性大学和理工科大学化学专业本科生的无机化学实验教材，也可供相关教师及实验室人员参考。

图书在版编目(CIP)数据

无机化学实验/吴惠霞主编；上海师范大学生命与环境科学学院组编.
—北京：科学出版社，2008

21世纪高等院校教材·上海市高校本科教育高地建设项目
ISBN 978-7-03-021778-3

Ⅰ.无… Ⅱ.①吴…②上… Ⅲ.无机化学-化学实验-高等学校-教材
Ⅳ.O61-33

中国版本图书馆CIP数据核字(2008)第059383号

责任编辑：杨向萍 陈雅娴/责任校对：陈玉凤
责任印制：张克忠/封面设计：耕者设计工作室

科学出版社出版
北京东黄城根北街16号
邮政编码：100717
http://www.sciencep.com

源海印刷有限责任公司 印刷
科学出版社发行 各地新华书店经销
*
2008年5月第 一 版 开本：B5(720×1000)
2008年5月第一次印刷 印张：14 1/4
印数：1—4 000 字数：274 000

定价：23.00元

(如有印装质量问题，我社负责调换〈新欣〉)

前　言

随着教学改革的不断深入，无机化学实验这门传统的基础实验课程在教学内容、方法和手段上相应发生了很大的变化。为了使学生掌握无机化学的基本实验方法和操作技能，培养学生良好的分析问题、解决问题的能力，在“上海市高校本科教育高地建设项目”的支持下，我们组织上海师范大学和兄弟院校长期耕耘在无机化学实验教学第一线的教师共同编写了这本《无机化学实验》。

本书主要根据我们多年的无机化学实验的教学实践经验编写，并参考许多国内外出版的同类实验教材。全书包括三个部分：第一部分为基础知识和基本操作，第二部分为实验内容，第三部分为有关的附录。基础知识和基本操作部分包括化学实验的基本知识、化学实验基本操作技术两章；实验部分共编入 42 个实验，分为基本操作训练、基本化学原理、元素及化合物的性质、无机化合物的制备、综合和设计实验共 5 章；第三部分共编入 13 个附录，便于读者查阅相关的常数和信息。本书的编写，既注重训练学生对基本知识和基本技能的掌握，又注重培养学生综合分析解决问题的能力；既保留了一些传统的实验教学内容，又增加了无机化学前沿内容。

本书由上海师范大学吴惠霞主编。参加编写工作的有上海师范大学杨仕平、何其庄、李益康、刘洁，复旦大学林阳辉，江西理工大学杜海燕。各章执笔人员如下：吴惠霞、刘洁、李益康（第 1 章）；李益康（第 2 章）；吴惠霞（第 3 章）；杜海燕（第 4 章）；刘洁、吴惠霞（实验十九至实验二十一）；何其庄（实验二十二至实验二十四）；林阳辉（第 6 章）；吴惠霞、杨仕平（实验三十五、三十六，实验三十八至实验四十）；杨仕平（实验三十七、四十二）；何其庄（实验四十一）；李益康、吴惠霞（附录）。

本书在编写过程中，得到了上海师范大学生命与环境科学学院领导和无机化学教研室全体同志的大力支持。科学出版社编辑同志自始至终关心本书的编写工作。曹伟曼、郑浩然、王俊在本书的校对、打印方面做了不少工作。在此一并表示衷心的感谢。

本书承蒙复旦大学蔡瑞芳教授和上海应用技术学院徐莉英教授的认真审阅，并提出许多宝贵意见，在此深表谢意。

由于时间仓促，编者水平有限，书中难免存在缺点和错误，敬请读者批评指正。

编　者

2008年2月

目　录

第三部分 附 录

第一部分

基础知识和基本操作

第 1 章　化学实验的基本知识

1.1　绪　论

1.1.1　无机化学实验的目的

化学是一门实验科学。在化学教学中，实验占有十分重要的地位。无机化学课是化学专业学生所学的第一门专业基础课。要很好地理解和掌握无机化学的基本理论和基础知识，就必须亲自动手做实验。无机化学实验的目的是：

（1）通过实验获得感性认识，加深学生对一些基本理论、基本概念的理解。

（2）对学生进行严格地基本操作、基本技能训练，使学生正确掌握基本技能，学会正确使用一些常用仪器，学会观察实验现象和测定实验数据，以及正确地处理所得数据。在分析实验现象和数据的基础上，正确表达实验结果。

（3）通过实验培养学生严谨的科学态度，良好的实验素质，以及分析问题、解决问题的独立工作能力。

无机化学实验的任务是通过整个无机化学实验教学，逐步达到上述各项目的，培养学生的科研能力，为学生进一步学习后续化学课程和实验打下基础。

1.1.2　无机化学实验的学习方法

为了达到上述实验目的，不仅要求学生有正确的学习态度，还要有正确的学习方法。学习无机化学实验可分为以下几个步骤：

1. 预习

预习是做好实验的前提和保证。

（1）认真阅读实验教材、有关教科书及参考资料。

（2）明确实验目的，了解实验内容及注意事项。

（3）预习有关的基本操作及仪器使用说明。

（4）做好预习报告。

2. 讨论

（1）实验前，教师以提问的形式与学生共同讨论，明确实验原理、操作要求及注意事项。

（2）教师做必要的操作示范，使实验操作规范化。

（3）实验后组织学生讨论，加深对实验现象的理解。

3. 实验

（1）按拟定的实验步骤独立、认真操作，仔细观察现象，边实验边思考边记录。

（2）将实验现象和数据如实地记录在实验报告上，不得涂改。

（3）若实验失败，应认真分析和查找原因，经教师同意可重做实验。

4. 实验报告

实验完成后，要及时完成实验报告。实验报告一般包括：①实验名称、日期；②实验目的、要求；③简明的实验原理；④实验步骤；⑤实验现象、数据等的原始记录；⑥实验解释、实验结论或实验数据的处理和计算；⑦实验心得体会和讨论。

其中，①至④应在实验前完成；⑤在实验时完成；⑥和⑦在实验后完成。

实验报告应字迹端正，简明扼要，整齐清洁。若实验现象、数据、解释等不符合要求，或实验报告写得潦草，应重做实验或重写报告。

1.1.3　实验报告的基本格式

无机化学实验报告一般分为无机化学制备实验报告、无机化学测定实验报告和无机化学性质实验报告三种。

无机化学制备实验报告

实验名称：____

年级：__________　学号：__________　姓名：__________　日期：__________

一、实验目的

二、基本原理

三、简要流程（方块式或箭头式）

四、实验中主要现象

五、实验结果

产品外观：__________。

理论产量（计算）：__________。

产量：__________。

产率：__________。

六、问题与讨论

无机化学测定实验报告

实验名称：________________________________

年级：__________ 学号：__________ 姓名：__________ 日期：__________

一、实验目的

二、基本原理（简述）

三、实验步骤

四、数据记录和结果处理（表格形式）

五、问题和讨论

无机化学性质实验报告

实验名称：________________________________

年级：__________ 学号：__________ 姓名：__________ 日期：__________

一、实验目的

二、实验内容与记录

实验步骤	实验现象	解释和结论（包括化学反应方程式）

三、讨论

四、小结

1.2 实验室基本知识

1.2.1 实验室规则

（1）实验前应认真预习，明确实验目的和要求，写好预习报告，包括实验的基本原理、内容和方法。

（2）遵守纪律，不迟到，不早退，不得无故缺席。

（3）衣冠不整、穿拖鞋者不准进入实验室。进入实验室后必须对号入座，不准错坐、换座。实验中不得到处乱走。

（4）认真听教师讲解，有问题必须先举手再提问。保持实验室安静，不要大声喧哗。

（5）实验时应遵守仪器的操作规则。不准进行任何与实验内容无关的活动。

注意安全，爱护仪器，节约药品。

（6）实验过程中要认真操作，仔细观察现象，将实验中的现象和数据如实记录在实验报告上。根据原始记录，认真地分析问题、处理数据，完成实验报告。

（7）实验过程中，应保持实验区域整洁。火柴、纸张和废品只能丢入废物缸内，不能丢入水池，以免堵塞水池。玻璃碎片等应倒入指定缸内。规定回收的废液要倒入废液缸内，以便统一处理。严禁擅自将仪器、药品带出实验室。

（8）每次实验完毕后，值日生负责打扫和整理实验室，关闭水、电、煤气开关，关好门、窗，经教师认可后方可离去。

1.2.2 实验室的安全常识

（1）使用浓酸、浓碱时必须小心操作，防止溅到皮肤或衣服上。加热试管时，要注意试管口不要向着自己或他人。

（2）使用易燃易爆物质时，应特别小心。不要将大量易燃易爆物质放在桌上，更不应放置在靠近火源处，应放置在阴凉处。

（3）有刺激性的、恶臭的、有毒的气体产生的实验应在通风橱中进行。

（4）使用有毒试剂时，不要使其接触皮肤或撒落在桌面上。用后应回收统一处理。

（5）绝对不允许随意混合各种化学药品，以免发生意外事故。

（6）使用煤气灯或酒精喷灯时，要严格按照操作规则点火、灭火，应做到火着人在，人走火灭。

（7）不得随意排放超剂量废气、废液、废物。实验废弃物要放到指定位置。不得随意丢弃用过的实验药品和容器。

（8）应配备必要的护目镜。实验时要穿实验服。

（9）严禁在实验室内饮食或把食物带进实验室，实验后必须仔细洗净双手。

（10）不得用湿手操作电器设备，以防触电。离开实验室前，值日生和教师应检查水、电、门窗是否关闭。

1.2.3 实验室事故的处理措施

（1）割伤。首先检查伤口内有无玻璃或金属等碎片，先将碎片挑出。然后用硼酸水洗净，并用3%的H_2O_2溶液消毒，再涂上碘酒或红汞水，必要时可用护创膏或纱布包扎。若伤口较大或过深而大量出血，应迅速在伤口上部和下部扎紧血管止血，并立即到医院诊治。

（2）烫伤。不要用冷水洗涤伤处。可用稀 $KMnO_4$ 或苦味酸溶液冲洗，然后涂上烫伤药膏。严重者须送医院治疗。

（3）强碱、钠、钾等触及皮肤而引起灼伤时，先用大量自来水冲洗，再用饱和硼酸溶液或2%乙酸溶液洗。

(4) 强酸等触及皮肤而致灼伤时，应立即用大量自来水冲洗，再以饱和碳酸氢钠溶液或稀氨水洗。

(5) 溴灼伤。溴灼伤伤口不易愈合，必须严加防范。一旦被溴灼伤，应立即用20%硫代硫酸钠溶液冲洗伤口，再用水冲洗，并敷上甘油。

(6) 若发生煤气中毒，应转移到室外呼吸新鲜空气，严重时应立即送医院诊治。

(7) 触电。立即切断电源，必要时进行人工呼吸，严重者应立即送医院。

(8) 实验室灭火方法。实验中一旦发生火灾，应立即灭火，同时防止火势蔓延。常见的灭火方法如下：

(i) 一般的小火可用湿布、砂子等覆盖燃烧物。大火可使用泡沫灭火器、二氧化碳灭火器。

(ii) 汽油、乙醚、甲苯等有机溶剂着火时，绝对不能用水灭火，否则会扩大燃烧面积，应用石棉布或砂土扑灭。

(iii) 酒精及其他可溶于水的液体着火时，可用水灭火。

(iv) 活泼金属如钠、钾等着火时，只能用砂土、干粉灭火器灭火。

(v) 电器或导线着火时不能用水及二氧化碳灭火器，应立即切断电源或用四氯化碳灭火器。

(vi) 衣服被烧着时切忌惊慌乱跑，应迅速脱下衣服，或用专用防火布包裹身体，或就地打滚灭火。

1.2.4　实验室三废的处理

实验中经常会产生某些有毒的气体、液体和固体，如果直接将其排出就可能污染周围的空气和水源。因此，废气、废液和废渣要经过处理后才能排弃。

1. *废气的处理方法*

产生少量有毒气体的实验应在通风橱中进行，通过排风设备将少量毒气排到室外。如果实验产生大量的有毒气体，必须安装吸收或处理装置。例如，卤化氢、二氧化硫等可用碱液吸收后排放；碱性气体可用酸溶液吸收后排放；一氧化碳可以点燃转化成二氧化碳。

2. *废渣的处理方法*

少量的有毒废渣常深埋于地下指定地点。有回收价值的废渣应该回收利用。

3. 废液的处理方法

(1) 废酸和废碱液。若废液中有沉淀，先过滤，滤液分别加入碱或酸中和至pH =6～8 后排出。少量废渣可埋于地下。

(2) 废铬酸洗液。可以用高锰酸钾氧化法使其再生，重复使用。先将其加热浓缩，除去水分后冷却至室温，缓缓加入高锰酸钾粉末（每 1000mL 约加入 10g）。边加边搅拌，直至溶液呈深褐色或微紫色，不要过量。加热至出现三氧化硫后，停止加热，稍冷，过滤，除去沉淀。滤液冷却后析出红色三氧化铬沉淀，再加入适量硫酸使其溶解即可使用。对于少量的废铬酸洗液，可加入废碱液或石灰使其生成氢氧化铬（Ⅲ）沉淀，然后将此废渣埋于地下。

(3) 氰化物废液。氰化物是剧毒物质，含氰废液必须认真处理。对于少量的含氰废液，可先用碱调至 pH>10，再用高锰酸钾使 CN^- 氧化分解。大量的含氰废液可用碱性氯化法处理。先将废液调至 pH>10，再加入漂白粉，使 CN^- 氧化成氰酸盐，并进一步分解为二氧化碳和氮气，再将溶液 pH 调到 6～8 后排放。

(4) 含汞盐废液。先将 pH 调到 8～10，然后加适当过量的硫化钠生成硫化汞沉淀，并加少量硫酸亚铁生成硫化亚铁沉淀，从而吸附硫化汞共沉淀下来。过滤，少量残渣可埋于地下，大量残渣可用焙烧法回收汞。

(5) 含重金属离子的废液。最有效和最经济的处理方法是加入碱或硫化钠使重金属离子变成难溶性的氢氧化物或硫化物沉淀，然后过滤分离。少量残渣可埋于地下。

1.3 化学实验中的数据表达与处理

在化学实验中，经常需要进行计量及测定，要正确记录及处理得到的各种数据，并对计量及测定的结果进行正确表示，才能从中找到规律，并正确地说明及分析各种实验结果。因此，学习和掌握实验数据采集及处理过程中的误差与有效数字的概念，以及实验数据的处理和表示结果的基本方法是十分必要的。

1.3.1 误差

在计量或测定过程中，误差总是客观存在的。产生误差的原因很多，测量中的误差按其性质和来源可分为系统误差、偶然误差和过失误差。

1. 系统误差

系统误差也称可测误差，是由某些固定不变的因素引起的。其特点是在相同条件下重复测定时，系统误差总是以相同的大小和正负性重复出现，使得测定结果总是偏高或偏低。实验条件一经确定，系统误差就是一个客观上的恒定值，增加测量次数也不能减弱它的影响。产生系统误差的原因主要有实验方法本身不够完善，测量仪器本身存在缺陷，试剂与蒸馏水不纯，测量人员的习惯和偏向等。对于系统误差，有时可以在查明原因后设法消除，或者测出误差的大小后对结果加以校正。

2. 偶然误差

偶然误差又称随机误差，是由某些不易控制的偶然因素引起的。由于引起误差原因的偶然性，因此在多次重复测量时，其误差数值是可变的，时大时小，时正时负，没有确定的规律，也无法控制和补偿。如果进行多次平行测量，发现随机误差服从统计规律，即绝对值相等的正负误差出现的机会相等，小误差出现的概率大，大误差出现的概率小。随着平行测量次数的增加，测量结果的平均值将更接近于真实值，因此适当增加测量次数可减少偶然误差。

3. 过失误差

过失误差主要是由实验人员的粗心大意、操作不当等造成测量数据出现很大的误差，如加错试剂、错用样品、读错数据、计算错误等造成的误差。在实验过程中，只要工作认真细致，责任心强，是可以避免这类误差的。对于确定存在过失误差的实验数据，在实验数据整理时应该剔除。

4. 误差的表示方法

1）绝对误差和相对误差

误差分为绝对误差和相对误差。绝对误差表示测量值和真实值之间的差值，具有与测量值相同的量纲；相对误差表示绝对误差与真实值之比，一般用百分率表示，量纲为1。

$$\text{绝对误差} = \text{测量值} - \text{真实值}$$

$$\text{相对误差} = \frac{\text{测量值} - \text{真实值}}{\text{真实值}} \times 100\%$$

绝对误差和相对误差都有正、负值。正值表示测量结果偏高，负值表示测量结果偏低。绝对误差与真实值的大小无关，而相对误差却与真实值的大小有关。一般用相对误差表示更合理。

2）偏差

一般来说，很难准确知道真实值。在实验中，常常用多次测量的算术平均值来代替真实值，这时单次测定结果与算术平均值之差就称为偏差。

设 x_1、x_2、…、x_i、…、x_n 为各次的测量值，n 代表测量次数，则算术平均值为

$$\bar{x}=\frac{x_1+x_2+\cdots+x_n}{n}=\frac{\sum_{i=1}^{n}x_i}{n}$$

偏差有如下几种表示方法：

(1) 绝对偏差和相对偏差。

$$\text{绝对偏差} \qquad d_i=x_i-\bar{x}$$

$$\text{相对偏差}=\frac{d_i}{\bar{x}}\times100\%$$

(2) 平均偏差和相对平均偏差。

$$\text{平均偏差} \qquad \bar{d}=\frac{|d_1|+|d_2|+\cdots+|d_n|}{n}$$

$$\text{相对平均偏差}=\frac{\bar{d}}{\bar{x}}\times100\%$$

(3) 标准偏差和变异系数。

$$\text{标准偏差} \qquad s=\sqrt{\frac{\sum_{i=1}^{n}(x_i-\bar{x})^2}{n-1}}$$

$$\text{变异系数} \qquad CV=\frac{s}{\bar{x}}\times100\%$$

3）准确度和精密度

准确度是指测量值与真实值之间的接近程度，通常用误差来衡量。误差越小表示分析结果的准确度越高。精密度表示在相同条件下各次测定结果相互接近的程度，通常用偏差来衡量。偏差越小，精密度越高。精密度好，准确度不一定高，但准确度高一定有精密度好这一前提。因此，精密度是保证准确度的先决条件，只有精密度和准确度都高的测量结果才是可靠的。

1.3.2 有效数字及其有关规则

在化学实验中，为了得到可靠的实验结果，不仅要准确地进行测量，还要正确地记录和处理所测得数据。数据的记录和计算都必须严格地按照有效数字规则进行。

1. 有效数字

有效数字是指在实际工作中能够测得的数字，通常包括若干个准确数字和最后一个估计数字。

有效数字位数是从有效数字最左边第一个不为零的数字起到最后一个数字为止的数字个数。一般来说，一个数值的有效数字位数越多，该数值的准确度越高。在记录数据时，应根据实验方法与仪器的准确度来决定有效数字保留的位数，要保证除最后一位数字是不准确的以外，其他各数都是确定的。例如，在台秤上称量某试样为5.6g，它的有效数字是2位，最后一位数字是估计值；若将该试样放在精度为0.1mg的分析天平上称量，结果是5.6235g，则变成5位有效数字。

2. 数字修约规则

在数据处理过程中，经常需要根据有效数字的要求弃去多余的数字，这就是数字的修约。一般采用“四舍六入五留双”法则：当尾数≤4时，舍去；尾数≥6时，进位；当尾数等于5时，5后面数字不是零则进1，若5后面数字都是零，则5前一位数为偶数时将5舍去，5前一位数为奇数时将5进位。修约数字时，只能一次修约到所需的位数，不得对该数字进行连续修约。例如：

(1) 23.2646修约成3位有效数字时，结果应为23.3。

(2) 将37.275和37.265修约成4位有效数字，则分别为37.28和37.26。

(3) 27.350、27.650、27.050修约成3位有效数字时，分别为27.4、27.6、27.0。

(4) 32.2501修约成3位有效数字时，结果应为32.3。

(5) 4.154547修约成3位有效数字时，结果应为4.15，而不得按下列方法连续修约为4.16：

$$4.154547 \rightarrow 4.15455 \rightarrow 4.1546 \rightarrow 4.155 \rightarrow 4.16$$

3. 有效数字的运算规则

(1) 有效数字相加或相减时，所得结果的有效数字的位数应以小数点后位数最少的数据为依据。例如：

$$18.394 + 23.5786 + 9.42 = 18.39 + 23.58 + 9.42 = 51.39$$

$$15.4753 - 4.328 + 8.76 = 15.48 - 4.33 + 8.76 = 19.91$$

(2) 乘除运算时，积或商的有效数字的位数以参与运算的数字中有效数字位数最少的数据为依据。例如：

$$\frac{5.364 \times 2.28}{3.8574} = \frac{5.36 \times 2.28}{3.86} = 3.17$$

乘方或开方时，结果的有效数字位数与被乘方数或被开方数的有效数字的位数相同。

(3) 进行对数运算时，所取对数的尾数应与真数有效数字位数相同。这是因为对数值的有效数字只由尾数部分的位数决定，首数部分不是有效数字。在化学中对数运算很多，如 pH 的计算。若 $[H^+]=5.7\times10^{-6}\,mol\cdot L^{-1}$，这是两位有效数字，所以 $pH=-lg[H^+]=5.24$，有效数字仍只有两位。反之，由 pH＝5.24 计算 H^+ 浓度时，也只能记作 $[H^+]=5.7\times10^{-6}\,mol\cdot L^{-1}$，而不能记成 $5.75\times10^{-6}\,mol\cdot L^{-1}$。

1.3.3 实验数据的表达与处理

在化学实验中，除了要求实验者能对测量的数据进行正确地记录和计算外，还需要将实验数据进行整理、归纳和处理，并正确表达实验结果所获得的规律。在无机实验中，主要采用列表法和图解法表示实验结果。

1. 列表法

有些化学实验中，常获得大量的数据，应该尽可能用列表方式将其整齐地、有规律地整理列出，使得全部数据一目了然，便于数据处理和运算，容易检查而减少差错。列表时应注意以下几点：

(1) 每个表都应有简明、完整的名称。

(2) 在表的每一行或每一列的第一栏，要详细地写出名称、量纲。

(3) 表中的数据尽可能用最简单的形式表示，公共的乘方因子可在第一栏的名称下注明。

(4) 注意每一行的数字的有效数字位数，数字排列要整齐，位数和小数点要对齐。

(5) 原始数据可与处理的结果列于一张表上，在表下注明相应的处理方法和运算公式。

2. 图解法①

将实验数据用几何图形表示出来的方法称为图解法，这是数据处理的一种重要方法。将实验结果用图形表达能直接显示出数据的特点，如极大、极小、转折点、周期性等，还能够利用图形作切线、求面积，可对数据作进一步处理。另外，根据多次测量的数据描绘出来的图像，一般具有“平均”的意义，可以消除一些偶然误差。

在无机化学实验中，图解法常用于求经验方程。例如，求算阿伦尼乌斯公式 $k=Ae^{-E_a/RT}$，若测出不同温度 T 时的 k 值，以 $\ln k$ 对 $1/T$ 作图，则可得一条直线，由直线的斜率和截距，可分别求出反应活化能 E_a 和指前因子 A。

---

① 也可以使用相关电脑软件进行数据处理和作图。

下面简单介绍作图的一般步骤及作图规则。

(1) 坐标纸的选择。最常用的作图纸是直角坐标纸，有时也选用半对数坐标纸或全对数坐标纸。不能随便自制坐标纸。

(2) 比例尺的选择。在用直角坐标纸作图时，通常以自变数为横坐标，因变数为纵坐标，坐标轴上比例尺的选择极为重要，比例尺的选择应遵守以下规则：

(i) 能表示出全部有效数字，从图中读出的物理量的精密度与测量的精密度相一致。

(ii) 坐标的分度要合理。图纸每小格所对应的数值应便于读数和计算，如 1、2、5 等，不要采用 3、7、9 或小数。

(iii) 全图布局匀称、合理。充分利用图纸，使数据点分散开，不要集中在一起。有些图不一定把变量的零点作为原点，这样有利于保证图的精密度。

(3) 画坐标轴。选定合适的比例尺后，画坐标轴，并在坐标轴旁标明该轴所代表变量的名称和单位。在纵轴左边及横轴下边每隔一定距离应标出该处变量值，以便作图及读数。一般情况下，横轴读数自左至右，纵轴读数自下而上。

(4) 作代表点。将测量值绘于图上，代表某一读数的点可用圆圈、方块或其他符号表示，符号的大小可粗略代表测量的误差范围。同一曲线上各个数据点要用同一种符号表示。在同一张图纸上如有几组不同的测量值时，各组测量值的代表点应采用不同的表示符号，以示区别，并在图上注明各组代表点的名称。

(5) 连线。连接各代表点，使连接的曲线（直线）尽可能接近或通过大多数代表点。曲线（直线）必须平滑，细而清晰，没有被连接的点，要均匀地分布在曲线（直线）的两边。切忌将代表点简单地连接起来。在曲线（直线）的极大、极小或拐点附近应多取一些代表点，以保证曲线（直线）所表示规律的可靠性。

(6) 写图名。图作好后，填写图的名称、坐标轴的比例尺及实验条件等。作图的原始数据不要写在图上，但在实验报告中应有相应完整的数据。

1.4　化学实验基本仪器介绍

化学实验常用仪器大部分是玻璃制品，小部分为其他材质。因为玻璃有较好的化学稳定性、很好的透明度，原料价廉又容易得到，此外，玻璃容易被加工成各种形状。在化学实验中，要合理选择和正确使用仪器，才能达到实验的目的。表 1-1 是无机化学中常见仪器的名称、规格及用途等。

表 1-1 常见仪器名称、规格及用途

仪 器	规 格	主要用途	注意事项
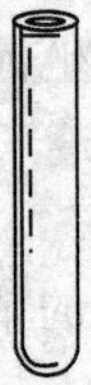 试管  具支试管	规格以外径 ×长度表示，如 15mm × 150mm、 25mm × 200mm 等	(1) 普通试管操作方便，易于观察，用作少量试剂的反应容器 (2) 具支试管用于小量蒸馏，也可装配成洗气装置或少量气体的发生器	(1) 可直接加热，但加热要均匀，液体量不可超过容积的 1/3 (2) 加热液体时试管应倾斜约 45°，管口不能对着人 (3) 加热固体时管口稍向下
 离心试管	分为有刻度和无刻度两种，有刻度的以容积表示，如 5mL、10mL 等	离心试管用于反应操作中沉淀分离	(1) 不可直接加热，只能用水浴加热 (2) 离心时，把离心试管插入离心机的套管内进行离心分离，注意机器运行的平衡性
 烧杯	分为有刻度、无刻度两种，以容积大小表示，如 50mL、100mL、250mL、500mL 等	可用于配制或浓缩溶液、加热或溶解样品，也用作某些加热或不加热反应的反应器（反应物量较大时），易于搅拌均匀	(1) 加热前要将烧杯外壁擦干，加热时垫石棉网或用油浴、砂浴加热，使其受热均匀 (2) 反应液体不得超过烧杯容量的 2/3，以免液体外溢
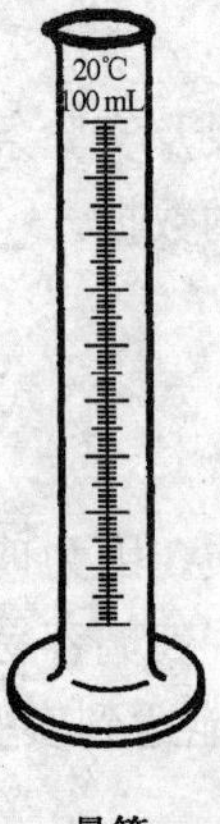 20℃ 100 mL 量筒	按能够量出的最大容积表示，如 10mL、50mL、100mL、500mL 等	用于液体体积的计量	(1) 不能加热，不能用作配制溶液的容器 (2) 不可量热的溶液 (3) 量液体时，应选用合适规格的量筒

续表

仪　器	规　格	主要用途	注意事项
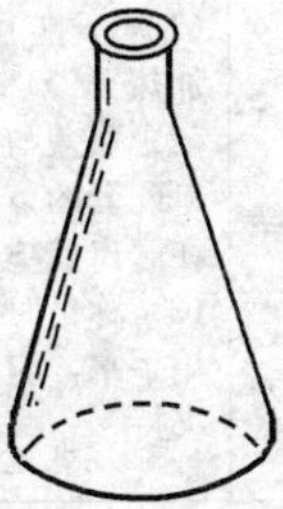 锥形瓶	分为有塞、无塞等，按容积表示，如 50mL、100mL、250mL 等	(1) 因振荡方便，常用于滴定反应 (2) 可装配成气体发生器 (3) 可用作防止溶液大量挥发的反应容器	(1) 盛液量不宜太多，以免振荡时溅出 (2) 加热时垫石棉网或置于水浴中加热 (3) 有塞锥形瓶加热时要打开塞子
 平底烧瓶 　圆底烧瓶  蒸馏烧瓶	分硬质和软质烧瓶，有平底、圆底、长颈、短颈、细口、厚口和蒸馏烧瓶等 按容积表示，如 100mL、250mL、500mL 等	(1) 用于反应物量多，且需长时间加热的反应器 (2) 可装配成气体发生器 (3) 平底烧瓶可用作洗瓶 (4) 蒸馏烧瓶用于液体蒸馏	(1) 加热前要擦干烧瓶外壁 (2) 加热时固定在铁架台上，垫石棉网，使其受热均匀 (3) 平底烧瓶一般不用作加热的反应器
 滴瓶 　细口瓶  广口瓶	按颜色分无色瓶、棕色瓶；按瓶口分为细口瓶、广口瓶 瓶口上沿磨砂而不带塞的广口瓶叫集气瓶 按容积表示，如 60mL、125mL、250mL 等	(1) 滴瓶、细口瓶盛放液体试剂，广口瓶盛放固体试剂 (2) 棕色瓶盛放见光易分解或不太稳定的试剂 (3) 集气瓶用于收集气体	(1) 不可盛放强碱性试剂 (2) 滴管及瓶塞均要保持原配 (3) 不用时在磨口处垫入纸条 (4) 广口瓶与集气瓶的区别：广口瓶的磨砂在瓶口内侧；集气瓶的磨砂在瓶口上方平面；收集气体后，使用毛玻片盖住集气瓶瓶口，而不用瓶塞

续表

仪　器	规　格	主要用途	注意事项
称量瓶	分扁形瓶、高形瓶，以瓶高×瓶径表示，如 40mm × 20mm、60mm×30mm、25mm×40mm	用于减量法称取试样	(1) 不能用火直接加热 (2) 瓶盖与瓶身是磨口配套的，不用时应在磨口处垫上纸条 (3) 称量时不可直接用手拿，应通过纸条夹持
20℃ 100 mL 容量瓶	带有配套的玻璃塞或塑料塞，有无色瓶和棕色瓶两种。以容积表示，有 5～2000mL 十余种	用于准确配制一定浓度的标准溶液或试样溶液	(1) 不能加热 (2) 不宜储存配好的溶液
移液管　吸量管	玻璃质，分为单刻度大肚型和分刻度管型两种。单刻度的称为移液管，分刻度的称为吸量管。以能量取的最大容积表示，有 5～2000mL 多种规格	用于精确量取一定体积的液体	(1) 移液前先用待移液体淋洗三次，以保证液体不被稀释 (2) 最后残留在管内的液体，一般不能吹出，但刻有“吹”字的移液管例外
普通漏斗	分长颈漏斗和短颈漏斗两种。规格以漏斗口直径表示，有40～120mm 等几种	用于过滤或往小口径容器中加注液体	不能用火直接加热

续表

仪　器	规　格	主要用途	注意事项
安全漏斗	一般漏斗口径为40mm，管径7～8mm，管长300mm。分直颈、环形、环形单球、环形双球漏斗等几种	用于装配反应器时加液，能防止气体逸出	应使漏斗长管末端插入容器内的液体里，借助液封防止气体逸出
分液漏斗　滴液漏斗	有梨形和锥形两种式样。漏斗上口配有玻璃塞或塑料塞，有60～1000mL多种规格	分液漏斗用于两种不相溶液体的分离或萃取分离 滴液漏斗用于合成反应中组装反应器，易于控制加液速度	(1) 不能用火加热 (2) 漏斗上口的塞子和旋塞是配套的，不能互换，磨口处不能漏液
吸滤瓶　布氏漏斗	吸滤瓶为玻璃制品，以容积（250～10000mL）表示。布氏漏斗为瓷质，规格以口径（50～250mm）表示	用于减压过滤	(1) 不能用火直接加热 (2) 不能过滤热溶液，以免吸滤瓶胀破
干燥管	有单球、双球两种式样。规格以粗管径和全长表示，如18mm×130mm，18mm×150mm等	内装固体干燥剂，当它与体系相连时，能保证体系与大气相通，且能阻止大气中的水汽或其他气体进入体系	球体与细管处要垫玻璃棉，以防止细管被阻塞

续表

仪　器	规　格	主要用途	注意事项
干燥器	有无色和棕色之分。内放带孔瓷板，以内径表示，有 150～300mm 多种规格，玻璃盖与容器间以磨砂面吻合	底座部分放固体或液体干燥剂，瓷板上放置待干燥物。用于保存易吸湿的物质，或防止加热物在冷却过程中吸收水分	(1) 打开盖子的方法是沿水平方向推移 (2) 使用前检查干燥剂是否有效 (3) 灼热的物品要稍冷后才能放入。物品未完全冷却前每隔一段时间打开一次盖子，以免干燥器内高真空而打不开
研钵	材质有瓷、玻璃、玛瑙、铁等。规格以口径（75～155mm）表示	用于研磨固体物质或把几种固体物质通过研磨拌匀	(1) 按固体性质和硬度选用合适的研钵 (2) 不能用作反应容器 (3) 只能研磨不能捣碎（铁研钵除外） (4) 不得研磨 $KClO_4$ 等强氧化剂或易爆物质
试管架	材质有木、塑料或铝等。有不同形状和大小的试管架	用于放置试管	
试管夹	一般为木质	用于夹持加热的试管	加热试管时，试管夹应夹在距试管口 1/3～1/4 处

续表

仪器	规格	主要用途	注意事项
坩埚钳	有铜、铁、不锈钢等材质。按长度分为多种规格	用于夹持高温物体，如热的坩埚等	放置时钳头朝上，以免钳头被污染
漏斗架	有木质和有机玻璃等材质	用于过滤时支撑漏斗	
洗气瓶	有直管式、多孔式。规格以容积表示，有125mL、250mL、500mL等	用于洗涤、净化、干燥气体，也可用作安全瓶或缓冲瓶	(1) 注意气体的走向 (2) 洗涤液高度约以容器高度的 1/3 为宜，若超过 1/2，则液体压强过大，气体不易通过
表面皿	以直径表示	烧杯加热液体时用作盖子，以防溶液溅出，或用于晾干晶体	不能用火直接加热
蒸发皿	以容积大小表示，常用的为瓷质制品	用于液体的蒸发、浓缩	能耐高温，可直接用火加热，但高温时不能骤冷

续表

仪　器	规　格	主要用途	注意事项
 坩埚	以容积大小表示，有瓷、石英、铁、镍、铂等材质	用于灼烧固体	(1) 根据固体性质不同选用不同材质的坩埚 (2) 为防止烫坏桌面或热坩埚骤冷而破裂，取下的坩埚应放在石棉网上
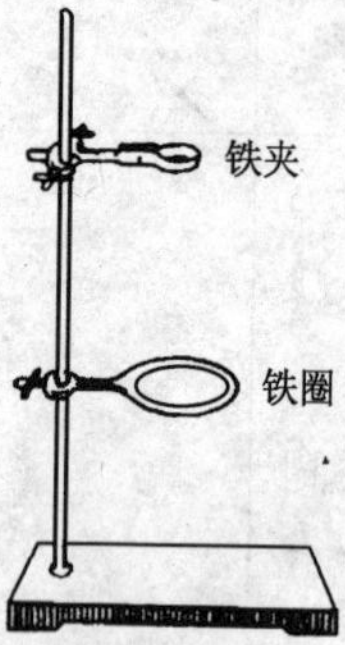 铁夹 铁圈 铁架台	铁或不锈钢制品，铁夹也有铝制的	用于固定、装配仪器，进行反应或其他操作	(1) 装配完毕后，仪器和铁架的重心应落在铁架台底座中心 (2) 铁夹夹持玻璃仪器时，不可过紧，以免碎裂
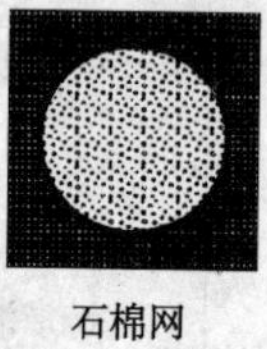 石棉网	在方形铁丝网中部涂有石棉。以边长×边长或石棉层的直径表示	加热玻璃容器时，加垫石棉网能避免因仪器局部过热而爆裂	不能与水接触，以免铁丝生锈、石棉脱落
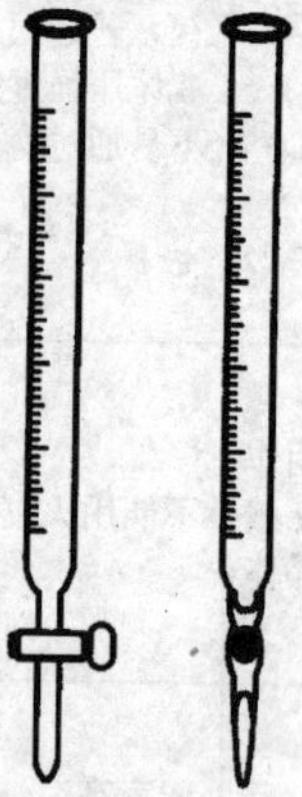 酸式滴定管　碱式滴定管	玻璃材质，分酸式滴定管（具玻璃旋塞）和碱式滴定管（具乳胶管连接的玻璃尖嘴）两种 以最大容积表示，有10mL、25mL、50mL等规格	滴定分析用，有时也用于较准确地量取液体的体积	(1) 装液体前需用待装溶液淋洗三次 (2) 滴定前需赶走滴定管中的气泡 (3) 两种滴定管不能对调使用

续表

仪　器	规　格	主要用途	注意事项
三脚架	铁质，有大小之分	搁置需加热的容器	
泥三角	用铁丝和耐火陶瓷制成	搁置需加热的坩埚	选用合适大小的泥三角，防止坩埚倾倒
毛刷	以洗刷对象表示，如试管刷、烧杯刷等	用来洗刷各种玻璃仪器等	
燃烧匙	铁或铜质制品	用以盛放与气体反应的物质，特别是进行物质在气体中燃烧的反应	(1) 有些反应不宜用金属燃烧匙，而要改用玻璃燃烧匙 (2) 用后立即洗净晾干
药匙	用牛角或塑料制成	用来取用固体药品	取用一种药品后，必须洗净并用滤纸擦干才能取用另一种药品

第2章　化学实验基本操作技术

2.1　仪器的洗涤和干燥

2.1.1　仪器的洗涤

无机化学实验中经常使用各种玻璃仪器和瓷器。为了保证实验结果准确和产品纯净，实验时必须使用洁净的仪器。如果用不干净的仪器进行实验，往往由于污物和杂质的存在，而无法得到准确的结果。因此，在进行化学实验时，必须把仪器洗涤干净。

洗涤仪器的方法很多，应根据实验的要求、污物的性质和沾污的程度选用适当的方法。一般地，附着在仪器上的污物既有可溶性物质，也有尘土和其他不溶性物质，还有有机物和油垢。针对不同污物，可以分别用下列方法洗涤：

(1) 用水刷洗。用水和毛刷刷洗，可洗去可溶性物质，或使仪器上的尘土和不溶性物质脱落，但往往不能洗去油垢和有机物质。

(2) 用去污粉或合成洗涤剂洗。合成洗涤剂中含有表面活性剂，去污粉中含有碳酸钠以及能在刷洗时起摩擦作用的白土和细沙，它们可以洗去油垢和有机物质。若油垢和有机物质仍然不能洗去，可用热的碱液洗，也可用洗涤剂在超声波作用下清洗。

(3) 用铬酸洗液洗。严重沾污或口径很小的仪器，以及不宜用刷子刷洗的仪器，如坩埚、称量瓶、吸量管、滴定管等宜用洗液洗涤。铬酸洗液是浓硫酸和饱和重铬酸钾的混合物，有很强的氧化性和酸性，对有机物和油垢的去除能力特别强。洗液可反复使用。使用洗液时，应避免引入大量的水和还原性物质（如某些有机物），以免洗液被冲稀或被还原变绿而失效。洗液具有很强的腐蚀性，使用时必须注意安全。

洗涤时，在仪器中倒入少量洗液，使仪器倾斜并来回旋转，至器壁全部被洗液润湿，稍等片刻，使洗液与污物充分作用，然后把洗液倒回原瓶，再用自来水把残留的洗液冲洗干净。如果用洗液把仪器浸泡一段时间或用热的洗液洗，则洗涤效果更好。

洗液的配制：将25g粗$K_2Cr_2O_7$研细，加入50mL水中，加热使之溶解，冷却后将450mL浓硫酸在不断搅拌下慢慢加入$K_2Cr_2O_7$溶液中。配好的洗液为深褐色，经反复使用后变为绿色，即重铬酸钾被还原为硫酸铬，此时洗液失效而不能使用。

由于六价铬有毒，洗液的残液排放出去会污染环境，因此要尽量避免使用洗液。常用 2%左右的橱用洗洁精代替铬酸洗液，也能取得较好的洗涤效果。

(4) 特殊污物的洗涤。可根据污物的化学性质，使用合适的化学试剂与之作用，将黏附在器壁上的物质转化为水溶性物质，然后用水洗去。例如，仪器上沾有较多的 MnO_2时，用酸性硫酸亚铁溶液或稀 H_2O_2溶液洗涤，效果会更好；碳酸盐、氢氧化物可用稀盐酸洗；沉积在器壁上的银或铜，以及硫化物沉淀，可用硝酸加盐酸洗涤；难溶的银盐，可用硫代硫酸钠溶液洗等。

已洗净的仪器壁上，不应附着不溶物、油垢，洁净的仪器可以被水完全湿润。如果把仪器倒转过来，当水沿仪器壁流下时，器壁上只留下一层既薄又均匀的水膜，而不挂水珠，则表示仪器已经洗净。

已洗净的仪器不能用布或纸擦干，因为布或纸的纤维及灰尘等杂质会留在器壁上而污染仪器。

用以上各种方法洗涤后的仪器，经自来水冲洗后，往往还留有 Ca^{2+}、Mg^{2+}、Cl^-等离子，如果在某些定性、定量实验中，不允许这些杂质存在，则应该用去离子水将其洗去。常采用“少量多次”的方法，既可冲洗干净又节约用水，一般以冲洗三次为宜。在有些情况下，如一般无机物制备，仪器的洁净程度要求可低一些，只要没有明显的脏物存在就可以了。

2.1.2　仪器的干燥

如需将洗净的仪器进行干燥，可根据不同的情况，采用下列方法：

(1) 晾干。不急用的洗净的仪器可倒置在干燥的实验柜内（倒置后不稳定的仪器应平放）或在仪器架上晾干，以供下次实验使用。

(2) 烤干。烧杯和蒸发皿可以放在石棉网上用小火烤干。试管可直接用小火烤干，操作时应使管口向下（以免水珠倒流入试管底炸裂试管），并不时地来回移动试管，待水珠消失后，将管口朝上加热，以便水汽逸去（图 2-1）。

(3) 烘干。将洗净的仪器放进烘箱中烘干，放进烘箱前要先把水沥干，放置仪器时，仪器口应朝下，不稳的仪器应平放。也可用气流烘干器烘干（图 2-2）。

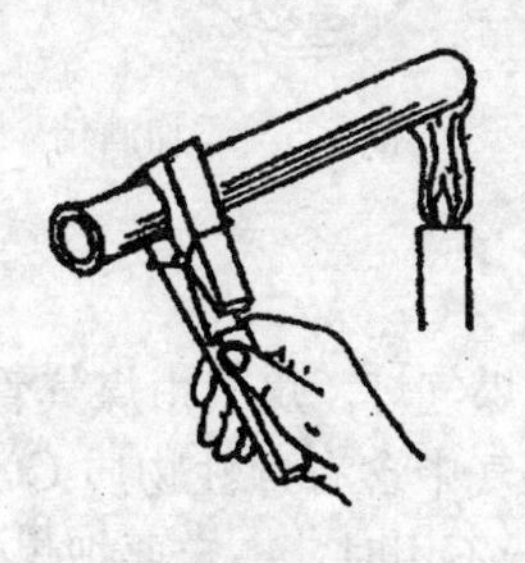

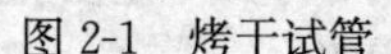

图 2-1　烤干试管

图 2-2　气流烘干器

（4）用有机溶剂干燥。带有刻度的计量仪器，不能用加热的方法进行干燥，否则会影响仪器的精密度。若急用，可以用有机溶剂干燥。在洗净仪器内加入少量有机溶剂（最常用的是酒精和丙酮），转动仪器使容器中的水与其混合，然后倾出混合液（回收），少量残留在仪器中的混合物很快就挥发了，若用电吹风机往仪器中吹冷风，更能加速干燥。

2.2　加热与冷却

2.2.1　常用加热器具

1. 酒精灯

酒精灯的加热温度一般在400～500℃，适用于温度不太高的实验。

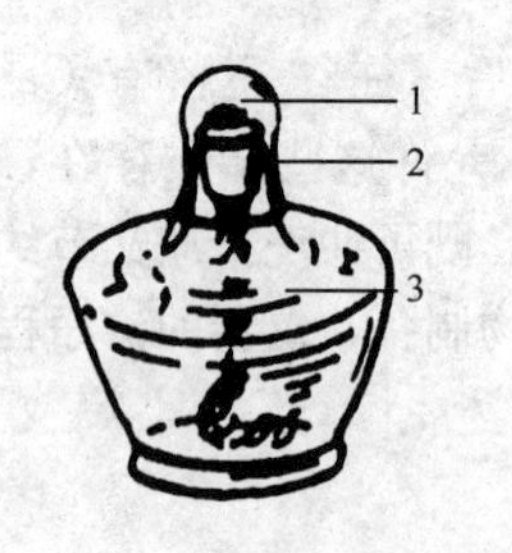

图2-3　酒精灯
1—灯罩；2—灯芯；3—灯体

酒精灯由灯罩、灯芯和灯体三部分组成（图2-3）。灯内酒精不能装得太满，一般以不超过酒精灯容积的2/3为宜。长期不用的酒精灯，在第一次使用时，应先打开灯罩，用嘴吹去其中聚集的酒精蒸气，然后点燃，以免发生事故。

酒精灯要用火柴点燃（图2-4），绝不能用燃着的酒精灯点燃，否则易引起火灾。熄灭灯焰时，要用灯罩将火盖灭，绝不允许用嘴吹灭。当灯内的酒精少于1/4容积时需添加酒精，添加时一定要先将灯熄灭，然后拿出灯芯，添加酒精（图2-5）。

图2-4　点燃酒精灯

图2-5　添加酒精

2. 煤气灯

实验室中如果有煤气，在加热操作中常用煤气灯。煤气由煤气管输送到实验台上，用橡皮管将煤气开关和煤气灯相连。煤气中含有毒性物质CO（但它燃烧后的产物却是无害的），所以应防止煤气泄漏。不用时，一定要把煤气开关关紧。煤气中已添加具有特殊气味的气体，泄漏时极易闻出。

煤气灯的构造见图 2-6。在灯管底部有几个圆形空气入口，转动灯管可完全关闭或不同程度地开放空气入口，以调节空气的进入量。灯座的侧面有煤气入口，在它的对侧有螺旋针形阀，可以调节煤气的大小甚至关闭煤气。当灯管空气完全关闭时，点燃进入煤气灯的煤气，此时的火焰呈黄色，煤气燃烧不完全，火焰的温度并不高。逐渐加大空气的进入量，煤气的燃烧逐渐变完全，这时火焰分为三层（图 2-7）。内层为焰心，其温度最低，约为 300℃；中层为还原焰，这部分火焰具有还原性，温度较内层焰心高，火焰是淡蓝色；外层为氧化焰，这部分火焰具有氧化性，是三层火焰中温度最高的。在煤气火焰中，最高温度处在还原焰顶端上部的氧化焰中（约 1600℃），火焰是淡紫色，一般用氧化焰来加热。

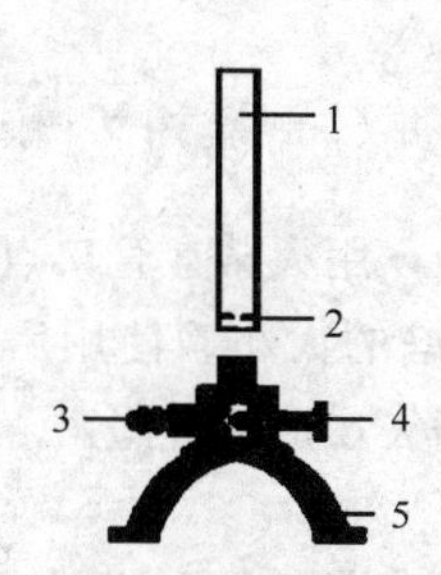

图 2-6　煤气灯的构造

1—灯管；2—空气入口；3—煤气入口；4—螺旋针形阀；5—底座

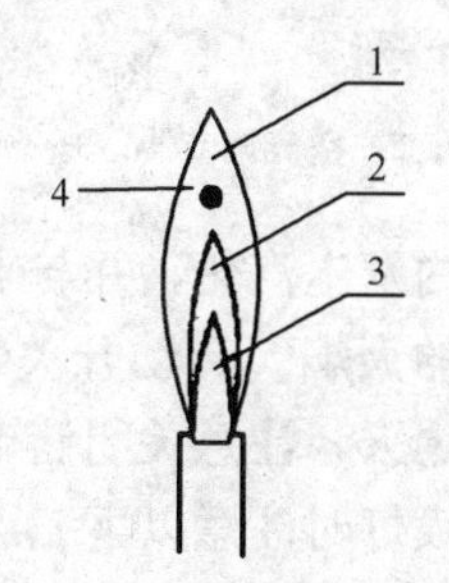

图 2-7　正常煤气火焰

1—氧化焰；2—还原焰；3—焰心；4—温度最高处

当空气或煤气的进入量调节不适当时，会产生不正常的临空火焰和侵入火焰（图 2-8）。临空火焰是由于煤气和空气的流量过大，火焰临空燃烧。当引燃的火柴熄灭时，它也立刻自行熄灭。侵入火焰则是由于煤气流量小，空气流量大，结果煤气不是在管口燃烧而是在管内燃烧，并发出“嘘嘘”的响声。遇到上述情况，应立即关闭煤气，稍候关闭空气入口（小心烫手），再重新点燃。

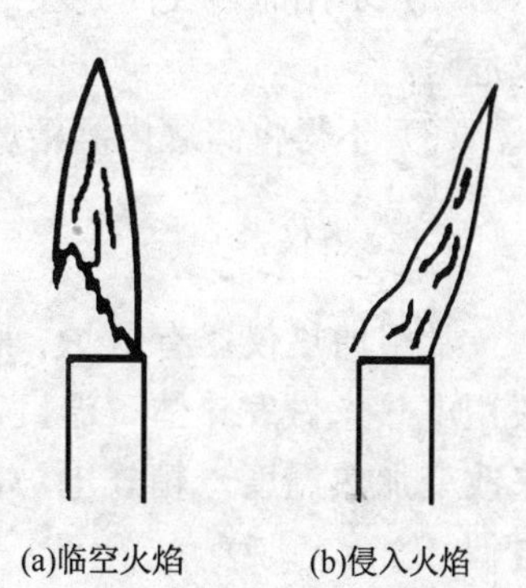

图 2-8　不正常火焰

3. 酒精喷灯

在没有煤气的实验室中，常使用酒精喷灯进行加热。酒精喷灯由金属制成，主要有挂式［图 2-9（a）］和座式［图 2-9（b）］两种类型。

酒精喷灯的火焰温度通常可达 700～1000℃。使用前，先在预热盘上注满酒精，并点燃，以加热铜质灯管。待盘内酒精即将燃烧完时，开启开关，这时酒精

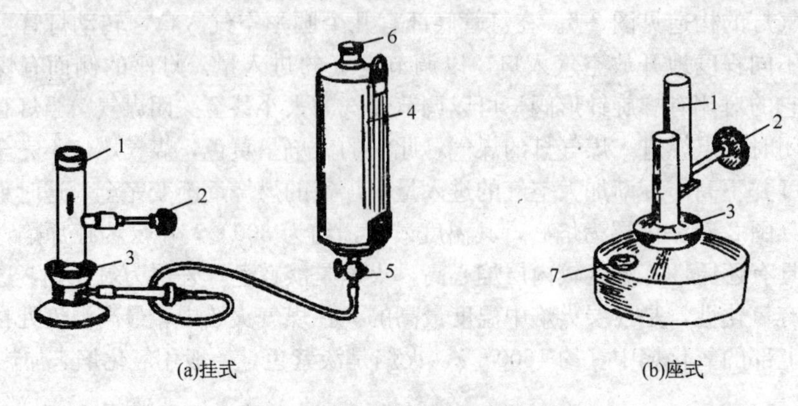

图 2-9　酒精喷灯的类型和构造

1—灯管；2—空气调节器；3—预热盘；4—酒精储罐；5—开关；6—盖子；7—铜帽

在灼热的灯管内发生汽化，并与来自气孔的空气混合，用火柴在管口点燃，即可获得温度很高的火焰。转动开关螺丝，可以调节火焰的大小。使用后，旋紧开关，可使灯焰熄灭，注意关闭储罐开关，以免酒精漏失，造成危险。

使用酒精喷灯时注意以下三点：

（1）在点燃酒精喷灯前，灯管必须被充分加热，否则酒精在管内不会完全汽化，会有液态酒精从管口喷出，形成“火雨”，甚至引起火灾。这时应先关闭开关，并用湿抹布或石棉布扑灭火焰，然后重新点燃。

（2）不用时，关闭开关的同时必须关闭酒精储罐的活塞，以免酒精泄漏，造成危险。

（3）不得将储罐内酒精燃尽，当剩余 50mL 左右时应停止使用，添加酒精。

4. 加热仪器

常用加热仪器有电炉、电加热套、管式炉、马弗炉和烘箱（图 2-10），一般用电热丝做发热体，温度高低可以控制。电炉和电加热套可通过外接变电器来改变加热温度。箱式电炉温度可以自动控制，它的温度测量和控制一般用热电偶。

5. 热浴

常用的热浴有水浴（图 2-11）、油浴、砂浴（图 2-12）等，需根据被加热物质及加热温度的不同来选择。温度不超过 100℃可选用水浴。油浴适用于 100～250℃的加热操作，常用的油有甘油、硅油、液体石蜡。砂浴适用于温度在 220℃以上的加热操作，缺点是传热慢，温度上升慢，且不易控制，因此砂层要厚些。

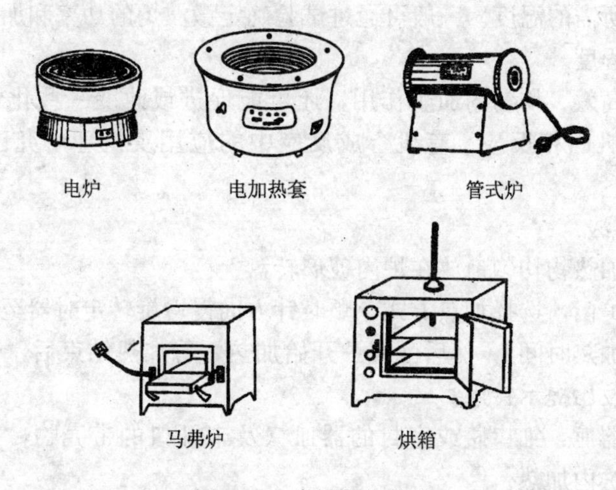

图 2-10　常用加热仪器

图 2-11　水浴加热

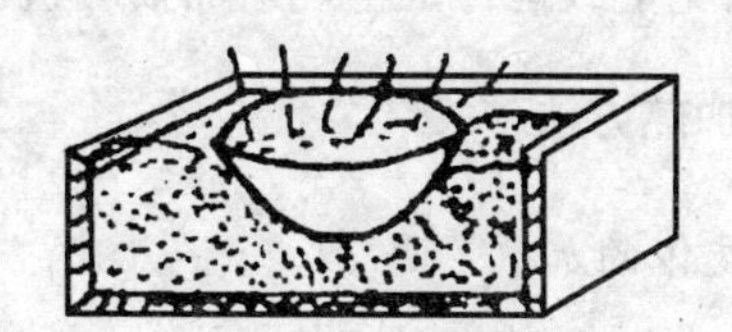

图 2-12　砂浴加热

6. 微波炉

微波炉已成为化学实验室中一种新型的加热工具。

1）微波炉的工作原理

微波的加热原理与常规加热方法有本质的差别，因而有它独特的优越性。常规加热通过燃烧燃料或接通电源产生热源，热源通过辐射和传导作用加热物体的表面，使物体表面温度升高，然后再通过传导和对流，把热量向物体内部传递。微波是一种高频率的电磁波。微波炉工作时，其关键部件磁控管辐射出2450MHz的微波，在炉内形成微波能量场，并以每秒24.5亿次的速度不断地改变着正负极性。当受热物体中的极性分子，如水、蛋白质等吸收微波能后，也以极高的频率旋转极化，使分子之间不断地相互摩擦碰撞，从而产生热量，结果使得电磁能转化成了热能。用微波加热时，微波能穿透到物体表面内一定的深度。因此，如果物体的体积不是很大，就会整体被加热。微波碰到金属会被反射回来，而对一般的玻璃、陶瓷、耐热塑料、竹木器则具有穿透作用。由于微波的这些特性，微波炉在实验室中可用来干燥玻璃仪器、加热或烘干试样。

使用微波炉加热有快速、节能、被加热物体受热均匀等优点，但不易保持恒温及准确控制所需的温度。一般可通过试验确定微波炉的功率和加热时间，以达到所需的加热程度。

微波具有高效、均匀的加热作用，还可能促进或改变一些化学反应。近年来，微波在无机固相反应、有机合成反应中的应用及机理研究已引起广泛的关注。

2）使用方法

（1）将待加热物均匀地放在炉内玻璃转盘上。

（2）关上炉门，选择加热方式。顺时针方向慢慢旋转定时器至所需时间（或按键输入所需加热时间），然后微波炉开始加热，待加热结束后，微波炉会自动停止工作，并发出提示铃声。

（3）金属器皿、细口瓶或密封的器皿（及未开口的带壳物，如鸡蛋、栗子等）不能放入炉内加热。

（4）当炉内无待加热物体时，不能开机。若待加热物体很少，则不能长时间开机，以免空载运行（空烧）而损坏机器。

2.2.2 加热方法

1. 液体的加热

适用于在较高温度下不易分解的液体。一般把装有液体的器皿放在石棉网上，用酒精灯、煤气灯、电炉或电加热套（不需石棉网）等加热。盛装液体的试管一般可直接放在火焰上加热（图 2-13），但是如果试管中装的是易分解的物质或沸点较低的液体，则应放在水浴中加热。在火焰上直接加热试管中物质时，应注意以下几点：

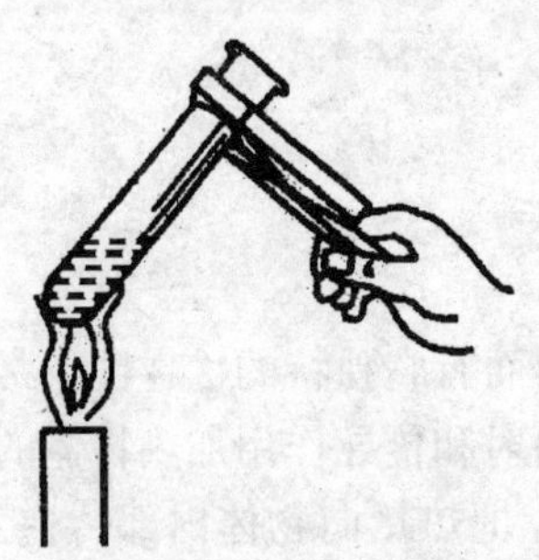

图 2-13 试管直接加热

（1）试管中所盛液体不得超过试管容量的 1/3。

（2）应该使用试管夹夹在距试管口 1/3～1/4 处，不能用手持试管加热，以免烫伤。

（3）试管应稍微倾斜，管口向上，且不能把试管口对着他人或自己。

（4）应先用小火使试管各部分受热均匀，先加热液体的中上部，再慢慢往下移动，然后不时地左右移动，不要集中加热某一部位，否则容易引起暴沸，使液体冲出管外。

2. 固体的加热

（1）在试管中加热（图 2-14）：加热少量固体时，可用试管直接加热。为避免凝结在试管口的水汽聚集后回流至灼热的管底，使试管炸裂，应将试管口稍向下倾斜。

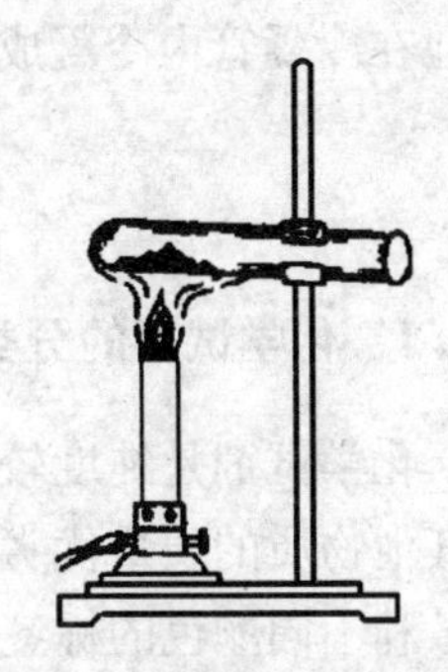

图 2-14　固体在试管中加热

(2) 在坩埚中灼烧（图 2-15）：当固体需要加热到高温以脱水、分解或除去挥发性杂质时，可将其放在坩埚中进行灼烧。首先用小火烘烤坩埚使其受热均匀，然后再用大火。注意必须使用干净的坩埚钳，以免污物掉入坩埚内。用坩埚钳夹取坩埚之前，先要在火焰旁预热钳的尖端，否则灼热的坩埚遇到冷的坩埚钳易引起爆裂。为避免钳的尖端沾污，坩埚钳用后应使其尖端向上放在桌上（如果温度高，应放在石棉网上，图 2-16）。

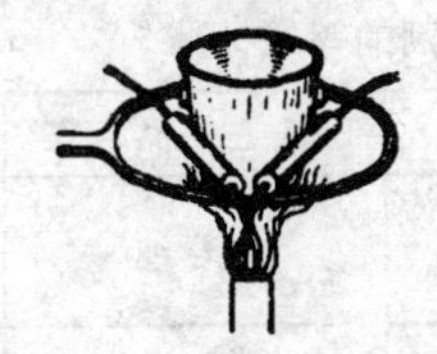

图 2-15　在坩埚中灼烧

图 2-16　坩埚钳的放置

2.2.3　制冷技术

在化学实验中有些反应和分离、提纯要求在低温条件下进行，可根据不同要求，选用合适的制冷方法，常用方法有：

(1) 自然冷却。即让热的物体在空气中放置一定时间，任其自然冷却至室温。不允许吸潮的物体则应放入干燥器内冷却。

(2) 吹风冷却和流水冷却。当实验需要快速冷却时，可将盛有溶液的器皿放在冷水流中冲淋或用鼓风机吹风冷却。

(3) 冰水冷却。将需冷却物体直接放在冰水中，可使其温度降至 0℃左右。

(4) 冷冻剂冷却。要使溶液达到较低温度，可使用冷冻剂冷却。最简单的冷冻剂是冰盐溶液（100g 碎冰与 30g NaCl 混合），温度可降至－20℃；取 10 份六水合氯化钙（$CaCl_2 \cdot 6H_2O$）结晶与 7～8 份碎冰均匀混合，温度可达－40～－20℃；制冷剂干冰（固体 CO_2）与适当的有机溶剂混合时，可得到更低的温度，例如，与乙醇的混合物可达－72℃，与乙醚、丙酮或氯仿的混合物可达到－77℃。

必须注意，当温度低于－38℃时，不能使用水银温度计，而应改用内装有机液体的低温温度计。

(5) 回流冷凝。许多有机化学反应需要使反应物在较长时间内保持沸腾才能完成，同时又要防止反应物以蒸气形式逸出，这时常用回流冷凝装置，使蒸气不断地在冷凝管内冷凝成液体，然后返回反应器中。

2.3 试剂的取用

2.3.1 化学试剂的分类

化学试剂是纯度较高的化学物质，常被用以研究其他物质的组成、性状及鉴定其他物质的质量优劣，有时也可用于化学合成和制备其他物质。通常用不同的符号和不同颜色的标签区分化学试剂的纯度级别。

按照药品中杂质含量的多少，我国生产的化学试剂（通用试剂）的等级标准基本上可分为四级。各级别的代表符号、瓶签颜色见表 2-1。

表 2-1 我国生产的化学试剂的等级标准

级 别	一级品	二级品	三级品	四级品
名 称	保证试剂（优级纯）	分析试剂（分析纯）	化学纯	实验试剂
英文名称	Guarantee Reagent	Analytical Reagent	Chemical Pure	Laboratorial Reagent
英文缩写	G. R.	A. R.	C. P.	L. R.
瓶签颜色	绿	红	蓝	棕或黄

化学试剂的纯度越高，价格就越贵。应根据实验的不同要求选用不同级别的试剂。在一般的无机化学实验中，化学纯级别的试剂就已能符合实验要求，但在有些实验中要使用分析纯级别的试剂。

随着科学技术的发展，对化学试剂的纯度要求也越来越严格，试剂的生产和使用逐渐趋于专门化，因而出现了具有特殊用途的专门试剂，如高纯试剂 C. G. S，色谱纯试剂 G. C、G. L. C，生化试剂 B. R、C. R、E. B. P 等。

2.3.2 试剂瓶的种类

实验室中常用试剂瓶有细口试剂瓶、广口试剂瓶和滴瓶，它们分别有无色和棕色两种，并有大小各种规格。一般固体试剂盛放在广口试剂瓶中，液体试剂盛放在细口试剂瓶中，需要滴加使用的试剂可盛放在滴瓶中，见光易分解变质的试剂（如硝酸银、高锰酸钾等）放在棕色瓶内。盛碱液的试剂瓶要用橡皮塞。每个试剂瓶上都必须贴上标签，写明试剂的名称、浓度和配制日期，并在标签外面涂上一层蜡来防止标鉴污损。

此外，还有内盛蒸馏水的洗瓶，主要用于淋洗已用自来水洗干净的仪器。洗瓶原来是玻璃制品，目前几乎全部玻璃洗瓶均被聚乙烯瓶代替，只要用手轻捏一下瓶身即可出水。

2.3.3　试剂瓶塞子打开的方法

（1）如遇到固体或液体试剂瓶上的塑料塞子或酚醛树脂塞子很难打开时，可用热水浸过的布裹上塞子，然后用力拧。

（2）细口试剂瓶塞或广口试剂瓶塞也常有打不开的情况，此时可用热水浸过的布包裹瓶的颈部（塞子嵌进的部分），瓶颈处玻璃受热膨胀后，可在水平方向转动塞子或左右交替横向摇动塞子，若仍打不开，可紧握瓶的上部，用木柄或木锤从侧面轻轻敲打塞子，也可在桌端轻轻扣敲。

2.3.4　试剂的取用方法

取用试剂前，应看清标签。取用时，先打开瓶塞，将瓶塞倒置在实验台上。如果瓶塞上端不是平顶而是扁平的，可用食指和中指将瓶塞夹住（或放在清洁的表面皿上），绝不可将它横置在桌面上，以免沾污。取完试剂后，及时盖好瓶塞，绝不能将瓶塞张冠李戴。最后把试剂瓶放回原处，注意保持实验台整齐干净。

1. 固体试剂的取用

（1）要用清洁、干燥的药匙取试剂。用过的药匙必须洗净擦干后才能再使用。

（2）注意不要超过指定用量取试剂，多取的试剂不能倒回原瓶，可放在指定的容器中供他人使用。

（3）要求取用一定质量的固体试剂时，可把固体试剂放在干燥的纸上称量。具有腐蚀性或易潮解的固体试剂应放在表面皿上、烧杯或称量瓶内称量。

（4）往试管（特别是湿试管）中加入固体试剂时，可用药匙或将取出的药品放在对折的纸片上，将纸片伸进试管 2/3 处（图 2-17、图 2-18）。加入块状固体时，应将试管倾斜，使其沿管壁慢慢滑下（图 2-19），以免碰破管底。

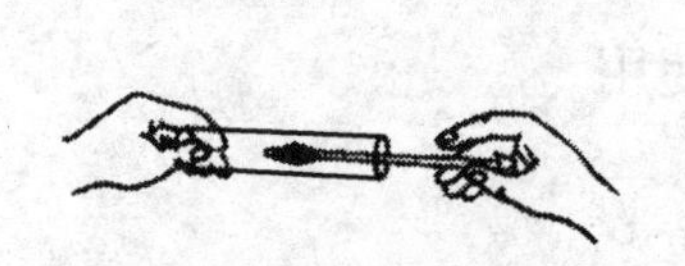

图 2-17　用药匙送固体试剂

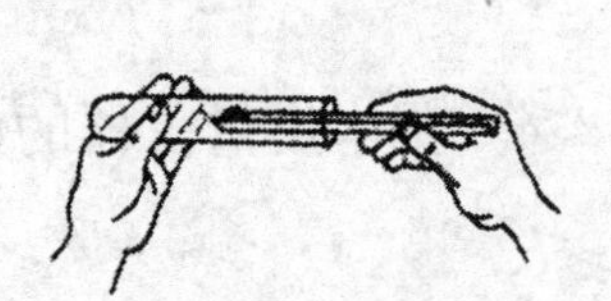

图 2-18　用纸片送固体试剂

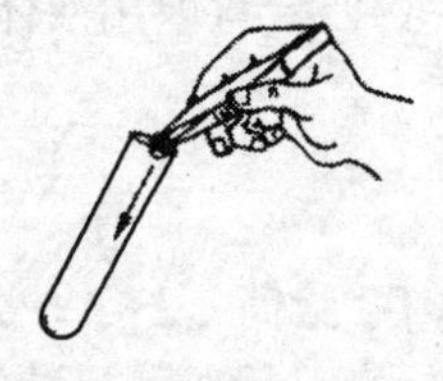

图 2-19　块状固体慢慢滑下

（5）固体试剂的颗粒较大时，可在洁净而干燥的研钵中研碎。研钵中所盛固体的量不要超过研钵容量的 1/3。

2. 液体试剂的取用

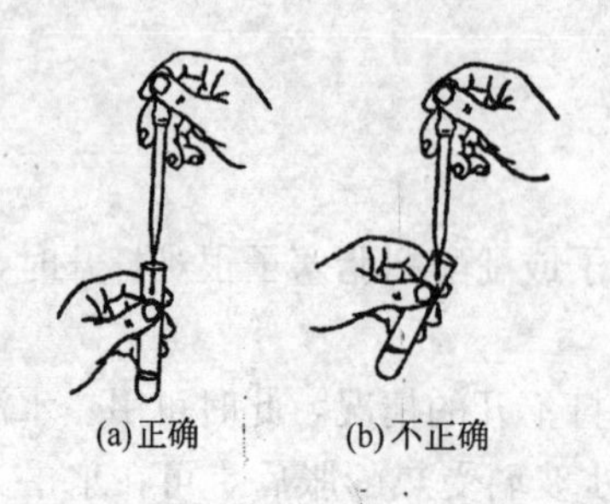

图 2-20 向试管中滴加液体的操作

(1) 从滴瓶中取用液体试剂时，应使用滴瓶中的滴管。滴管绝不能伸入加液的容器中，以免接触器壁而沾污，然后在放回滴瓶时又污染瓶中的试剂（图 2-20）。装有试剂的滴管不得横置，滴管口不能向上斜放，以免试剂流入滴管的橡皮头中而受到污染。

(2) 从细口瓶中取用液体试剂时，用倾注法。先将瓶塞取下，倒置在桌面上，手握住试剂瓶上贴标签的一面，逐渐倾斜瓶子，让试剂沿着洁净的试管壁流入试管或沿着洁净的玻璃棒注入烧杯中（图 2-21、图 2-22）。注出所需量后，将试剂瓶口在容器上或玻璃棒上靠一下，再逐渐竖起瓶子，以免遗留在瓶口的液滴流到瓶的外壁。

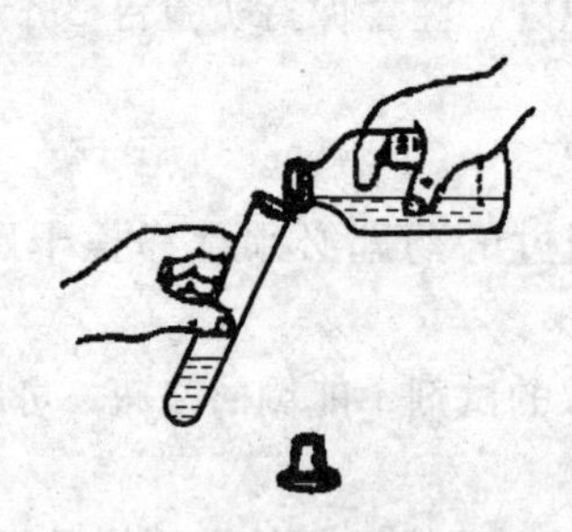
图 2-21 液体倾注入试管

图 2-22 液体倾注入烧杯

(3) 在试管中进行某些实验时，取用试剂量不需要十分准确，这时只要学会估计取用液体的量即可。例如，1mL 液体相当于多少滴，5mL 液体占一个试管容积的几分之几等。

(4) 定量取用液体时，使用量筒或移液管。

2.4 基本度量仪器的使用

2.4.1 量筒

量筒是量取液体的仪器，有 5mL、10mL、50mL、100mL 和 1000mL 等规格。量取液体时应左手拿量筒，并用大拇指按住所需体积的刻度处，右手拿试剂瓶（注意使标签正对手心），瓶口靠着量筒口边缘，慢慢注入液体至所指刻度处，倒完后将瓶口在量筒口靠一下，再使试剂瓶竖直，以避免留在瓶口的液滴流到瓶的外壁（图 2-23）。读数时应手拿量筒的上顶端，使其自然垂直，或放在水平台面上，视线和量筒内弯月面的最低点保持水平，偏高或偏低都会造成误差（图 2-24）。

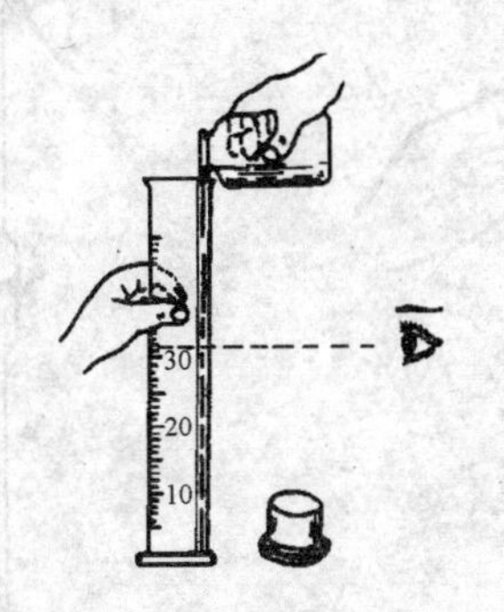

图 2-23　用量筒量取液体的操作

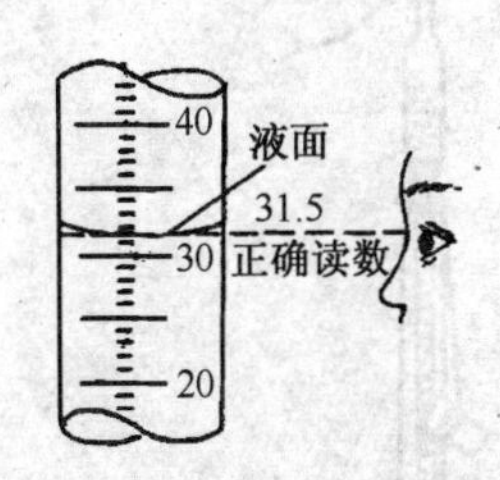

图 2-24　正确的读数方法

2.4.2　移液管和吸量管的使用

移液管和吸量管是用来准确移取一定体积液体的仪器。移液管只能移取其所表示的体积的液体，而吸量管是带有分刻度的玻璃管，可以用来吸取最大容积以内各种体积的液体。

用移液管或吸量管吸取溶液之前，首先应该用洗液洗净管内壁，然后分别用自来水冲洗和蒸馏水淋洗三次（洗净后内壁应不挂水珠），最后必须用少量待吸溶液淋洗管内壁三次，以保证溶液吸取时不被稀释。

用移液管吸取溶液时，一般应先将待吸溶液转移到干燥的或已用该溶液荡洗过的烧杯中，然后再吸取。移取时，左手拿洗耳球，右手拇指及中指拿住管颈近管口处，管尖插入液面以下，防止吸空（图 2-25）。左手挤出洗耳球中的空气，然后置于移液管上口，待溶液吸至管内标线以上时，迅速移去洗耳球，用右手食指按紧管口，使管尖离开液面；左手拿干净的碎滤纸擦去管下端外壁的溶液，然后改拿盛溶液的烧杯，使烧杯倾斜约 45°，右手垂直地拿住移液管，使管尖紧靠液面以上的烧杯壁，用拇指和中指转动管身，同时微微松开食指，使液面缓缓下降到与标线相切时（图 2-26），再次按紧管口，使液体不再流出。把移液管慢慢地垂直移入准备接受溶液的容器内壁上方。倾斜容器使其内壁与移液管的尖端相接触（图 2-27），松开食指使溶液沿容器壁流下。待溶液流尽后，等待 15s，取出移液管。切勿把残留在管尖的液体吹出，因为移液管的校准体积不包括这部分液体的体积（如果移液管上注有“吹”字样，则要将管尖的液体吹出）。

吸量管使用方法与移液管类似。移取溶液时，应尽量避免使用尖端处的刻度，以免带来误差。通常是使液面从吸量管最高刻度降到另一刻度，则两刻度间的体积即为所需的体积。移液管和吸量管使用后，应立即用水洗净，放在管架上。

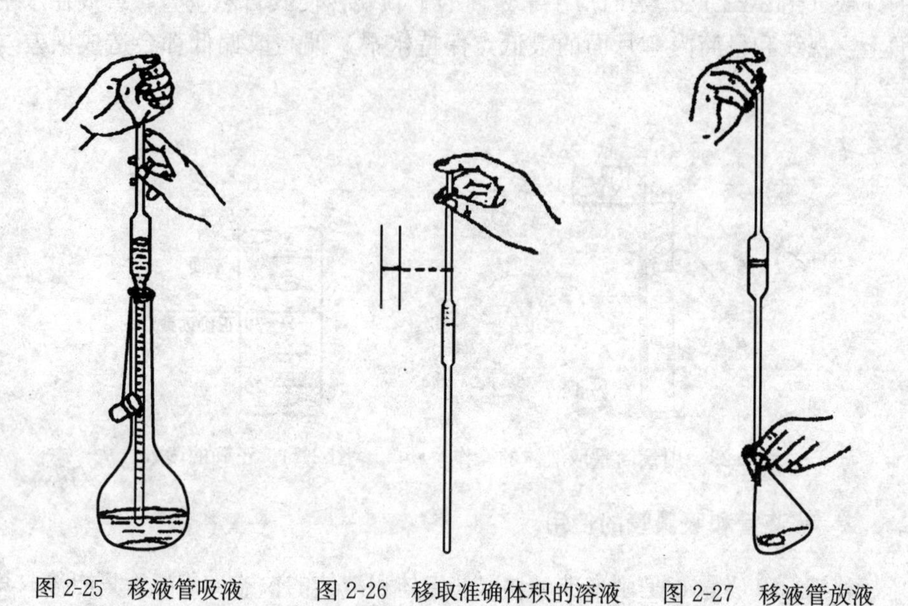

图 2-25　移液管吸液　　图 2-26　移取准确体积的溶液　　图 2-27　移液管放液

2.4.3　容量瓶

容量瓶主要用来比较精确地配制溶液或稀释溶液。

容量瓶是一个梨形的平底瓶，配有磨口瓶塞。瓶颈上有一标线，表示在标示温度下，当瓶内液面与标线相切时，液体体积恰好等于标示体积。

容量瓶使用前需先检查是否漏水。检查时，在瓶中加水至标线附近，盖好瓶塞，右手握住瓶底，用左手食指按住瓶塞，将瓶倒立 2min，观察瓶塞周围是否漏水，然后将瓶直立，把瓶塞转动 180°后再盖紧，倒立，若仍不渗水，即可使用。

将固体物质准确配制成一定体积的溶液时，需先把准确称量的固体物质置于一小烧杯中，加适量水搅拌溶解，然后沿着玻璃棒把溶液转移至容量瓶中（图 2-28)。当溶液流尽后，将烧杯顺玻璃棒慢慢上提，使烧杯和玻璃棒之间附着的液滴流回烧杯中，然后使烧杯直立。用少量蒸馏水冲洗烧杯三四次，洗出液按上法全部转移入容量瓶中，然后加蒸馏水稀释。达到容量瓶容积的 2/3 时，应直立旋摇容量瓶，使溶液初步混合（此时切勿加盖瓶塞倒立容量瓶）。最后继续稀释至液面接近标线时，改用滴管滴加至溶液弯月面恰好与标线相切。盖好瓶塞，按图 2-29 所示的拿法，将瓶倒立，待气泡上升到顶部后，旋摇几下，再倒转过来，如此反复操作，使溶液充分混匀。按照同样的操作，可将一定浓度的溶液准确稀释到一定的体积。（注意：热溶液应冷至室温后，才能转移到容量瓶中。）

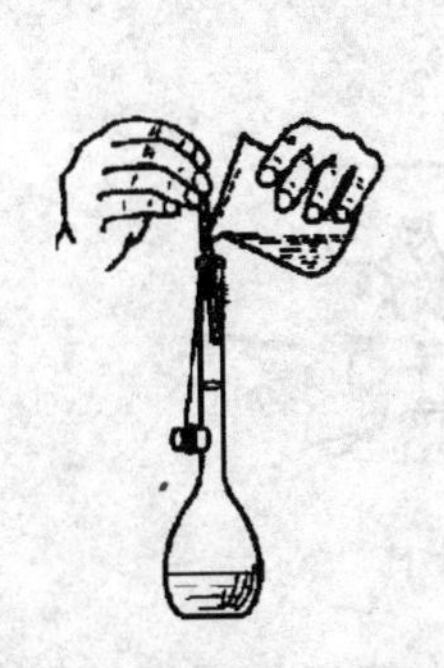

图 2-28　转移溶液到容量瓶中

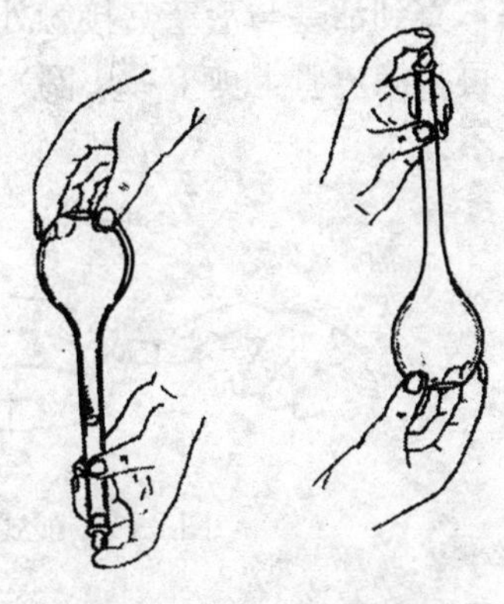

图 2-29　使溶液混匀的操作

2.4.4　滴定管

滴定管是在滴定过程中，准确测量滴定溶液体积的一类玻璃量器，主要用于定量分析。

滴定管一般分成酸式和碱式两种（图 2-30）。酸式滴定管的刻度管和下端的尖嘴玻璃管通过玻璃活塞相连，适于装盛除碱性溶液以外的其他溶液；碱式滴定管的刻度管与尖嘴玻璃管之间通过橡皮管相连，在橡皮管中装有一颗玻璃珠，以代替玻璃活塞，控制溶液的流出速度（图 2-31）。碱式滴定管用于装盛碱性溶液，不能装盛高锰酸钾、碘和硝酸银等能与橡皮起作用的溶液。

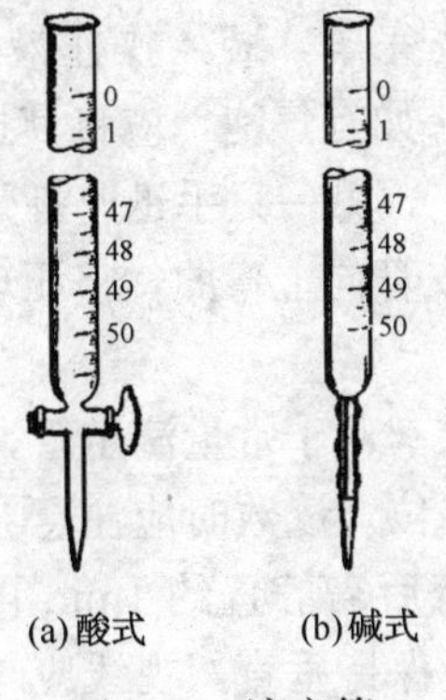

图 2-30　滴定管

图 2-31　碱式滴定管的出水控制

（1）涂凡士林。使用酸式滴定管时，如果活塞转动不灵活或漏水，可将滴定管平放于实验台上，取下活塞，用吸水纸将活塞和活塞窝擦干，然后用手指取少许凡士林，在活塞孔的两边沿圆周涂上一薄层（图 2-32）。注意不要把凡士林涂到活塞孔的近旁，以免堵住活塞孔。把涂好凡士林的活塞插进活塞窝里，单方向地旋转活塞，直到活塞与活塞窝接触处全部透明为止，然后在活塞小头套一小段橡皮管圈（可从橡皮管上剪下一小圈）以防活塞脱落。涂好凡士林的活塞转动要灵活，而且不漏水。

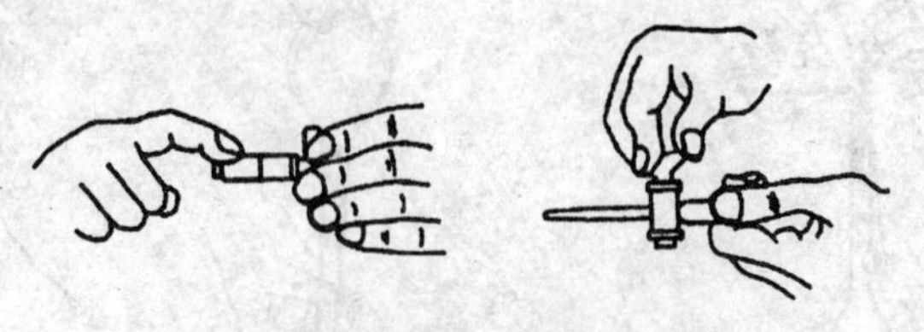

图 2-32 酸式滴定管涂凡士林

使用碱式滴定管前要检查玻璃珠的大小和橡皮管粗细是否匹配，即是否漏水，能否灵活控制液滴。

（2）检漏。检查滴定管是否漏水时，可将滴定管内装水至“0”刻度附近，并将其夹在滴定管夹上，直立约 2min，观察活塞边缘和滴定管下端是否有水渗出。将活塞旋转 180°后，再观察一次，如无漏水现象，即可使用。

（3）洗涤。滴定管可先按常规方法洗涤（但不能用去污粉，以免滴定管的容积发生改变），然后用自来水冲洗。洗净的滴定管其内壁应该均匀地挂一薄层水膜。如果管壁上还挂有水珠，说明未洗净，必须重洗。

（4）加入操作溶液。加入操作溶液前，先用蒸馏水淋洗滴定管三次，每次约 10mL。淋洗时，两手平端滴定管并慢慢旋转，使蒸馏水遍及全管内壁，先从滴定管下端放出 2～3mL，然后把剩余的液体从滴定管上口倒出。再用操作溶液淋洗三次，用量依次为 10mL、5mL、5mL。淋洗完毕，装入操作液至“0”刻度以上，检查活塞附近（或橡皮管内）有无气泡。如有气泡，应将其排出。排出气泡时，用一只手拿住酸式滴定管使它倾斜约 30 °，另一只手迅速打开活塞，使溶液冲下将气泡赶出；对于碱式滴定管可将其橡皮管向上弯曲，挤压玻璃珠稍上边的橡皮管，气泡即随溶液排出（图 2-33）。

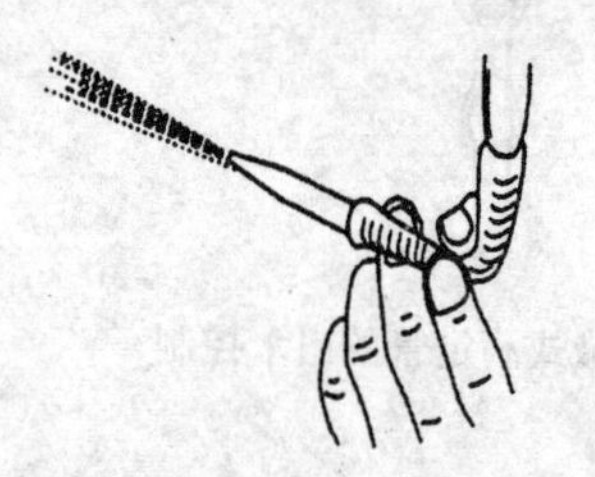

图 2-33 碱式滴定管排气泡法

（5）读数。对于常量滴定管，读数应读至小数点后第二位。读数时应注意：①滴定管注入或放出溶液后需静置约 1min 再读数。读数时应使滴定管保持垂直，视线应与滴定管内液面保持在同一水平。②对于无色或浅色溶液应读取溶液弯月面最低点处所对应的刻度，而对看不清弯月面的有色溶液如高锰酸钾、碘水溶液，可读液面两侧的最高点处。初读数与终读数必须按同一方法读出。③对于乳白板蓝线衬背的滴定管，无色溶液面的读数应以两个弯月面相交的最尖部分为准

(图 2-34)。深色溶液也是读取液面两侧的最高点。④读数时还可借助于读数卡。取黑白两色的卡片紧贴在滴定管的后面，将黑色部分放在弯月面下约 1mm 处，弯月面的最下缘即被映成黑色。读取黑色弯月面的最低点（图 2-35)。

图 2-34　蓝线滴定管

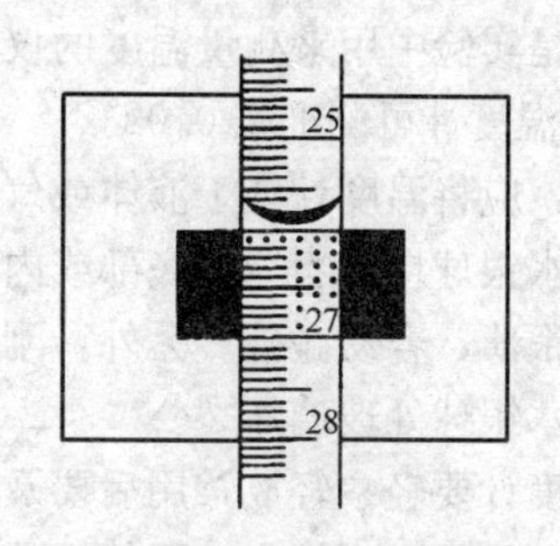

图 2-35　使用读数卡

（6）滴定。每次滴定前应将液面调节在“0”刻度或稍下的位置。滴定前须除去滴定管尖端悬挂的残余液滴（可用一干净小烧杯的内壁轻碰掉此残余液滴)，读取初读数，然后立即将滴定管尖端插入锥形瓶口内约 1cm 处，但不要接触锥形瓶颈壁，左手操纵活塞（或捏玻璃珠右上方的橡皮管）使滴定液逐渐加入。同时，用右手拿住锥形瓶颈，摇动锥形瓶，使溶液单方向不断旋转（图 2-36、图 2-37)。

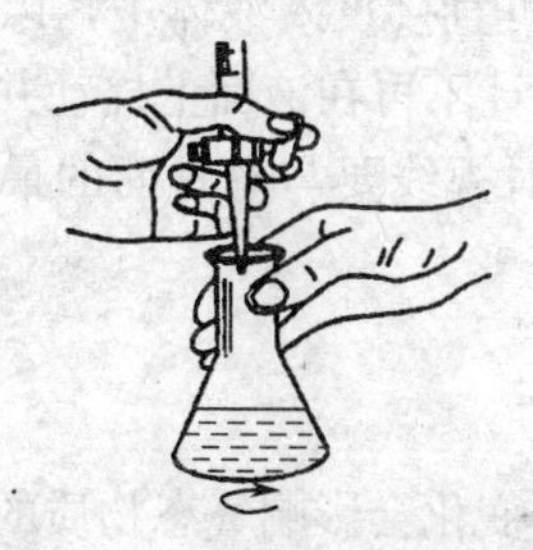

图 2-36　酸式滴定管操作

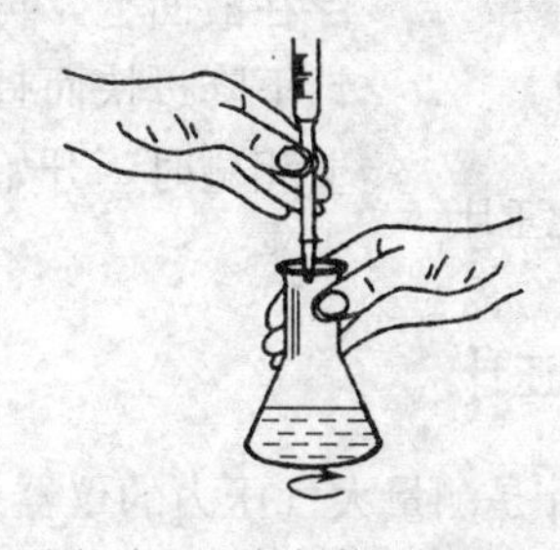

图 2-37　碱式滴定管操作

必须掌握不同的加液速度，即开始时“连续滴加”（约每秒 3～4 滴），接近终点时，改为“逐滴滴加”，最后是“半滴滴加”。用锥形瓶加半滴溶液时，应使悬挂的半滴溶液靠在锥形瓶内壁上，并用蒸馏水冲洗下去；在烧杯中滴定时，必须用玻璃棒碰接悬挂的半滴溶液，然后将玻璃棒插入溶液中搅拌。临终点时，需用蒸馏水冲洗瓶壁或杯壁，再继续滴定至终点。

实验完毕后，将滴定管中的剩余溶液倒出（不可倒入原试剂瓶中，以免污染瓶内的试剂)，洗净后装满水，再罩上滴定管盖备用。若较长时间不用，可洗净晾干，收入仪器柜中。对于酸式滴定管，要拔出活塞，擦去凡士林，在活塞与活塞窝之间衬一小纸片，再系上橡皮圈。

2.4.5　温度计

温度计是实验中用来测量温度的仪器。普通的温度计可测准至 0.1℃，刻度为 1/10℃的温度计可测准至 0.02℃。

测温时，应将温度计置于液体或气体内适当的位置，才能测得正确的数值。注意不能使水银球接触容器的底部或内壁，不能将温度计当搅拌棒使用，因为水银球处玻璃很薄，容易碰破。另外，刚测量过高温物体的温度计不能立即用冷水冲洗，以免水银球处玻璃炸裂。

使用温度计要轻拿轻放，用后要及时洗净、擦干，并放回原处。

如果要测量的温度较高，可使用热电偶和高温计。

图 2-38　比重计

2.4.6　比重计

比重计（图 2-38）是测量液体密度的仪器。用于测定密度大于 $1g \cdot mL^{-1}$的液体的比重计称为重表；用于测定密度小于 $1g \cdot mL^{-1}$的液体的比重计称为轻表。

测量液体密度时，先将待测液体倒入高而窄的玻璃容器（如量筒等）中，将比重计慢慢插入待测液体，待它能平稳地浮在液面上，再放开手（不可直接投入液体中，以免因比重计下降过快而打碎）。当比重计不再在液面上摇动并不与容器壁相碰时，开始读数，读数时视线要与弯月面的最低点保持水平。

2.4.7　气压计

气压计是测量大气压力的仪器。大气压力的变化会影响气态物质的气压测定数值。现介绍动槽式水银气压计（图 2-39）。

动槽式水银气压计的主体是一根装有水银（汞）的直立玻璃管，其上端封闭并成真空状态，下端插入水银杯中。玻璃管上部的水银面随着大气压力的变化升高或下降。利用固定刻度尺和游标尺，找到水银柱的位置，即可读取气压值（HPa）。它的测量读数精度高，误差小。游标尺共分 10 格，其总长度为 9mm，固定刻度尺每格的间距为 1mm，即游标尺比固定刻度尺的每一格小 0.1mm，两者的配合使用，提高了读数的精度。

测量时，先旋动仪器上的调节螺旋，使水银杯的液面刚好与象牙指针的针尖接触；然后上下移动游标尺使其零点的刻线与水银面相切。由游标尺上零点的刻线在固定刻度尺上所指的刻度，读出汞柱高度的整数值，再从游标尺上找出某一

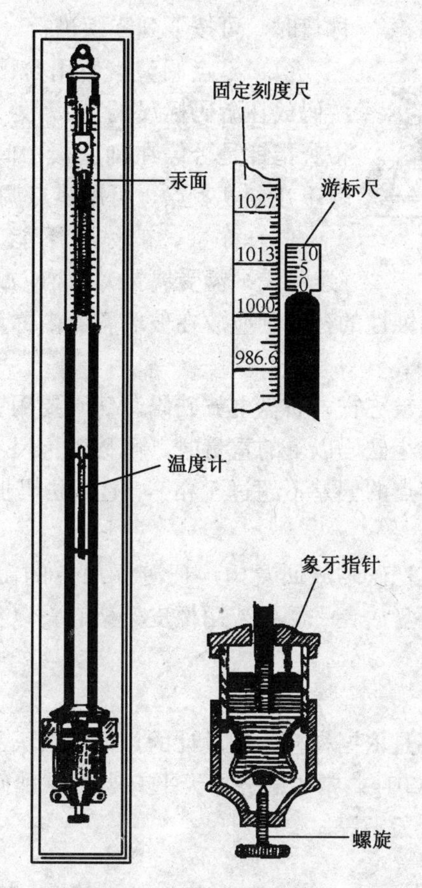

图 2-39　动槽式水银气压计

根刻度线与固定刻度尺的刻度线相合处，读出一位小数。

精确测量气压时，读数结果还需进行仪器误差和温度的修正。根据使用说明书，校正仪器本身的误差和把在不同温度下测得的气压换算为 0℃时的气压以便于比较。

动槽式水银气压计平时宜固定悬挂在室内墙上。

2.5　台秤和分析天平的使用

2.5.1　台秤

台秤（图 2-40）又称托盘天平，用于精度不高的称量，一般能称准至 0.1g。其构造为横梁架在台秤座上，横梁左右有两个托盘。横梁中部的指针与刻度板相对，根据指针在刻度板左右摆动的情况，判断台秤是否处于平衡状态。使用台秤

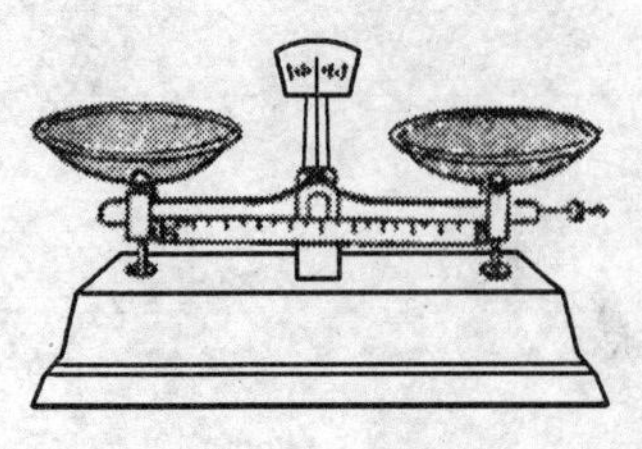

图 2-40 台秤

称量时，可按下列步骤进行。

(1) 零点调整。使用台秤前要调整零点；先把游码放在游码标尺的“0”处；托盘中未放物体时，检查指针是否停在刻度板中间的零点位置，如果指针不在刻度零点，可用零点调节螺丝调节。

(2) 称量。被称物不能直接放在托盘上称量（避免天平盘受腐蚀），而应放在已知质量的纸或表面皿上，潮湿的或具腐蚀性的药品则应放在玻璃容器内称量。台秤不能称量热的物品。

称量时，左盘上放被称物，右盘上放砝码。砝码要用镊子夹取，添加砝码时应从大到小。在添加最小砝码以下的重量时，可移动标尺上的游码。当指针停在零点位置时（停点与零点的偏差不超过 1 格），记下砝码加游码的质量，此即称量物的质量。

(3) 称量完毕，应把砝码放回盒内，把游标尺上的游码移到刻度“0”处，将台秤清理干净。将托盘放在一侧，或用橡皮架架起，以免托盘天平摆动。

2.5.2 分析天平

分析天平与台秤都是依据杠杆原理设计的，但分析天平比台秤的构造更为精密，可精确称量至 0.0001g。常用的分析天平有半机械加码电光天平、全机械加码电光天平和单盘电光天平等。

1. 分析天平的构造

现以等臂双盘半机械加码电光天平为例来介绍分析天平的一般结构（图 2-41）。铝合金制成的天平横梁是分析天平的主要部件，相当于两臂等长的杠杆，它的作用是衡量称量物体与砝码的质量是否相等。横梁上装有三把三棱形的玛瑙刀，其中一把位于横梁中间，刀口向下，称为支点刀。称量时，支点刀架在天平支柱的玛瑙平板上。横梁的两端等距离处各有一把玛瑙刀，刀口向上，支撑着称盘，称为承重刀。刀口的锋利程度直接影响天平的灵敏度。

在横梁的两端还装有调零螺丝，用以调节天平的零点。

横梁两端的承重刀上分别悬挂两个吊耳。吊耳的上部嵌有玛瑙平板，称量时玛瑙平板搁在承重刀上。吊耳的上钩挂有称盘，下钩挂空气阻尼器的内盒。空气阻尼器是由两个铝制的圆筒形盒构成，其外盒固定在天平支柱上，盒口朝上，直径稍小的内盒则悬挂在吊耳上，盒口朝下。内外盒保持很小间隙又互相不接触，当天平梁摆动时，内盒随天平横梁而在外盒内上下移动。由于盒内空气的阻力，天平梁会很快停止摆动，从而提高称量速度。

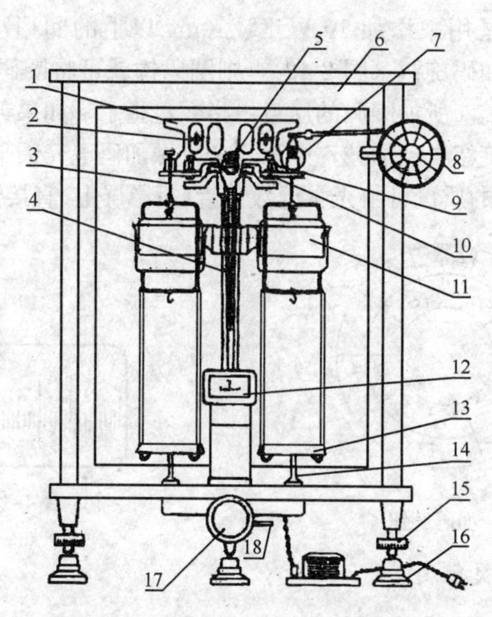

图 2-41　半机械加码电光天平的构造

1—横梁；2—平衡螺丝；3—吊耳；4—指针；5—支点刀；6—罩框；7—圈码；8—指数盘；9—支柱；10—托叶；11—阻尼器；12—投影屏；13—称盘；14—盘托；15—螺旋脚；16—垫脚；17—旋钮；18—扳手

为了保护刀口，在天平底板正中装有升降旋钮。开启天平时，顺时针旋转升降旋钮，带动升降枢纽可以使天平梁慢慢放下，三个刀口与相应的玛瑙平板接触，使得吊耳及托盘可自由摆动，同时接通电源，天平进入工作状态。逆时针旋转升降旋钮，三把玛瑙刀口和刀承分开，天平横梁被托起，吊耳及托盘被托住，电源切断，天平停止工作。

为了便于观察天平横梁的倾斜程度，从而判断称量物和砝码哪个轻哪个重，在横梁中间装有一根细长的金属指针，并在指针下端装有微分刻度标尺，微分刻度标尺上每大格相当于 1mg，每小格相当于 0.1mg。微分刻度标尺投影在投影屏上可读出小于 10mg 的质量数值。

通常分析天平装在由木材和玻璃制成的框罩内，以减少周围温度、气流等对称量的影响，并避免水蒸气及灰尘对它的侵蚀。天平的水平位置可通过装在支柱上的水准器（在横梁背后）来指示，并可由垫脚上面的调水平螺丝来调节。使用天平时，首先应使它保持水平位置。

每台天平都有与之配套的一盒砝码。使用砝码时，必须用镊子夹取，不得直接用手拿取。砝码组合通常为 100g，50g，20g，20g*，10g，5g，2g，2g*，1g。10mg～1g 的质量由机械加码装置读出。

机械加码装置是用来添加 1g 以下、10mg 以上的圈形小砝码的。使用时，只要转动指数盘的加码旋钮（图 2-42），则圈码钩就可将圈码自动地加在天平梁右臂上的金属窄条上。所加圈码的质量由指数盘指示。如果天平的大小砝码全部都由指数盘的加码旋钮自动加减，则称为全机械加码电光天平。

0.1mg～10mg 的质量可由光学读数装置(投影屏上)直接读出(图2-43)。

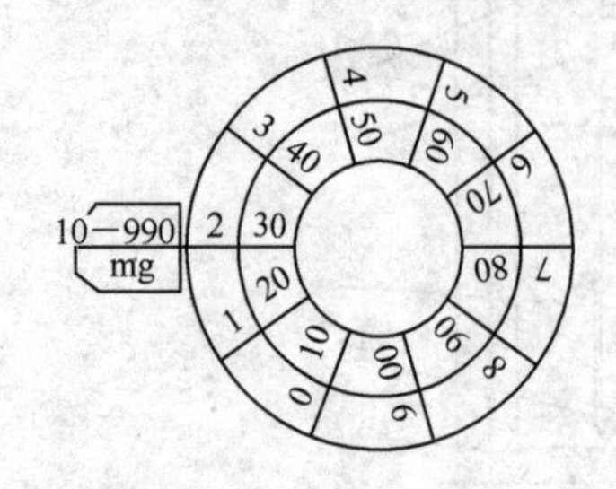

图 2-42　加码旋钮

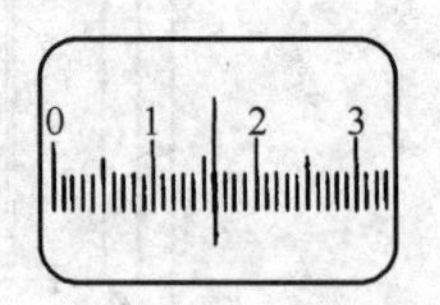

图 2-43　微分刻度标尺

2. 分析天平的灵敏度

1）天平灵敏度的表示方法

天平的灵敏度（E）是天平的基本性能之一。它通常是指在天平的任一个盘上，增加 1mg 质量所引起指针偏移的分度数，灵敏度 E 的单位是分度 · mg^{-1}。在实际应用中也常用灵敏度的倒数来表示，即分度值 S（感量），$S=\frac{1}{E}$，其单位是 mg · 分度$^{-1}$。一般电光天平分度值 S 以 0.1mg · 分度$^{-1}$为标准，则

$$E=\frac{1}{0.1}=10(\text{分度}\cdot \text{mg}^{-1})$$

即加 10mg 质量可引起指针偏移 100 分度，这类天平也称为万分之一天平。指针偏斜程度越大，灵敏度就越高。一般使用中的电光天平的灵敏度，要求增加 10mg 质量时指针偏移的分度数在（100±2）分度之内，否则必须用重心调节螺丝进行调整。天平的灵敏度太低，称量的准确度达不到要求；但灵敏度太高，天平稳定性太差，也会影响称量的准确度。

天平的基本性能除了灵敏度外，一般还包括稳定性、示值变动性和不等臂性。

稳定性是指天平在其平衡状态被扰动后经过若干次摆动，仍能自动回到原来位置的能力。天平的稳定性主要与天平梁的重心、支点的距离以及天平梁上三个刀刃在平面上的距离有关。一般情况下，可通过改变天平的重心来调节其稳定性。重心越低，稳定性越好，但此时灵敏度也会降低，因此必须同时兼顾。

示值变动性是以不改变天平状态的情况下，重复数次开关旋钮，考察其平衡位置的重现性，以天平达到平衡时指针所指位置的最大值与最小值之差来表示。

使用中的天平要求示值变动性不超过 1 分度。示值变动性与稳定性有密切的关系，示值变动性太大，则天平的稳定性差。

不等臂性是指天平横梁两臂不相等的程度。使用中的分析天平要求不等臂性误差小于 9 个分度。此误差的大小与天平的载荷大小成正比，在称量过程中一般只是使用最大载荷的几分之一、几十分之一甚至更小，因此这时的不等臂性误差可以忽略不计。

2）灵敏度的测定

（1）零点的测定。测定灵敏度前，先要测定天平的零点。零点（空载平衡点）是指未载重的天平处于平衡状态时指针所指的标尺刻度。载重天平处于平衡状态时所指的标尺刻度则称为平衡点（或停点）。

测定零点时，先检查托盘上是否有砝码或其他物体，机械加码旋钮是否在零的位置，升降旋钮是否处于关闭状态（逆时针方向转到底）。然后用小毛刷把托盘清扫干净，再接通电源，顺时针方向慢慢转动旋钮至完全开启，待天平达到平衡后，检查微分标尺的零点是否与投影屏上的标线重合，如果两者相差较大则应旋动零点调节螺丝（图 2-41 中的 2），进行调整。如果相差不大可拨动旋钮下面的调零杆，挪动投影屏的位置，便可使两者重合。

（2）灵敏度的测定。调节零点后，在天平的左盘上放一片校准过的 10mg 片码。开启天平，若标尺移动的刻度与零点之差在（100±2）分度范围之内，则表示其灵敏度符合要求；若超出这一范围，则应进行调节。

3. 称量方法

1）直接法

此法适用于称取不易吸水、在空气中性质稳定的物质，如金属或合金试样。一般可用药匙将事先已经干燥的试样放在已知质量的、洁净而干燥的表面皿中，称取一定质量的试样，然后将试样全部转移到事先准备好的容器中。称量时，先调节天平的零点至刻度“0”，把待称物品放在左盘的表面皿中，以从大到小的顺序加减砝码（1g 以上）和圈码（10～990mg）。加减砝码或圈码后，顺时针方向轻轻转动升降旋钮，观察投影屏中标尺移动的方向，若标尺向负数方向移动（刻线所指数值减小），则表示砝码太重，要减砝码；若标尺向正数方向移动，要加砝码。最后使天平达到平衡，则砝码、圈码及投影屏所表示的质量之和即等于该物体的质量。例如，称量某物体达到平衡时，称量结果为

砝码重：18g；

指数盘读数：450mg；

投影屏读数：＋7.3mg；

则物体质量为 18.4573g。

2）减量法

减量法是由两次称量结果相减。采用减量法称量时，被称量的物质不直接暴露在空气中，因此适用于称取粉末状或容易挥发、吸水以及易与空气中 O_2、CO_2反应的物质。一般使用称量瓶称取试样。

称量样品时，先把装有试样的称量瓶盖上瓶盖，放在天平盘上，准确称至 0.1mg。然后按图 2-44 所示，用左手捏紧套在称量瓶上的纸条，取出称量瓶，右手隔着一小纸片捏住盖顶，在烧杯口（或其他接受容器）近上方轻轻地打开瓶盖（勿使瓶盖离开烧杯口上方）。慢慢地倾斜瓶身，需防止试样倾出太多。用瓶盖轻轻敲打瓶口上方，使试样因振动慢慢落入烧杯中。当倾出的试样接近所需的量时，将称量瓶慢慢竖起，同时用瓶盖轻轻敲击瓶口，使附在瓶口的试样落入容器或称量瓶内，然后盖好瓶盖，将称量瓶放回天平盘再进行准确称量。前后两次称量的质量之差即为所取出试样的质量。

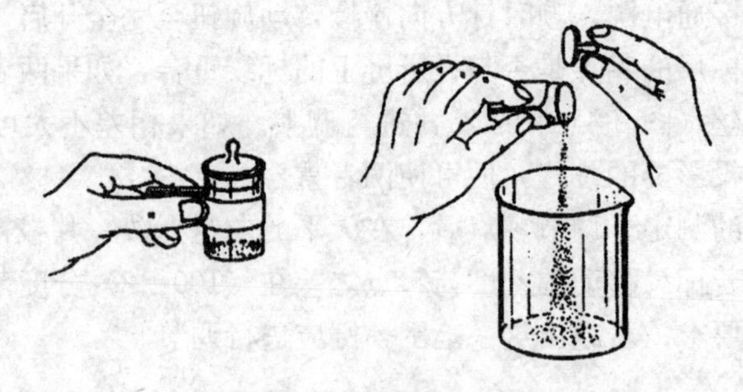

图 2-44　称量瓶的使用

4. 使用天平的规则

分析天平是一种精密仪器，使用时必须严格遵守下列规则：

（1）天平箱内应保持清洁干燥，定时更换干燥剂。

（2）热的物体须冷却至室温后再称量，以免天平盘附近有受热而上升的气流，影响称量结果的准确性。产生腐蚀性蒸气或吸湿性的物体，必须放在密闭容器内称量。

（3）称量前应检查天平是否处于水平位置，然后调整天平的零点。

（4）使用过程中要特别注意保护玛瑙刀口。在天平盘上取放物品、加减砝码时，都必须先把天平梁托住，否则容易使刀口损坏。旋转旋钮时应细心缓慢。

（5）开始加砝码时，先估计被称量物的质量，选加适当的砝码，然后微微开启天平，在指针标尺摆出投影屏之前，应立即托起天平梁，从大到小更换砝码，直到指针的偏转在投影屏标牌范围内，然后完全开启天平，待天平达到平衡时记录读数。

（6）称量的物体及砝码应尽可能放在天平盘的中央，以免托盘晃动。使用自动加码装置时应逐挡慢慢地转动，以免圈码缠绕或跳落。

（7）分析天平的砝码都有准确的质量，使用砝码时必须用镊子夹取，而不得用手指直接拿，以免弄脏砝码，使其质量不准。砝码都应该放在砝码盒中固定的位置，称量结果可先根据砝码盒中空位求出，然后再和盘上的砝码重新校对一遍。

（8）称量完毕后，应将砝码放回砝码盒内，使圈码的指数盘归零，用毛刷将天平内掉落的称量物清除，检查玻璃门是否关好，然后用罩布将天平罩好。

2.5.3　电子天平

电子天平即电磁力天平，是目前最新的一类天平，具有称量快捷、使用方法简便等特点，应用广泛。电子天平利用电磁力平衡的原理和现代电子技术设计而成。称量时，称盘底部与通电线圈相连，置于磁场中。当被称物放置于称盘上时，由被称物的质量产生一个向下的重力。传感器将测得的信号进行比较后，指示电流源发出等幅脉冲电流，此电流使线圈产生一个与此大小相等方向相反的电磁力，让线圈恢复到未负重时的平衡位置，同时微处理器显示被称物的质量。所称物体的质量越大，相应的脉冲电流宽度越大，显示的读数也越大。

电子天平的优点是不用砝码，加入载荷后能迅速地平衡，并自动显示被称物体的质量，大大缩短了称量时间。它还具有去皮（净重）称量、累加称量、计件称量和称量范围转换等功能。电子天平配有对外接口，可连接打印机、计算机、记录仪等，实现了称量、记录、计算自动化。

图 2-45 是 FA1604 型电子天平的外观图。

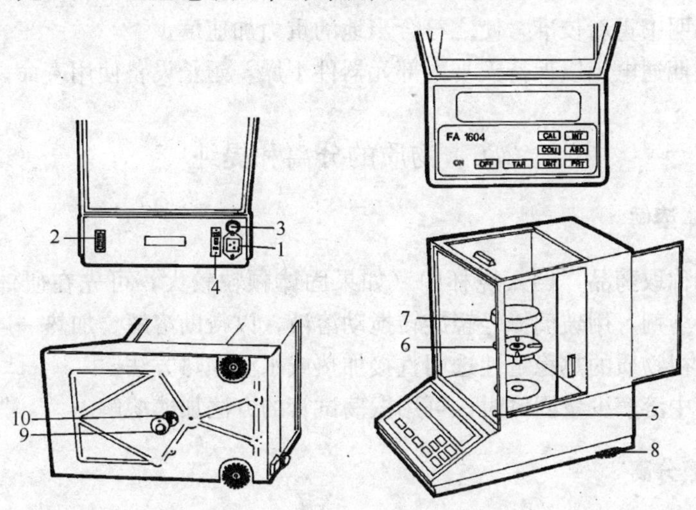

图 2-45　FA1604 型电子天平

1—电源插座；2—数据接口；3—保险丝；4—220V、110V 转换开关；
5—水平仪；6—盘托；7—称盘；8—水平调节脚；9—盖板；10—挂钩

1. 电子天平的使用方法

(1) 使用前先观察水平泡位置，将天平调至水平。

(2) 接通电源，使天平预热30min，然后轻按天平面板上的ON键，显示屏显示天平型号后，显示称量模式0.0000g或0.000g。如果显示不正好是0.0000g，则需轻按一下TAR键。

(3) 打开天平门，将容器（或被称物）轻轻放在称盘上，关好天平门。待显示数字稳定并出现质量单位“g”后，即可读数，并记录称量结果。

(4) 如果需要清零、去皮重，可轻按TAR键，这时显示消隐，随即出现全零状态。容器质量显示值已去除，即为去皮重。在去皮重状态下可称出被称物的净质量。

若在去皮重、屏幕显示全零状态时，拿走称量容器，屏幕会显示容器质量的负值。

(5) 称量完毕，取下被称物，清扫称盘，按一下OFF键（如短期内还要称量，可不拔掉电源），让天平处于待命状态。再次称量时，按一下ON键，即可继续使用。最后使用完毕，应拔下电源插头，盖上防尘罩。

2. 电子天平使用的注意事项

(1) 电子天平应放置在平稳、水平的台面上，远离磁性物质和设备。

(2) 经常进行校准。特别是当首次安装使用、搬动过或停用一段时间后，都要按天平说明书重新校准，使之符合当地的重力加速度。

(3) 定期通电，以保持天平内部元器件干燥，延长设备使用寿命。

2.6 物质的分离和提纯

2.6.1 固体溶解

按用量称取药品，倒入烧杯中（如果固体颗粒较大，可先在研钵中研细），加入适量的溶剂，用玻璃棒轻轻旋转搅动溶液，以帮助溶解。加热一般可加速溶解过程，应视物质的热稳定性选用直接加热或水浴加热方法。

在试管中溶解少量固体时，可用振荡试管的方法加速溶解。

2.6.2 固液分离

溶液与沉淀的分离方法有三种：倾析法、过滤法和离心分离法。

1. 倾析法

当沉淀的相对密度较大或晶体的颗粒较大，静止后能很快沉降至容器的底部，这时可用倾析法进行分离。倾析法操作如图 2-46 所示。将沉淀上部的溶液倾入另一个容器中而使沉淀留在底部。如需洗涤沉淀，向盛沉淀的容器内加入少量洗涤液，将沉淀和洗涤液充分搅拌后静置，沉淀沉降后，再用倾析法倾去溶液。如此反复操作两三遍，即能将沉淀洗净。

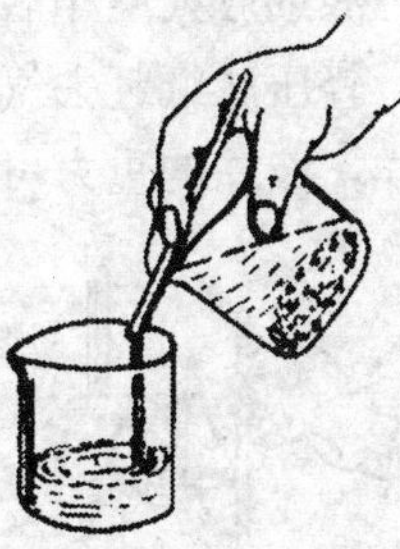

图 2-46　倾析法操作

2. 过滤法

过滤是最常用的分离方法。当沉淀和溶液的混合物通过过滤器时，沉淀留在过滤器上，溶液则通过过滤器而进入容器中，所得溶液称为滤液。

常用的过滤方法有常压过滤（普通过滤）、减压过滤（吸滤）和热过滤三种。

1）常压过滤

此法最为简单、常用，只需玻璃漏斗和滤纸即可进行。选用的漏斗大小应以能容纳沉淀为宜。滤纸有定性滤纸和定量滤纸两种，在无机定性实验中常用定性滤纸。

滤纸按孔隙大小分为“快速”、“中速”和“慢速”三种。应根据沉淀颗粒的大小和状态选用。空隙太大，小颗粒沉淀易透过，过滤效果差；空隙太小，滤纸易被小颗粒沉淀堵塞，使过滤难以进行。滤纸的大小应与漏斗的大小相适应，一般滤纸上沿应低于漏斗上沿约 1cm。

过滤前需先折叠滤纸，如图 2-47 所示，将滤纸对折两次，把锥体打开，放入漏斗（漏斗应干净而且干燥），滤纸锥体一个半边为三层，另一个半边为一层，内角约为 60°，如果滤纸上边缘与漏斗不十分密合，可以稍微改变滤纸的折叠角

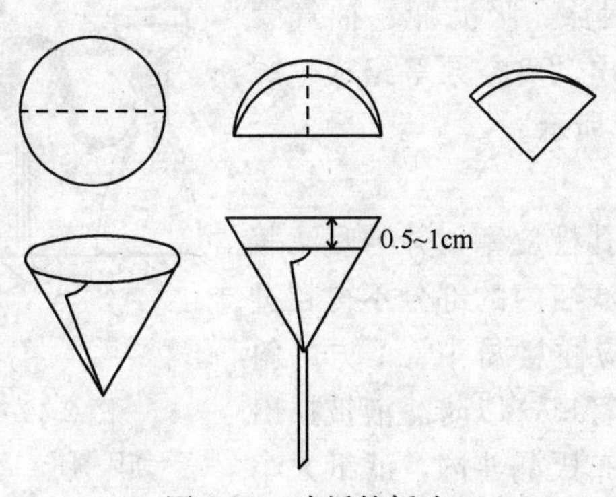

图 2-47　滤纸的折法

度，直到与漏斗密合为止。为了使滤纸和漏斗内壁贴紧无气泡，常在三层滤纸的外层折角处撕下一小块，此小块滤纸保存在洁净干燥的表面皿上，以备擦拭烧杯中残留的沉淀用。

滤纸放入漏斗后，用手按紧使滤纸与漏斗密合。然后用洗瓶加少量水润湿滤纸，轻压滤纸赶去气泡，加水至滤纸边缘，使漏斗颈内全部充满水，形成水柱。这样，液柱的重力可起抽吸作用，从而加快过滤速度。

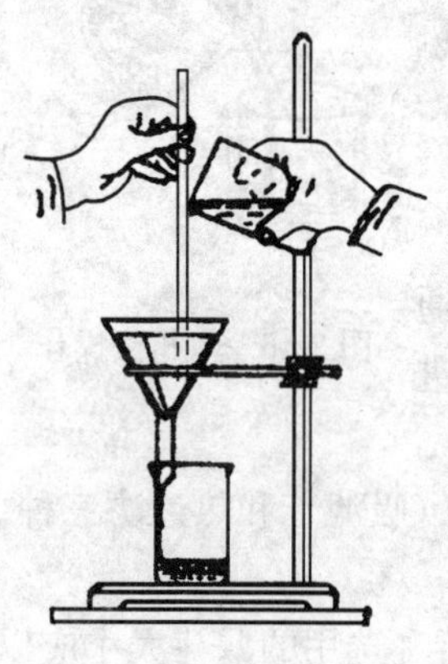

图 2-48　常压过滤

过滤操作见图 2-48。将准备好的漏斗放在漏斗架上，漏斗下面放一承接滤液的洁净烧杯，漏斗颈出口长的一边紧贴杯壁，使滤液沿烧杯壁流下而不致溅出。漏斗放置位置的高低，以过滤过程中漏斗下口不接触滤液为度。过滤时，一般待烧杯中的沉淀下沉以后，先将清液倾入漏斗中，然后转移含有沉淀的溶液。将玻璃棒的下端对着三层滤纸处，溶液沿着玻璃棒流入漏斗中。倾入的溶液一般应低于滤纸上沿约 1cm，以免少量沉淀因毛细作用越过滤纸上沿。倾析完成后，可初步洗涤留在烧杯内的沉淀两三次，每次都用倾析法过滤。

为了方便沉淀的转移，可先加少量洗涤液，把沉淀搅起，然后将悬浮液小心转移到滤纸上。转移完毕后，用少量蒸馏水冲洗烧杯壁和玻璃棒，将洗涤液全部转入漏斗中。待洗涤液滤完后，再用洗瓶吹出水流从滤纸上部沿漏斗壁螺旋向下冲洗滤纸和沉淀，不可突然冲在沉淀上。为了提高洗涤效率，通常采用“少量多次”的方法。

2）减压过滤

此法可加速过滤，并把沉淀抽吸得较干燥，但不适合过滤胶状沉淀和颗粒太细的沉淀，因为胶状沉淀在快速过滤时易透过滤纸，颗粒太细的沉淀易在滤纸上形成一层密实的沉淀，使溶液不易透过。减压过滤装置由布氏漏斗、吸滤瓶、抽气管（水泵）、水循环泵或电动真空泵等组成。减压过滤装置如图 2-49 所示。

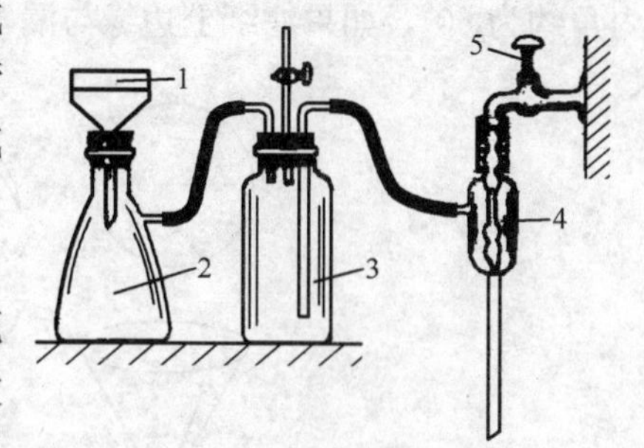

图 2-49　减压过滤装置

1—布氏漏斗；2—吸滤瓶；3—安全瓶；4—水抽气泵；5—自来水龙头

吸滤操作如下：

把漏斗管插入单孔橡皮塞，并与吸滤瓶相接。橡皮塞插入吸滤瓶内的部分不得超过塞子高度的 2/3。还应注意漏斗管下方的斜口要对着吸滤瓶的支管口，以防滤液被抽出吸滤瓶。将滤纸放入布氏漏斗内，滤纸大小应以略小于漏斗内径又能将全部小孔盖住为宜，防止沉淀由滤纸四周或瓷孔漏入吸滤瓶内。用少量蒸馏水润湿滤纸，抽气使滤纸紧贴在漏斗瓷板上。然后用倾析法先转移溶液，溶液量不应超过漏斗容量的 2/3，同时开大水龙头，待溶液快流尽时再转移沉淀。

吸滤完毕（或中间需停止吸滤）时，应注意需先拆下连接水泵和吸滤瓶的橡皮管，然后关闭水龙头，以防由于吸滤瓶内压力低于外界压力而使自来水回流入吸滤瓶内（此现象称为反吸或倒吸）。取下漏斗倒扣在表面皿上，用洗耳球吹漏斗的下口，使滤纸（及沉淀）与漏斗分开。从吸滤瓶上口倒出溶液，不要从支管口倒出。如沉淀需洗涤，应在停止抽气后，用尽可能少的溶剂洗涤，以减少溶解损失。使洗涤剂与沉淀充分润湿，用较小的抽气量，使洗涤剂缓慢通过沉淀物，以取得较好洗涤效果。

在吸滤瓶和抽气泵之间安装一个安全瓶（图 2-49），可以避免关闭水泵或水的流量突然变小时，自来水倒吸入吸滤瓶内污染滤液。安装时应注意安全瓶长管和短管的连接顺序，不要连错。

如果过滤强酸、强碱或强氧化性溶液，它们会与滤纸发生反应而破坏滤纸，此时可用相应的滤布来代替滤纸，另外也可用砂芯漏斗，它是一种耐酸的过滤器，但不能过滤强碱性溶液。过滤强碱性溶液可使用玻璃纤维代替滤纸。

3）热过滤

某些溶质在室温时，易成晶体析出，为避免晶体在过滤时留在滤纸上，通常使用热滤漏斗进行过滤（图 2-50）。过滤时，把玻璃漏斗放在铜质的热滤漏斗内，热滤漏斗内装有热水（水不要太满，以免水加热至沸后溢出）以维持溶液的温度。若采用减压过滤，可以事先把布氏漏斗在水浴上用蒸气加热，这样在热溶液趁热过滤时，才不至于因冷却而在漏斗中析出晶体。

图 2-50　热过滤

3. 离心分离法

当被分离的沉淀量很少时，用一般方法过滤会使沉淀粘在滤纸上难以取下，应采用离心分离法，其操作简单而迅速。实验室常使用电动离心机（图 2-51）进行离心分离。操作时，把盛有混合物的离心管放入离心机的套管内，在套管的相对位置上的空套管内放入同样大小的试管，内装与混合物等体积的水，以保持离心机转动平衡。然后开启离心机，逐渐加速，1～2min 后，关闭电源，使离心机自然停止。在机器完全停止后，开盖取出离心管。由于离心作用，沉淀紧密地聚集于试管的尖端，上方是清液。可用滴管小心地吸出上方清液（图 2-52），也可将其倾出。如果沉淀需要洗涤，可以加入少量的洗涤剂，用玻璃棒充分搅拌后，再进行离心分离，如此重复操作两三遍即可。

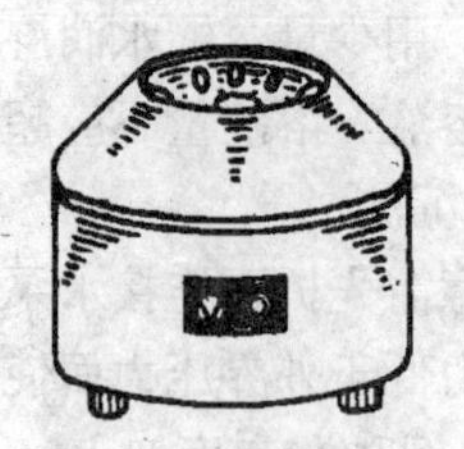

图 2-51　电动离心机

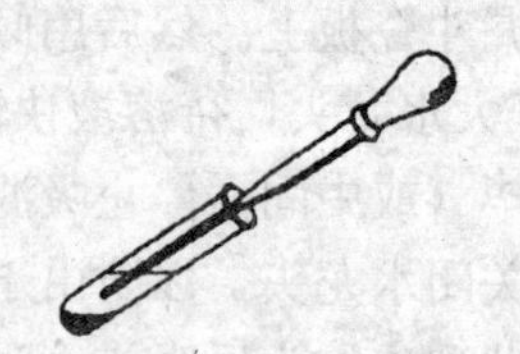

图 2-52　用滴管吸出清液

2.6.3　蒸发

为了使溶质从溶液中结晶析出，常采用加热的方法使水分蒸发、溶液浓缩而析出晶体（图 2-53）。常用的蒸发容器是蒸发皿，因为它的表面积较大，有利于加速蒸发。蒸发皿中加入液体的量不得超过其容量的2/3，以防沸腾时液体溅出。如果液体量较多，蒸发皿一次盛不下，可随水分的不断蒸发逐渐向蒸发皿中添加液体。注意不要使瓷蒸发皿骤冷，以免炸裂。根据物质的热稳定性可以选用煤气灯直接加热或用水浴间接加热。对于固态时带有结晶水或高温受热易分解的物质，一般只能采用水浴加热。溶解度较大的物质，应加热到溶液表面出现晶膜时，才停止加热。溶解度较小或高温时溶解度虽大但室温时溶解度较小的物质，降温后容易析出晶体，不必蒸发至液面出现晶膜就可以冷却。

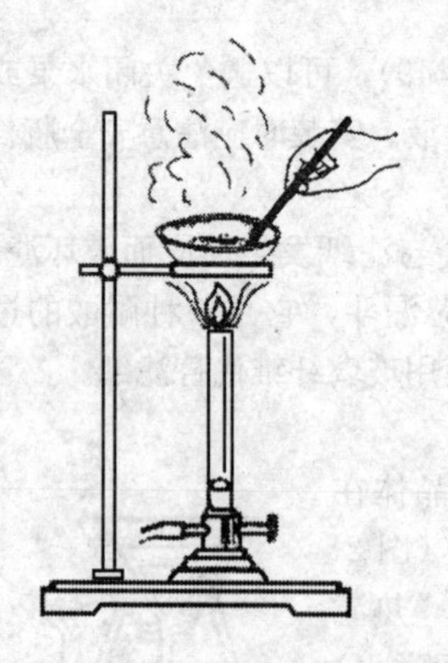

图 2-53　蒸发操作

2.6.4　结晶与升华

1. 结晶

当溶质含量超过其溶解度时，其晶体在溶液中析出的过程称为结晶。结晶常用于提纯固态物质。通常有两种方法：一种是蒸发法，即通过蒸发减少一部分溶剂，使溶液达到饱和而析出晶体，此法主要用于溶解度随温度变化不大的物质（如氯化钠）；另一种是冷却法，即通过降低温度使溶液冷却达到饱和而析出晶体，此法主要用于溶解度随温度下降而明显减小的物质（如硝酸钾）。有时需将这两种方法结合使用。

当溶液达到过饱和状态时，可以通过振荡容器、用玻璃棒搅动或轻轻地摩擦器壁或投入几粒晶体（晶种）促使晶体析出。析出的晶体颗粒的大小与结晶条件有关。如果溶质的溶解度小，溶液的浓度高，溶剂的蒸发速度快，或溶液冷却得快，析出的晶体就细小；反之，则会得到较大的晶体颗粒。晶体颗粒太小，虽然晶体包含的杂质少但由于表面积大而吸附杂质多；而晶体颗粒太大，则在晶体中会夹杂母液，难于干燥。实际操作中，常根据需要控制适宜的结晶条件，以得到大小合适的晶体颗粒。

2. 重结晶

当第一次得到的晶体纯度不合乎要求时，可将所得晶体溶于尽可能少的溶剂中使之成为饱和溶液，然后进行蒸发（或冷却）、结晶、分离，这种操作称为重结晶。根据物质的纯度要求，可以进行多次重结晶。每次操作的母液中都含有一些溶质，应收集起来适当处理，以提高产率。

3. 升华

某些物质在固态时具有很高的蒸气压，被加热时，可不经过液态而直接汽化，蒸气受到冷却又直接冷凝成固体。遇到易升华的物质中含有不挥发性杂质，或要分离挥发性明显不同的固体混合物时，可以采用升华操作进行提纯。通常升华得到的产品具有较高的纯度；但要纯化的固体物质必须在低于其熔点的温度下具有高于 2666.9Pa（20mmHg）的蒸气压，故有一定的局限性。

图 2-54 是常压下简单的升华装置。在蒸发皿上放置粉状样品，上面覆盖一个直径比它小的漏斗。漏斗颈用棉花塞住，以防止蒸气逸出。蒸发皿和漏斗之间用一张穿有许多小孔（孔刺向上）的滤纸隔开，以避免升华得到的物质再落回蒸发皿。操作时，用砂浴（或其他热浴）加热，在低于熔点的温度下，使样品慢慢升华。较大量物质的升华可在烧杯中进行，如图 2-55 所示，烧杯上放置一个通冷水的圆底烧瓶，使蒸气在烧瓶的底部凝结成晶体，并附着在瓶底上。

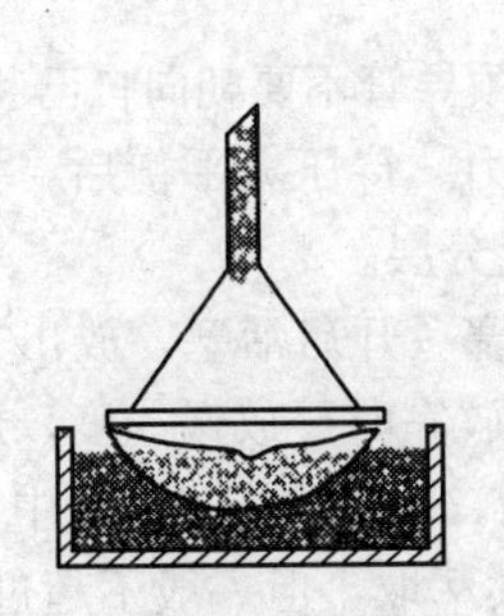

图 2-54　简单的升华装置

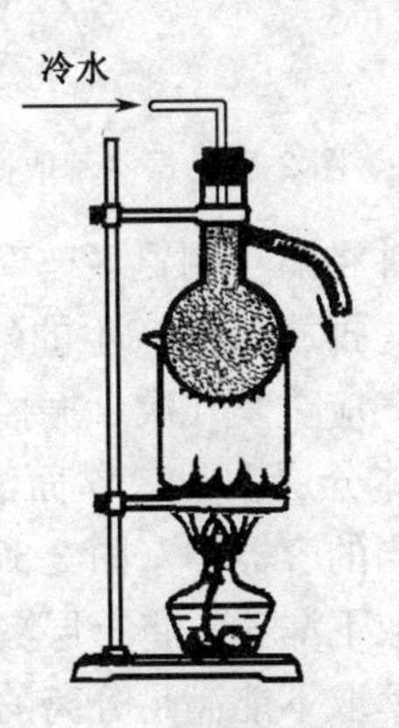

图 2-55　较大量物质的升华装置

2.6.5 萃取

萃取是利用物质在不同溶剂中溶解度的差异而达到分离目的。其原理可表述为，若溶液由某物质溶解于溶剂 A 而成，现要从溶液中萃取该物质，可选择一种对溶质溶解度极好，而与溶剂 A 不相溶和不起化学反应的溶剂 B。把溶液放入分液漏斗中加入溶剂 B，充分振荡。静止后，由于 A 与 B 不相溶，混合液分成两层。此时，温度一定时，这种物质在溶剂 A 与溶剂 B 中的浓度之比是一个常数，称为分配系数，用 K 表示。这种关系叫分配定律，即

$$\frac{c_A}{c_B} = K$$

根据分配定律可知，将一定量的萃取液分多次萃取的效果，比用等体积的萃取液一次萃取时要好。

萃取操作方法如下：

首先检查分液漏斗玻璃塞是否漏水，待确认不漏水后方可使用。在分液漏斗中加入溶液和一定量的萃取溶剂(总体积不得超过其容量的3/4)后，塞上玻璃塞。

用右手食指末节顶住漏斗上端的玻璃塞，再用大拇指和中指握住漏斗上端颈部；左手的食指和中指蜷握在旋塞柄上（图 2-56）。将漏斗由外向里或由里向外旋转振摇 3～5 次，使两种不相溶的液体尽可能充分混合。

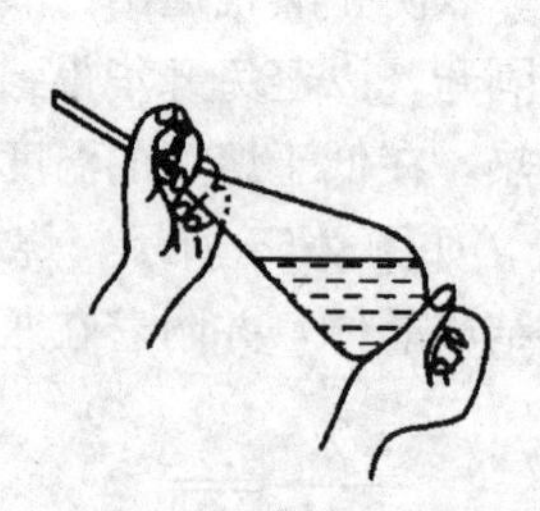

图 2-56　振荡萃取操作

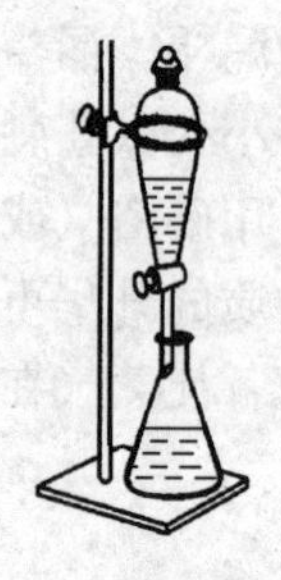

图 2-57　放出下层液体

每隔几秒钟将漏斗倒置（玻璃塞朝下），漏斗下颈导管不要朝向自己和他人，慢慢开启旋塞，排放可能产生的气体以平衡内外压力。待压力平衡后，关闭旋塞。振摇和放气应重复几次。振摇完毕，将漏斗静置分层。

待两相液体分层明显、界面清晰时，移开玻璃塞。开启活塞，放出下层液体，收集在适当的容器中（图 2-57）。当下层液接近放完时要放慢速度，放完迅速关闭旋塞。取下漏斗，将上层液体由上端口径倒出，收集到指定容器中。

如果一次萃取不能满足分离的要求，可采取多次萃取，但一般不超过 5 次。将每次萃取的有机相都收集到一个容器中。

2.6.6　蒸馏

蒸馏是最重要的分离和纯化液体物质的方法。当液态物质受热时，由于分子运动使其从液体表面逃逸出来，形成蒸气压。一般来说，液体的蒸气压随着温度的增加而增加，直至到达沸点，这时有大量气泡从液体中逸出，即液体沸腾。

蒸馏是将液体加热至沸使其变成蒸气，再使蒸气通过冷却装置冷凝，并将冷凝液收集的过程。在蒸馏沸点相差较大的混合液时，低沸点液体先蒸出，高沸点液体后蒸出，不挥发的留在蒸馏器内。因此，通过蒸馏可以达到纯化的目的。

1. 仪器和装置

在实验室中进行蒸馏操作所用仪器主要包括蒸馏烧瓶、冷凝管和接受器三个部分（图 2-58）。

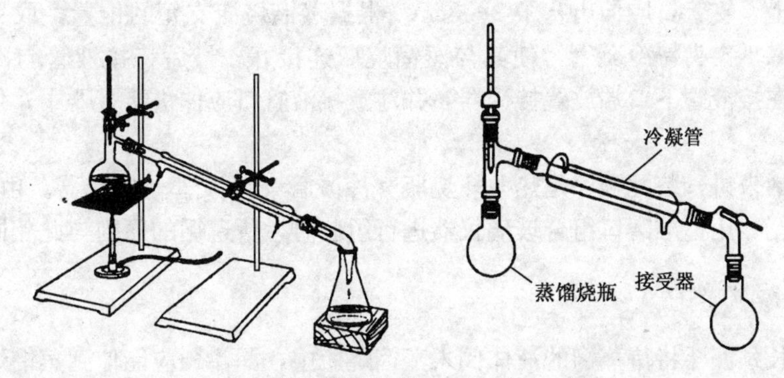

图 2-58　蒸馏装置（普通和标准磨口仪器）

（1）蒸馏烧瓶。这是蒸馏时最常用的容器。待蒸馏的液体在瓶内汽化，蒸气经支管进入冷凝管。应根据所蒸馏的液体的体积选用大小合适的蒸馏烧瓶。所蒸馏液体的体积不应超过烧瓶体积的 2/3，也不应少于其体积的 1/3。

（2）冷凝管。烧瓶中馏出的蒸气在冷凝管内冷凝。当液体的沸点高于 130℃时，可用空气冷凝管，低于 130℃时，用水冷凝管。通常不能把水冷凝管当空气冷凝管使用，以防冷凝管炸裂。球形冷凝管的球的凹部会存有馏出液，为确保所需馏分的纯度，不要使用这种冷凝管。当液体沸点很低时可用蛇形冷凝管，它要求垂直装置。

（3）接受器。常用接液管连接锥形瓶或圆底烧瓶，收集冷凝后的液体。接受器应与大气相通。应根据馏出液的量选择大小合适的接受器。若馏出的液体量少，也可用试管作接受器。

若馏出液有毒，易挥发，易燃，易潮解，则在安装接受器时，应根据具体情况采取相应的解决措施。例如，为了防止空气中的湿气浸入反应器，可在冷凝管

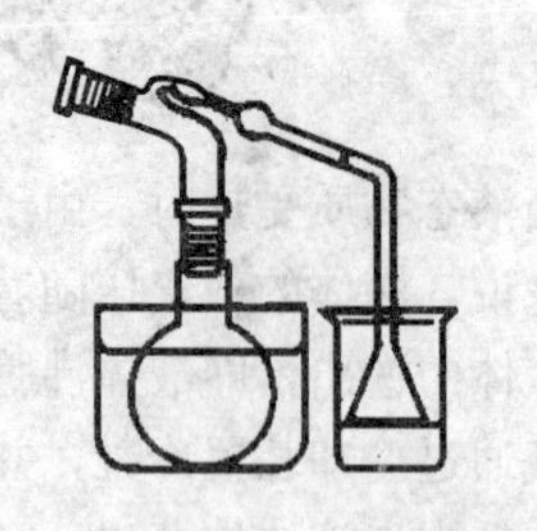

图 2-59 有毒气体吸收装置

上口连接干燥管；当反应放出有毒气体时，可通过连接一个与吸收液相接触的玻璃漏斗吸收有毒气体（图 2-59）。

装配蒸馏装置的步骤如下：

根据液体的沸点，选择热源、冷凝器及温度计（蒸馏低沸点易燃液体，不得使用明火）；根据液体的体积，选择蒸馏烧瓶和接受器。

用铁三角架、升降台或铁圈确定热源的高度和位置。调节铁架台上持夹的位置，将蒸馏烧瓶固定在合适的位置上，夹持烧瓶的单爪夹应夹在烧瓶支管以上的瓶颈处。按蒸馏烧瓶瓶口大小，配置一个塞子，钻孔后插入温度计，调节温度计的位置，使水银球的上沿恰好位于蒸馏烧瓶支管口下沿所在的水平线上。再选择适合于冷凝管上口的塞子，钻孔后套在蒸馏烧瓶的支管上，支管口应伸出塞子 2～3cm。根据蒸馏烧瓶支管的位置，取另一铁架台，用双爪夹夹持冷凝管，使其与蒸馏烧瓶连接好。最后将接液管与冷凝管接上，再在接液管下口端放置接受器，并注意接液管口应伸进接受器中，但又与大气相通。

概括来讲，装配顺序是热源→烧瓶→冷凝管→接液管→接受器。由下而上，由头至尾。用标准磨口组合玻璃仪器进行组装时，所遵循的原则与此相同。

2. 蒸馏操作

用长颈漏斗将待蒸馏的液体倒入蒸馏烧瓶中，漏斗颈应能伸到蒸馏烧瓶的支管下面，以免液体流入支管。向蒸馏烧瓶中投入两三粒沸石，其作用是防止液体暴沸，保证蒸馏平稳地进行。加热前，应认真检查装配是否正确，各部分连接是否严密，然后通上冷却水开始加热。

最初宜用小火，以免蒸馏烧瓶因局部受热而破裂；然后慢慢增大火力，待溶液接近沸腾时，应密切注意烧瓶中所发生的现象及温度计读数的变化。

当溶液加热至沸点时，沸石周围逸出许多细小的气泡，成为液体分子的汽化中心。一旦停止加热，沸腾中断，沸石即失效，再次加热蒸馏前，必须重新加入沸石。如果加热后才发现未加沸石，应该待液体冷却后再补加，否则会引起暴沸，容易酿成事故。在沸腾平稳进行时，蒸气由瓶颈逐渐上升到温度计的周围，温度计的水银柱迅速上升，冷凝的液体不断地由温度计水银球下端滴回液面。这时应控制火焰大小或热浴温度，使冷凝管末端流出液体的速度约为每秒 1～2 滴。

第一滴馏出液滴入接受器时，记录此时的温度计读数。当温度计的读数稳定时，另换接受器收集所需的馏出液。馏分的沸点范围越小，纯度越高。当加热情况不变，然而不再有馏出液蒸出，并且温度突然下降时，应停止蒸馏。要注意不能将烧瓶中的液体蒸干（至少应残留 0.5～1mL 液体）。

蒸馏完毕，先停止加热，后停止通冷却水，再按照与装配顺序相反的顺序拆卸仪器。

2.6.7　离子交换分离

利用离子交换剂与溶液中的离子发生交换反应而实现分离的方法称为离子交换分离法。离子交换树脂是应用较多的离子交换剂。离子交换树脂为人工合成的固态有机高分子化合物，具有网状骨架结构，在骨架上含有许多活性官能团，能与溶液中的离子发生交换反应。例如，磺酸型阳离子交换树脂 $R—SO_3^- H^+$ 具有与阳离子交换的 H^+，阴离子交换树脂 $R—NH_3^+ OH^-$ 则具有能与阴离子交换的 OH^-。

当天然水样流经这些树脂时，其中阳离子 Na^+、Mg^{2+} 和 Ca^{2+} 等就与阳离子交换树脂中的 H^+ 发生交换反应

$$R—SO_3H + Na^+ \longrightarrow R—SO_3Na + H^+$$

Cl^-、HCO_3^- 和 SO_4^{2-} 等阴离子与阴离子交换树脂上的 OH^- 发生交换反应

$$R—NH_3OH + Cl^- \longrightarrow R—NH_3Cl + OH^-$$

在水中，交换下来的 H^+ 和 OH^- 发生中和反应

$$H^+ + OH^- \longrightarrow H_2O$$

经过多次交换，最后得到含离子很少的水，常称为去离子水。

离子交换反应是可逆的，因此，若用酸或碱浸泡使用过的离子交换树脂，就可以使其“再生”继续使用。

离子交换法可用于去离子水的制备、干扰组分的分离、痕量组分的富集。离子交换法还成功地应用于那些性质极其相近的元素的分离，如稀土元素、锆与铪、铌与钽等。

离子交换分离一般包括装柱、离子交换、洗脱与分离、树脂再生四个步骤。

2.7　气体的获得、纯化与收集

2.7.1　气体的发生

1. 实验室制备气体常用的方法

化学实验中需用少量气体时，可以根据原料和反应条件在实验室中进行制备，常用的制备方法见表 2-2。

表 2-2 制备气体常用方法

制备方法	装置图	适用气体	注意事项
加热试管中的固体试剂		氧气、氮气、氨等	(1) 试管口略向下倾斜，以免管口冷凝水倒流到灼烧处而使试管炸裂 (2) 检查装置的气密性
利用启普气体发生器，不加热		氢气、二氧化碳、硫化氢等	见启普气体发生器的使用方法
利用蒸馏烧瓶和滴液漏斗的装置，可加热		一氧化碳、二氧化硫、氯气、氯化氢等	(1) 滴液漏斗管应插入液体中，否则漏斗中液体不易流下来 (2) 必要时可加热 (3) 必要时可用三通玻璃管将蒸馏烧瓶支管与分液漏斗上口相通，以防止蒸馏烧瓶内气体压力太大

2. 压缩气体钢瓶

如果需要气体的量比较大或者经常使用某一种气体时，可以从压缩气体钢瓶中直接获得。为了避免各种钢瓶使用时发生混淆，常将钢瓶漆上不同颜色，并写明瓶内气体的名称（表 2-3）。

表 2-3 我国高压气体钢瓶常用的标记

气体类别	瓶身颜色	标字颜色	腰带颜色
氮	黑色	黄色	棕色
氧	天蓝色	黑色	
空气	黑色	白色	
氢	深绿色	红色	
氨	黄色	黑色	
氯	草绿色	白色	

续表

气体类别	瓶身颜色	标字颜色	腰带颜色
二氧化碳	黑色	黄色	
乙炔	白色	红色	绿色
其他一切非可燃气体	红色	白色	
其他一切可燃气体	黑色	黄色	

高压气体钢瓶使用时必须注意以下事项：

(1) 钢瓶应存放在阴凉、干燥、远离热源的地方。氧气钢瓶不可与可燃性、有毒性气体钢瓶放在一起。设置防毒用具或灭火器材。

(2) 绝对不可使油或其他易燃物、有机物等沾在气体钢瓶上（特别是气门嘴和减压器上），也不得用棉、麻等物堵漏，以防燃烧引起事故。

(3) 使用钢瓶中的气体时，要用减压器（气压表）。可燃性气体钢瓶的气门是逆时针拧紧的，而非燃或助燃性气体钢瓶的气门是顺时针拧紧的。各种气体钢瓶的气压表不得混用，以防爆炸。

(4) 开启钢瓶时，操作者应站在钢瓶的侧面，出气口处不准对人。应缓慢开启，不得用力过猛，否则冲击气流会使温度升高，易引起燃烧或爆炸。

(5) 不可将钢瓶内的气体全部用完，一定要保留 0.05 MPa 以上的残留压力（表压）。可燃烧性气体如乙炔应剩余 0.2～0.3 MPa，H_2应保留 2 MPa，以防重新充气时发生危险。

(6) 搬运钢瓶前要旋好瓶帽，应使用搬运工具，避免震动。所有钢瓶均应直立储放，放置必须牢靠，以防倾倒。

3. 启普气体发生器

在实验室中常利用启普气体发生器制备氢气、二氧化碳、硫化氢等气体。启普气体发生器由葫芦状的玻璃容器、球形漏斗和导气管活塞三部分组成（图2-60）。葫芦状的容器由球体和半球体构成，其底部有一液体出口，平常用塞子塞紧。在球体的上部，有一气体出口，与带有玻璃旋塞的导气管相连。

使用前，在球形漏斗颈和玻璃旋塞磨口处涂一薄层凡士林，插好球形漏斗和玻璃旋塞，转动几次，使其严密。然后检查气密性，打开活塞，从球形漏斗加水至充满半球体时，关闭旋塞。继续加水至水从漏斗管上升到漏斗球体内，停止加水。在水面处做一记号，静置片刻，如果水面不下降，表明不漏气，可以使用。

在葫芦状容器的球体下部先放些玻璃棉（或塑料垫圈），以避免固体掉入半球体底部，然后从气体出口处加入固体药品。加入固体药品的量以不超过中间球体容积的 1/3 为宜，否则固液反应激烈，酸液易从导管冲出。再从球形漏斗加入约 $6mol \cdot L^{-1}$的稀酸。

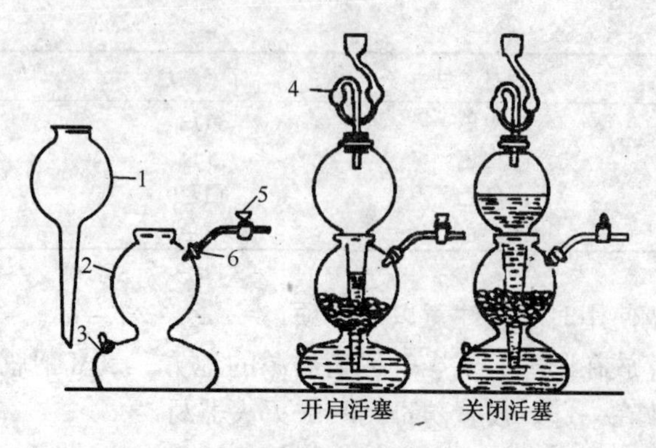

图 2-60 启普发生器

1—球形漏斗；2—球形容器；3—液体出口；4—安全漏斗；
5—活塞；6—气体出口

在制备气体时，打开活塞，由于中间球体内压力降低，酸液即从球形漏斗下降至半球体底部，再通过狭缝进入中间球体内，与固体接触而产生气体。停止使用时，只要关闭活塞，中间球体内气体压力增大，气体就会将酸液压回半球体和球形漏斗中，使固体与酸液不再接触而停止反应。下次使用时，只要打开活塞即可，还可通过调节活塞来控制气体的流量，使用非常方便。

当启普发生器内的固体即将用完或酸液用久变稀时，应补充固体或更换酸液。添加固体时，可先关好导气管活塞，让酸液压入半球体和球形漏斗中，用塞子将球形漏斗上口塞紧，然后取下装有玻璃活塞的橡皮塞，从侧口添加固体。更换酸液时，可先用塞子将球形漏斗上口塞紧，然后把液体出口的塞子拔下，让废液慢慢流出，再塞紧塞子，向球形漏斗中加入新的酸液。

实验结束后，将废酸倒入废液缸内或回收，剩余的固体倒出洗净回收。仪器洗涤干燥后，在球体漏斗与球形容器连接处以及液体出口和玻璃塞之间都要夹一纸条，以免时间过久，磨口黏结在一起。

启普气体发生器的缺点是不能加热，而且装在发生器内的固体必须是颗粒较大或块状的。

2.7.2 气体的收集

根据气体的性质不同（在水中的溶解度大小和相对于空气的密度大小），有三种收集气体的方法（表 2-4）。

表 2-4　气体的收集方法

收集方法		实验装置	适用气体	注意事项
排水集气法		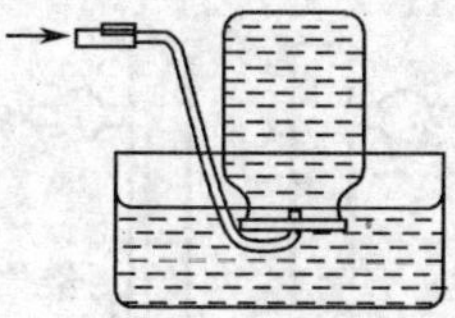	难溶于水的气体，如氧气、氮气、氢气、一氧化碳、甲烷、乙烯、乙炔等	(1) 集气瓶应先装满水，不能有气泡 (2) 停止收集时，应先拔出导管或者移走水槽，然后才能移开灯具
排气集气法	向下排气	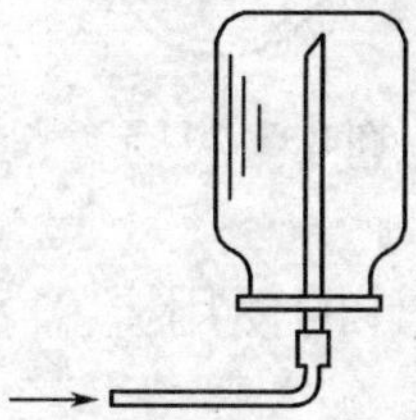	比空气轻的气体，如氨等	(1) 集气导管应尽量接近集气瓶底 (2) 在空气中易氧化的或密度与空气接近的气体不宜用排气法，如一氧化氮等
	向上排气	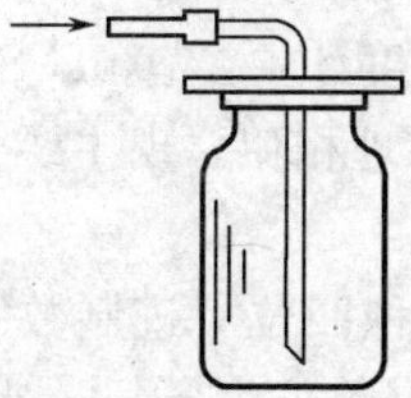	比空气重的气体，如氯气、氯化氢、二氧化碳、二氧化硫等	

2.7.3　气体的净化和干燥

实验室制备的气体常带有酸雾和水汽，有时需要净化和干燥。酸雾可用水或玻璃棉除去，然后根据气体性质选用浓硫酸、无水氯化钙或硅胶等吸收水汽（表 2-5）。通常可使用洗气瓶（图 2-61）、干燥塔（图 2-62）、U 形管（图 2-63）或干燥管（图 2-64）等仪器进行净化或干燥。液体（如水、浓硫酸等）一般装在洗气瓶内，无水氯化钙和硅胶等固体装在干燥塔或 U 形管内，玻璃棉装在 U

表 2-5　常用气体的干燥剂

气　体	干燥剂	气　体	干燥剂
O_2	$CaCl_2$，P_2O_5，H_2SO_4（浓）	H_2S	$CaCl_2$
H_2	同上	NH_3	CaO 或 CaO 同 KOH 混合物
N_2	H_2SO_4（浓），$CaCl_2$，P_2O_5	NO	$Ca(NO_3)_2$
Cl_2	$CaCl_2$	HCl	$CaCl_2$
O_3	同上	HBr	$CaBr_2$
CO	H_2SO_4（浓），$CaCl_2$，P_2O_5	HI	CaI_2
CO_2	同上	SO_2	H_2SO_4（浓），$CaCl_2$，P_2O_5

形管或干燥管内。气体中如果还有其他杂质，则应根据具体情况分别用不同的洗涤液或干燥剂进行处理。

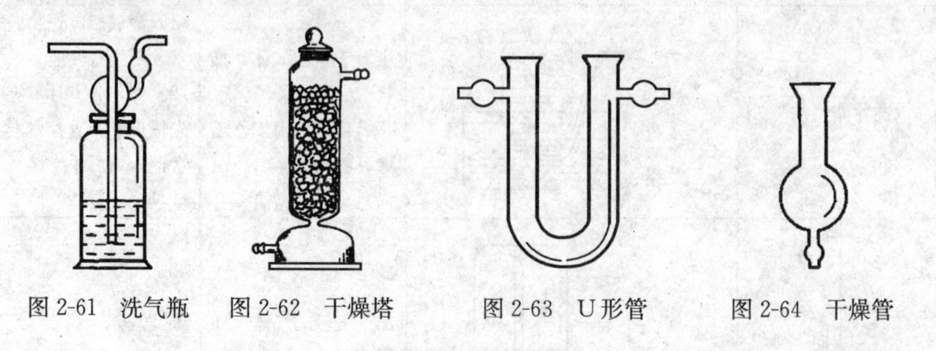

图 2-61 洗气瓶　图 2-62 干燥塔　图 2-63 U形管　图 2-64 干燥管

2.8 酸度计的使用

2.8.1 基本原理

酸度计也称 pH 计，实验室使用的酸度计主要有 pH S—2 和 pH S—3 型等，虽然结构和精密度不同，但它们的基本原理相似。现主要介绍实验室常用的 pH S—3C 型酸度计。

pH S—3C 型酸度计（图 2-65）是一种四位十进制数字显示的精密酸度计，用于测定溶液的酸度（pH）和电极电位（单位为 mV）。此外，还可以配上适当的离子选择性电极，测定该电极的电极电位。

pH S—3C 型酸度计测定 pH 的基本原理是在待测溶液中插入指示电极和参比电极组成电池。指示电极常用玻璃电极（图 2-66），其电极电势随溶液的 pH 而改变。参比电极常用饱和甘汞电极（图 2-67），其电极电势在一定条件下具有

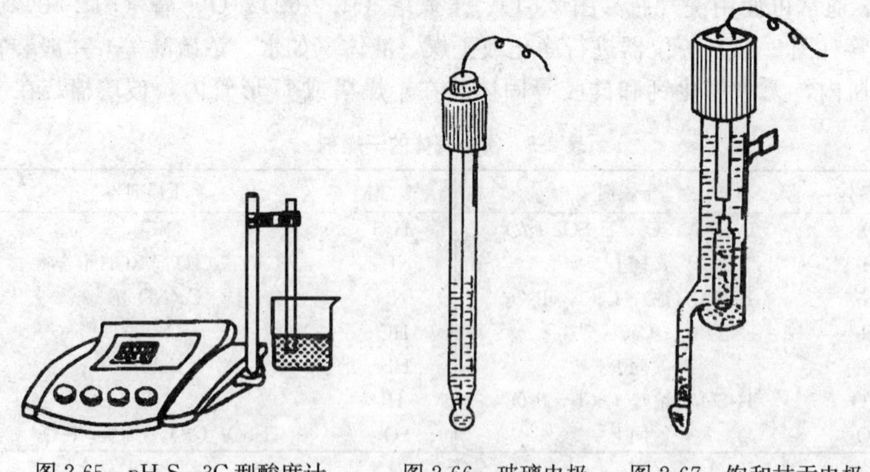

图 2-65 pH S—3C 型酸度计　图 2-66 玻璃电极　图 2-67 饱和甘汞电极

定值。由于一定条件下参比电极的电极电势值不变，所以该电池的电动势取决于指示电极电势的大小，即决定于被测溶液的pH。为了使用方便，酸度计把该电池因被测溶液的酸度而产生的直流电势转换为pH数字直接显示。用它可以直接读出溶液的pH，仪器最小分度pH为0.01。

2.8.2　使用方法

1. 仪器使用前的准备

(1) 安装指示电极和参比电极。安装玻璃电极时，其下端玻璃球泡必须稍高于甘汞电极的陶瓷芯端，以免碰破玻璃球。甘汞电极在使用时应把上面和下端的橡皮塞拔去，以保持液位压差，避免被测溶液进入电极内，不用时再将橡皮塞套好。

(2) 接通220V交流电源，打开电源开关（指示灯亮）。预热约20min，使仪器稳定。

2. 标定

(1) 把选择开关旋钮调到pH挡。

(2) 将干净电极插在pH＝6.86的标准缓冲溶液中，调节“温度”调节器，使所指示的温度标度与溶液的温度相同，将溶液搅拌均匀。

(3) 把斜率调节旋钮顺时针旋到底（即调到100％位置）。

(4) 调节“定位”调节旋钮，使仪器显示读数与该缓冲溶液在当时温度下的pH一致。

(5) 用蒸馏水清洗电极后，将其插入pH＝4.00（或pH＝9.18）的标准缓冲溶液中，调节斜率旋钮使仪器显示的读数与该缓冲溶液在当时温度下的pH一致。

重复(4)、(5)步骤直至不用再调节定位与斜率两调节旋钮为止，至此标定完成。定位调节旋钮与斜率调节旋钮在标定后不应再变动。

3. pH测量

仪器标定后，就可用来测量被测溶液的pH。操作过程如下：

(1) 用蒸馏水清洗电极，用滤纸吸干蒸馏水。

(2) 用温度计测出被测溶液的温度值（当被测溶液和定位溶液温度不同时），转动温度调节旋钮，使白线对准被测溶液的温度值。

(3) 把电极插在被测溶液内，用玻璃棒将溶液搅拌均匀。读出该溶液的pH。

4. 测量电极电位

(1) 把选择开关旋钮调到 mV 挡。

(2) 把离子选择性电极（或金属电极）、甘汞电极与仪器连接好。用蒸馏水清洗电极，并用滤纸吸干蒸馏水。

(3) 把电极插在被测溶液内，将溶液搅拌均匀，即可从显示屏读出该离子选择性电极的电极电位。

5. 注意事项

(1) 玻璃电极初次使用时，应先在蒸馏水中浸泡 48h 以上，使玻璃电极性能达到稳定。不使用时也应将其浸泡在蒸馏水中。

(2) 玻璃电极的主要部分是下端的玻璃球泡，该玻璃球泡极薄，使用时应特别小心。安装时应注意不要让其接触到参比电极，也不要与烧杯壁或烧杯底接触。玻璃电极的位置应比参比电极略高，以免碰坏玻璃球泡。

(3) 甘汞电极内的小玻璃管的下口必须浸没在氯化钾溶液中。弯管内不可有气泡，否则氯化钾溶液会被分隔开来。电极内的氯化钾溶液必须是饱和的，溶液中应保留有少量不溶的固体。

(4) 复合电极的外参比补充液为 $3mol \cdot L^{-1}$ 氯化钾溶液，可以从电极上端小孔加入。

第二部分
实验内容

第 3 章　基本操作训练

实验一　仪器的领取、洗涤和干燥

一、目的要求

1. 熟悉无机化学实验室规则和要求。
2. 熟悉无机化学实验常用仪器的名称、规格，了解使用注意事项。
3. 学习并练习常用仪器的洗涤和干燥方法。

二、基本操作

1. 玻璃仪器的一般洗涤方法

（1）冲洗法。对于尘土和可溶性污物可用水冲洗。为了加速溶解，可以振荡容器（图 3-1）。

（2）刷洗法。内壁附有不易冲洗掉的物质，可用毛刷刷洗，利用毛刷对器壁的摩擦除去污物（图 3-2）。

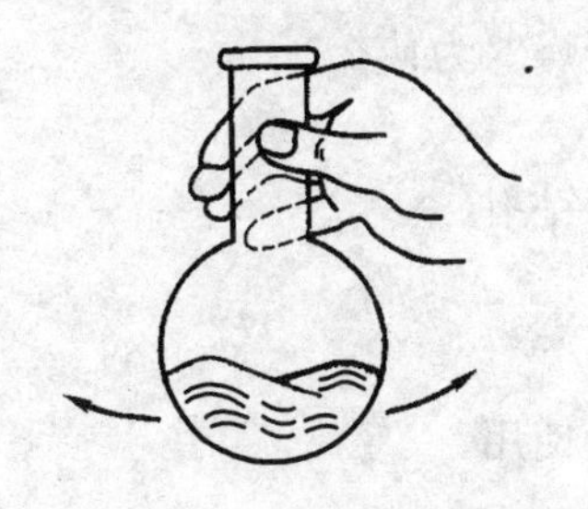

图 3-1　振荡水洗

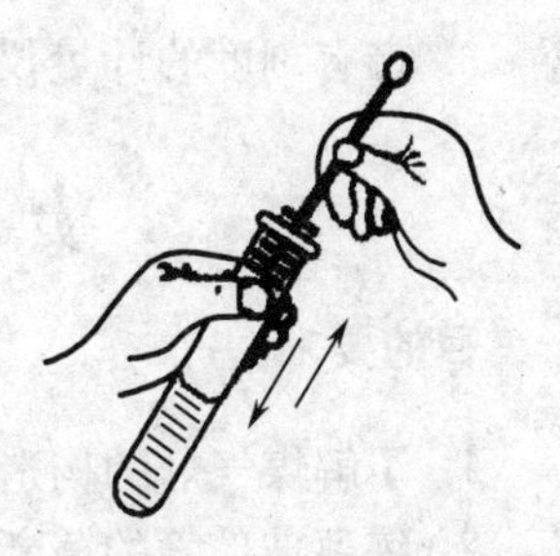

图 3-2　毛刷刷洗

（3）药剂洗涤法。对于不溶性的，用水也擦洗不掉的污物，可用洗涤剂或化学试剂来洗涤。对于特殊的沾污可选用特殊试剂洗涤。

已洗净的仪器壁上不应附着不溶物、油污，加入少量水振荡一下再将水倒出后，器壁应均匀地被水湿润，附着一薄层均匀的水膜，不挂水珠（图 3-3）。

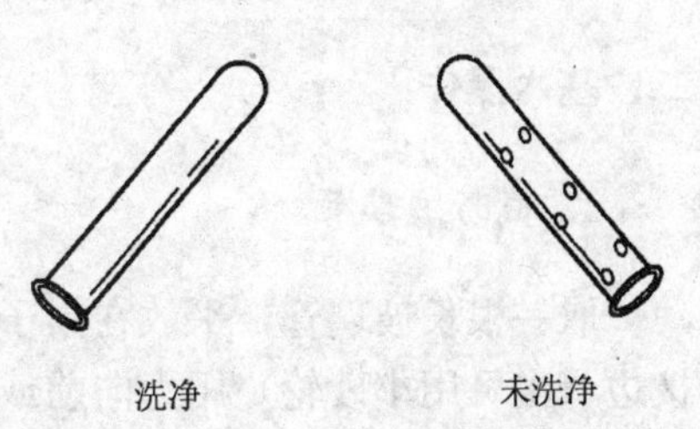

图 3-3　洗净标准

2. 玻璃仪器的干燥方法

实验中对仪器进行干燥的方法一般有晾干、烤干、烘干等（参见 2.1 节）。

三、实验内容

1. 认领仪器

按仪器清单领取无机实验中常用仪器。

2. 洗涤仪器

用水和洗衣粉将领取的仪器洗涤干净，抽取两件交给教师检查。将洗净的仪器合理存放于柜内。

3. 干燥仪器

烤干两支试管交给教师检查。

四、思考题

1. 怎样针对不同污物选择合适的方法洗涤仪器？
2. 烤干试管时，为什么试管口要略向下倾斜？
3. 带有刻度的计量仪器能否用加热的方法进行干燥？为什么？

实验二　玻璃管操作和塞子钻孔

一、目的要求

1. 了解煤气灯的构造和原理，掌握煤气灯的正确使用。
2. 练习玻璃管的截断、弯曲、熔烧等操作。
3. 练习塞子钻孔的基本操作。

二、基本操作

1. 截断玻璃管

取一根长玻璃管，平放在桌子上，左手揿住要截断的地方，右手用三角锉的棱边（也可用小砂轮）用力向前或向后划一道深而短的凹痕（向一个方向锉，不要来回锯）。然后拿起玻璃管，使玻璃管的凹痕朝外，两手的拇指放在划痕背后，轻轻地用力外压，同时两手向两侧拉，玻璃管便折断，见图 3-4。

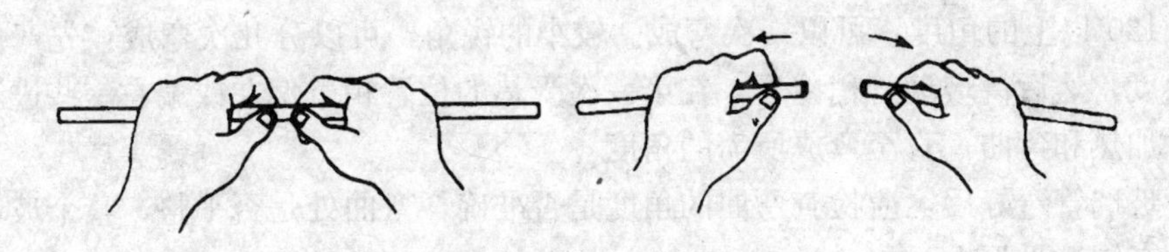

图 3-4　玻璃管的截断

2. 熔光玻璃管

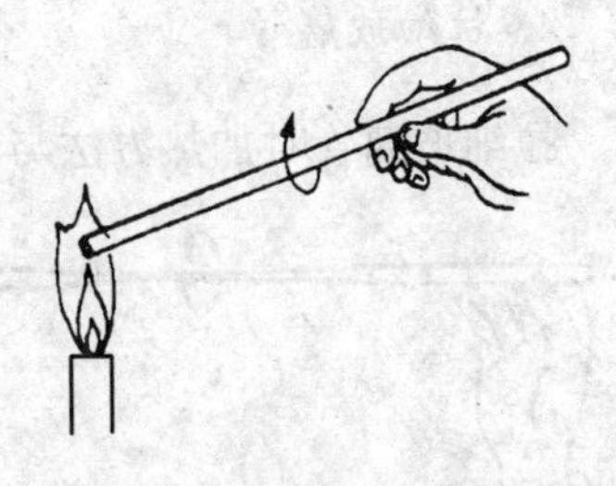

图 3-5　熔烧玻璃管的截断面

新截断的玻璃管的切口很锋利，容易划伤皮肤，且难以插入塞子的圆孔内，必须放在火焰中烧熔，使之平滑，这一操作称为熔光。熔光时，把截断面斜置于煤气灯氧化焰的边沿处加热，不断来回转动玻璃管，使其受热均匀。加热片刻后，切口即熔化成平滑的管口（玻璃棒的截断面也要用相同方法熔光），见图 3-5。烧热的玻璃管应放在石棉网上冷却，不要放在桌上，更不可用手摸，以免烫伤。

3. 弯曲玻璃管

先将玻璃管用小火预热一下，然后两手轻握玻璃管的两端，将要弯曲的部位斜插入煤气灯的氧化焰内，以增大玻璃管的受热面积；也可在煤气灯上罩以鱼尾灯头扩展火焰，扩大玻璃管的受热面积，同时缓慢而均匀地转动玻璃管，使其四周受热均匀。转动玻璃管时，两手用力要均等，转速要一致，以免玻璃管在火焰中变软后扭曲。当玻璃管烧成黄色且充分软化后，将它从火焰中取出，稍等一两秒钟，然后把它弯成一定的角度，见图 3-6。

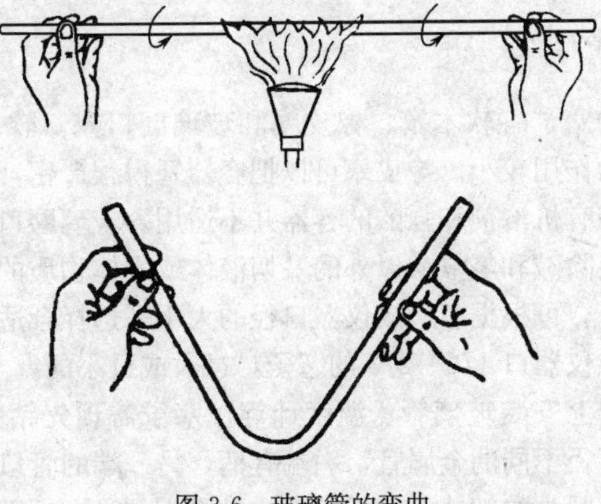

图 3-6　玻璃管的弯曲

120°以上的角度，可以一次弯成。较小的锐角，可以分几次弯成：先弯成较大角度，然后待玻璃管稍冷后，在第一次受热的位置稍微偏左或偏右一些进行第二次加热和弯曲，直至弯成所需的角度。

玻璃管弯好后，应检查弯曲的角度是否准确，弯曲处是否平整，整个玻璃管是否在同一平面上。

4. 拉细玻璃管

拉细玻璃管时加热方法与弯玻璃管时基本相同，但要烧得更软一些。轻拿玻璃管两端，将要拉细的中间部分插入煤气灯的氧化焰中加热，并不断地旋转。待玻璃管变软并呈红黄色时，移出火焰，顺着水平方向边拉边转动玻璃管，见图 3-7。待玻璃管拉到所要求的细度时，一手持玻璃管，使其垂直，变硬。玻璃管冷却后，用小砂轮在适当部位截断。

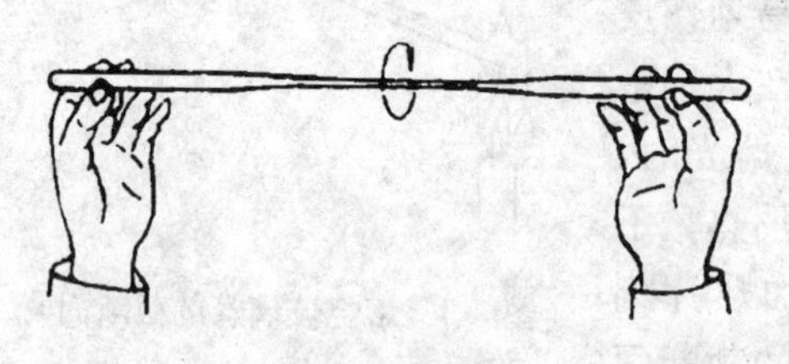

图 3-7　拉细玻璃管的方法

玻璃棒的截断、熔光、弯曲、拉细等操作与上述玻璃管的操作类似。

5. 滴管、小头搅棒、搅棒的制作

如果制备滴管，只需将拉细后截得的玻璃管的细端尖嘴稍微烧一下使其光滑，再把玻璃管粗端烧熔，并垂直向石棉网上轻轻地揿压一下，冷却后装上橡皮头，即成滴管。如果制取小头搅棒，只需将拉细后截得的玻璃棒的细端斜插在火焰上烧熔出一个小球，再将粗的一端烧熔圆口即制成小头搅棒。如果制取普通搅棒，只需将截得的玻璃棒的两端分别烧熔圆口即可。

6. 塞子与塞子钻孔

容器上常用的塞子有软木塞、橡皮塞和玻璃磨口塞。软木塞易被酸或碱腐蚀，但与有机物的作用较小。橡皮塞可以把容器塞得很严密，并可以耐强碱性物质的侵蚀，但对装有机溶剂和强酸的容器并不适用。玻璃磨口塞能把容器塞得很紧密，可用于盛装除碱和氢氟酸以外的一切液体或固体物质的容器。各种塞子都有大小不同的型号，可根据瓶口或仪器口径的大小来选择合适型号的塞子。通常选用能塞进瓶口或仪器口 1/2～2/3 的塞子，过大或过小的塞子都是不合适的。

为了能在塞子上安装玻璃管、温度计等，塞子需预先钻孔（图 3-8）。常用的钻孔器是一组直径不同的金属管，一端有柄，另一端的管口很锋利，可用来钻孔。另外还有一个圆头的细铁棒，用来捅出钻孔时进入钻孔器中的橡皮或软木。

如果是软木塞可先经压塞机压紧实，以防钻孔时塞子开裂。钻孔时选择一个比要插入塞子的玻璃管（或温度计等）略细的钻孔器，将塞子放置在桌上，用左手按住塞子，右手握住钻孔器的柄头，一面旋转，一面向塞子里面挤压，缓慢地把钻孔器钻入预先选好的位置。开始可由塞子较小的一端起钻，钻到一半深时，把钻孔器反方向旋转拔出，再从塞子的另一端相对应的位置按同样的操作钻孔，直到塞子两端穿透为止。用细铁棒通出钻孔器内的软木屑。钻孔时必须注意钻孔器与塞子表面保持垂直，否则会把孔打斜。

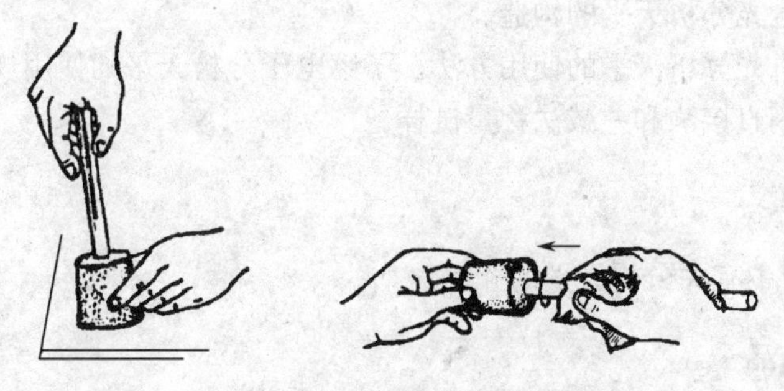

图 3-8　钻孔法

在橡皮塞上钻孔时，要选择一个比要插入塞子的玻璃管略粗的钻孔器。在钻孔器下端和橡皮塞上涂抹一些润滑剂（凡士林、甘油或水）以减小摩擦力。其他钻孔操作和软木塞相似。最后洗涤橡皮塞及钻孔器，除去润滑剂，并将钻孔器擦干。

玻璃管插入塞子前，前端必须用火熔光，并用水把玻璃管润湿。然后将玻璃管轻轻地转动穿入塞孔，注意不能用力过猛。如果孔太小，可用圆锉将塞孔锉大些。

三、实验内容

（1）截取 3 支长度分别为 15cm、17cm、20cm 玻璃棒，并熔烧其截断面。

（2）截取 3 支长度分别为 12cm、14cm、16cm 玻璃管，弯成 60°、90°、120°等角度的弯管。

（3）制备 2～4 支滴管。

（4）制备 2 支小头搅棒。

（5）按教师的要求选取 2 个橡皮塞，钻合适的孔径，并将玻璃管插入已打好孔的塞子中。

四、思考题

1. 熄灭煤气灯与熄灭酒精灯有何不同，为什么？

2. 弯曲和熔光玻璃管时，应如何加热玻璃管？

3. 如何拉制滴管？制作滴管时应注意什么？

4. 当把玻璃管插入已打好孔的塞子中时，应注意什么？

实验三　分析天平的使用和称量

一、目的要求

1. 了解电光分析天平的构造。

2. 熟悉电光分析天平的使用方法。了解电子分析天平的使用规则。

3. 学会用直接法和差减法称量试样。

二、实验原理

见 2.5 节中有关分析天平的介绍。

三、仪器和药品

仪器：电光分析天平，台秤，电子分析天平，称量瓶，干燥器。

药品：已知质量的金属片或玻璃棒，称量试样（无水碳酸钠或五水硫酸铜）。

四、实验内容

1. 电光分析天平

1）称前检查

（1）检查天平放置是否水平，如果不水平，可调节天平箱前下方的两个调水平螺丝，使水准器的气泡位于正中。

（2）检查砝码是否齐全，圈码是否完好，有无跳落；机械加码装置读数盘的读数是否在零位。

（3）检查天平是否处于休止状态，天平梁和吊耳的位置是否正常。

（4）天平盘中若有灰尘或其他落入的物体，应该用软毛刷轻轻地清扫干净。

2）零点的测定

每次称量前首先要测定天平的零点。测定零点时，先接通电源，然后沿顺时针方向慢慢转动旋钮（打开旋钮），待天平达到平衡后，检查微分标尺的零点是否与投影屏上的标线重合。如相差不大可拨动旋钮下面的调零杆，挪动一下投影屏的位置，便可使两者重合。如两者相差较大则应旋动零点调节螺丝进行调整。

3）称量练习

（1）直接法称量。向教师领取已知质量的金属片或玻璃棒，记下编号，调好天平的零点后进行称量，记录数据，并将结果与教师核对。

(2) 差减法称量。本实验要求用差减法准确称量两份 0.2～0.3g 的固体试样。

在一个洁净干燥的称量瓶中装入 1g 左右的固体试样，盖上瓶盖，按直接称量法准确称量盛有固体试样的称量瓶的总质量。然后取出称量瓶，用其瓶盖轻轻地敲打瓶口上方，使样品落入一个干净的小烧杯中。盖上称量瓶，再准确称量，记下这时称量瓶和剩余试样的质量，两次称量之差即为倾出的样品的准确质量。

用同样操作，在另一个干净的烧杯中，准确称取另一份试样。

2. 电子分析天平

(1) 准确称出一金属片或玻璃棒的质量。

(2) 用差减法准确称量两份 0.2～0.3g 的固体试样。

五、实验报告格式（示例）

实验三　分析天平的使用和称量

分析天平编号__________　　日期__________

称量记录

称量物	砝码质量/g	圈码质量/mg	投影屏读数/mg	称量物质量/g	试样质量/g
已知质量物（　号）	2	130	1.9	2.1319	
已知质量物（　号）	1	980	0.3	1.9803	
称量瓶＋试样质量	10，5，2，1	940	2.9	18.9429	
倒出第一份试样后的质量	10，5，2，1	710	5.4	18.7154	0.2275
倒出第二份试样后的质量	10，5，2，1	460	7.6	18.4676	0.2478

六、思考题

1. 为何要测定天平的零点？天平的零点和停点有何区别？

2. 在放置待称物体或加减砝码时应特别注意什么事项？

3. 为什么用分析天平称量时，通常只允许打开天平箱左右边门，不得开前门？读数时如果没有关闭天平门，会引起什么后果？

4. 什么情况下用直接法称量？什么情况下则需用差减法称量？

5. 用差减法称取试样时，若称量瓶内的试样吸湿，对称量结果将造成什么误差？若试样倾倒入烧杯内后再吸湿，对称量结果是否有影响？

实验四 溶液的配制

一、目的要求

1. 了解和学习实验室常用溶液的配制方法。
2. 学习移液管和容量瓶的使用方法。

二、基本操作

在化学实验中，常常需要配制各种溶液来满足不同实验的要求。如果实验对溶液浓度的准确性要求不高，一般利用台秤、量筒、带刻度烧杯等低准确度的仪器配制就能满足需要。如果实验对溶液浓度的准确性要求较高，如定量分析实验，就必须使用分析天平、移液管、容量瓶等高准确度的仪器配制溶液。对于易水解的物质，在配制溶液时还要考虑先以相应的酸溶解易水解的物质，再加水稀释。无论是粗配还是准确配制一定体积、一定浓度的溶液，首先要计算所需试剂的用量，包括固体试剂的质量或液体试剂的体积，然后再进行配制。

通常无机化学实验中配制的溶液有一般溶液和标准溶液。

1. 一般溶液的配制

1）直接水溶法

对于易溶于水而不发生水解的固体试剂（如 NaOH、NaCl、KNO_3等），在配制溶液时，可用台秤称取一定量的固体于烧杯中，加入少量蒸馏水，搅拌溶解后稀释至所需体积，再转移入试剂瓶中。

2）介质水溶法

对于易水解的固体试剂（如 $SbCl_3$、$FeCl_3$等），可称取一定量的固体，加入适量的一定浓度的酸（或碱）使其溶解，再用蒸馏水稀释，摇匀后转入试剂瓶。

对于在水中溶解度较小的固体试剂，需先选用合适的溶剂溶解，然后稀释，摇匀转入试剂瓶。例如，在配制 I_2的溶液时，可先将固体 I_2用 KI 水溶液溶解。

3）稀释法

对于液态试剂（如 HCl、HAc、H_2SO_4等）配制溶液时，先用量筒量取所需量的浓溶液，然后用适量的蒸馏水稀释。需特别注意的是，在配制 H_2SO_4溶液时，应在不断搅拌下将浓 H_2SO_4缓慢地倒入盛水的容器中，切不可将水倒入浓 H_2SO_4中。

一些容易发生氧化还原反应或易见光分解的溶液，要防止在保存期间失效。例如，Fe^{2+}溶液中应放入一些铁屑；$AgNO_3$、KI 等溶液应保存在棕色瓶中；容易发生化学腐蚀的溶液应存放在合适的容器中。

2. 标准溶液的配制

已知准确浓度的溶液称为标准溶液。标准溶液的配制方法有两种。

1）直接法

根据所需要的浓度，用分析天平准确称取一定量的基准物质，经溶解后定量转移入容量瓶中，稀释至刻度，摇匀。通过计算得到该标准溶液的准确浓度。能直接用来配制标准溶液的物质称为基准物质。它必须达到以下的要求：纯度足够高、组成与化学式相符、性质稳定、有较大的摩尔质量。

2）标定法

当欲配制标准溶液的试剂不是基准物质时，就不能用直接法配制。可先粗配成近似于所需浓度的溶液，然后用基准物质或已知准确浓度的标准溶液标定它的浓度。

当用稀释法配制标准溶液的稀溶液时，可用移液管准确吸取其浓溶液至适当体积的容量瓶中配制。

三、仪器和药品

仪器：台秤，分析天平，烧杯，移液管，容量瓶，量筒，试剂瓶。

药品：NaOH(s)，浓硫酸，浓盐酸，NaCl(s)，$CuSO_4 \cdot 5H_2O(s)$，$FeSO_4 \cdot 7H_2O(s)$，$K_2Cr_2O_7(s)$，HAc($1.000 mol \cdot L^{-1}$)。

四、实验内容

(1) 配制 100mL $6 mol \cdot L^{-1}$ NaOH 溶液。

(2) 用浓硫酸、浓盐酸分别配制 $2 mol \cdot L^{-1}$ H_2SO_4、$6 mol \cdot L^{-1}$ HCl 各 100mL。

(3) 配制 $0.2 mol \cdot L^{-1}$的 NaCl、$CuSO_4$、$FeSO_4$溶液各 50mL。

(4) 配制 $0.01000 mol \cdot L^{-1}$ $K_2Cr_2O_7$标准溶液 250mL。

(5) 由已知准确浓度为 $1.000 mol \cdot L^{-1}$的 HAc 溶液配制 $0.500 mol \cdot L^{-1}$和 $0.200 mol \cdot L^{-1}$ HAc 溶液各 50mL。

五、思考题

1. 用容量瓶配制溶液时，是否需要先将容量瓶干燥？是否要用被稀释溶液洗三遍？为什么？

2. 怎样洗涤移液管？水洗净后的移液管在使用前为什么还要用待吸取的溶液洗涤？

3. 在配制$CuSO_4$溶液时，用分析天平称取硫酸铜晶体，用量筒取水配成溶液，这样操作对吗？为什么？

实验五　滴定操作练习

一、目的要求

1. 掌握酸碱滴定的原理和滴定操作。
2. 掌握滴定管的正确使用方法。
3. 初步学会正确判断滴定终点。

二、实验原理

酸碱中和反应的实质是

$$H^+ + OH^- = H_2O$$

当反应达到终点时，根据反应物酸给出质子的物质的量与反应物碱接受质子的物质的量相等的原则，可求出酸或碱的物质的量浓度，即

$$c_A V_A = \frac{a}{b} c_B V_B$$

式中，c_A、c_B分别代表酸和碱的浓度（$mol \cdot L^{-1}$）；V_A、V_B分别为酸和碱的体积（单位为L或mL）；a，b为反应式中酸、碱的化学计量数。

因此，通过滴定确定酸碱溶液中和时所需要的体积比，即可确定它们的浓度比。如果其中一酸或碱溶液的浓度已确定，则可求出另一碱或酸溶液的浓度。

本实验以酚酞为指示剂，用NaOH溶液分别滴定HCl和HAc，当指示剂由无色变为淡粉红色时，即表示已达到终点。由计算公式求出酸或碱的浓度。

三、仪器和药品

仪器：酸式滴定管，碱式滴定管，25mL移液管。

药品：0.1$mol \cdot L^{-1}$ NaOH标准溶液（准确浓度已知），0.1$mol \cdot L^{-1}$ HCl溶液（浓度待标定），0.1$mol \cdot L^{-1}$ HAc溶液（浓度待测定），甲基红指示剂，酚酞指示剂。

四、实验内容

1. HCl溶液浓度的标定

用0.1$mol \cdot L^{-1}$ HCl操作液荡洗已洗净的酸式滴定管三次，每次约用10mL溶液，荡洗液从滴定管两端分别流出弃去。然后向滴定管中加入操作液，逐出滴定管下端的气泡。然后将滴定管内溶液的液面调至“0”刻度处。

将洗净的25mL移液管用0.1mol·L^{-1} NaOH标准溶液荡洗三次（每次用5～6mL溶液），然后准确移取25.00mL的NaOH标准溶液于250mL锥形瓶中。加甲基红指示剂两滴，摇匀，用已备好的0.1mol·L^{-1} HCl操作液滴定。近终点时，用洗瓶吹洗锥形瓶内壁，再继续滴定，直至溶液在加入半滴HCl后，变为橙色，在30s内不褪色，此时即为终点。准确读取滴定管中HCl的体积。

重新把酸式滴定管装满溶液，重新移取25.00mL NaOH标准溶液，重复滴定两次。计算HCl的浓度。三次测定结果的相对平均偏差应小于0.2%。

2. HAc溶液浓度的测定

洗涤碱式滴定管，装入0.1mol·L^{-1} NaOH标准溶液，逐出橡皮管和尖嘴内的气泡，然后将液面调至“0”刻度处。

用移液管准确移取25.00mL的HAc待测溶液于250mL锥形瓶中。加入两滴酚酞指示剂，摇匀，用NaOH标准溶液滴定至溶液由无色转变为淡粉红色且30s内不褪色。准确读取滴定管中NaOH标准溶液的体积。

重复测定两次，要求三次测定结果的相对平均偏差小于0.2%。

附：0.1mol·L^{-1} NaOH标准溶液的配制和标定

先用固体NaOH配制500mL 0.1mol·L^{-1} NaOH，摇匀。其准确浓度要通过标定来确定。

标定过程：准确称取三份0.4～0.5g邻苯二甲酸氢钾，分别置于三个250mL锥形瓶中，每份加入50mL刚煮沸并已冷却的蒸馏水使其溶解，加入两滴酚酞指示剂，用待标定的NaOH溶液滴定至微红色且30s不褪色即为终点。计算NaOH溶液的浓度，要求三份平行测定结果的相对平均偏差不超过0.2%。

五、数据记录和处理

将HCl溶液浓度标定和HAc溶液浓度测定的有关数据分别填入表3-1和表3-2中。

表3-1　HCl溶液浓度的标定

测定序号		1	2	3
NaOH标准溶液的浓度/(mol·L^{-1})				
NaOH标准溶液的净用量/mL		25.00	25.00	25.00
HCl操作液	终读数/mL			
	初读数/mL			
	净用量/mL			

续表

测定序号	1	2	3
测得 HCl 溶液的浓度/($mol \cdot L^{-1}$)			
HCl 溶液平均浓度/($mol \cdot L^{-1}$)			
相对平均偏差			

表 3-2　HAc 溶液浓度的测定

测定序号		1	2	3
NaOH 标准溶液的浓度/($mol \cdot L^{-1}$)				
NaOH 溶液的用量	终读数/mL			
	初读数/mL			
	净用量/mL			
HAc 溶液净用量/mL		25.00	25.00	25.00
测得 HAc 溶液的浓度/($mol \cdot L^{-1}$)				
HAc 溶液平均浓度/($mol \cdot L^{-1}$)				
相对平均偏差				

六、思考题

1. 为什么滴定管和移液管均需用待装溶液荡洗三次？锥形瓶是否也要用待装溶液荡洗？

2. 分别用 NaOH 溶液滴定 HCl 和 HAc 溶液，当达到化学计量点时，溶液的 pH 是否相同？

3. 遗留在移液管口内部的少量溶液，最后是否应当吹入锥形瓶中？

4. 以下几种情况对滴定结果有何影响？

(1) 滴定管内留有气泡；

(2) 滴定过程中，有一些滴定液从滴定管的活塞处渗漏出来；

(3) 近滴定终点时，没有用蒸馏水冲洗锥形瓶的内壁；

(4) 滴定完毕，有液滴悬挂在滴定管的尖端处。

实验六　粗盐的提纯

一、目的要求

1. 掌握提纯 NaCl 的原理和方法。

2. 学习溶解、沉淀、过滤、蒸发、结晶等基本操作。

3. 了解 SO_4^{2-}、Ca^{2+}、Mg^{2+} 等离子的定性鉴定。

二、实验原理

化学试剂或医药用的NaCl都是以粗食盐为原料进行提纯的。粗食盐中含有K^+、Ca^{2+}、Mg^{2+}、SO_4^{2-}等可溶性杂质，以及泥沙等不溶性杂质。不溶性杂质可用过滤法除去；可溶性杂质中的Ca^{2+}、Mg^{2+}、SO_4^{2-}可通过选择适当的试剂使其生成沉淀而除去。一般先在粗食盐溶液中加入过量的$BaCl_2$溶液生成$BaSO_4$沉淀而除去SO_4^{2-}，即

$$Ba^{2+} + SO_4^{2-} = BaSO_4(s)$$

然后在溶液中加入Na_2CO_3溶液，除去Ca^{2+}、Mg^{2+}和过量的Ba^{2+}，即

$$Ca^{2+} + CO_3^{2-} = CaCO_3(s)$$

$$4Mg^{2+} + 5CO_3^{2-} + 2H_2O = Mg(OH)_2 \cdot 3MgCO_3(s) + 2HCO_3^-$$

$$Ba^{2+} + CO_3^{2-} = BaCO_3(s)$$

过量的Na_2CO_3溶液用盐酸中和。粗食盐中的K^+与这些沉淀剂不反应，仍留在溶液中。由于KCl的溶解度比NaCl的大，而且在粗食盐中的含量较少，所以在蒸发浓食盐溶液时，NaCl结晶析出，K^+则仍留在母液中而被除掉。

三、仪器和药品

仪器：烧杯，量筒，台秤，石棉网，吸滤瓶，布氏漏斗，蒸发皿，试管，滤纸。

药品：HCl($6mol \cdot L^{-1}$)，HAc($2mol \cdot L^{-1}$)，NaOH($6mol \cdot L^{-1}$)，$BaCl_2$($1mol \cdot L^{-1}$)，Na_2CO_3(饱和)，$(NH_4)_2C_2O_4$(饱和)，镁试剂Ⅰ，pH试纸和粗食盐等。

四、实验内容

1. 溶解粗食盐

称取20g粗食盐于250mL烧杯中，加入80mL水，加热搅拌使粗食盐溶解(不溶性杂质沉于底部)。

2. 除去SO_4^{2-}

加热溶液至近沸，边搅拌边逐滴加入$1mol \cdot L^{-1}$ $BaCl_2$溶液（3～5mL)。继续加热5min，使沉淀颗粒长大而易于沉降。

3. 检查SO_4^{2-}是否除尽

将烧杯从石棉网上取下，待沉淀沉降后，在上层清液中滴加1～2滴1mol·

L^{-1} $BaCl_2$溶液，如果出现混浊，表明 SO_4^{2-} 尚未除尽，需继续滴加 $BaCl_2$溶液以除去剩余的 SO_4^{2-}。如不混浊，表示 SO_4^{2-} 已除尽。吸滤，弃去沉淀。

4. 除去 Ca^{2+}、Mg^{2+}、Ba^{2+}等阳离子

将 3 中所得的滤液加热至近沸，边搅拌边滴加饱和的 Na_2CO_3溶液，直至不再产生沉淀为止。再多加 0.5mL Na_2CO_3溶液，静置。

5. 检查 Ba^{2+}是否除尽

在上层清液中，滴加几滴饱和 Na_2CO_3溶液，若出现混浊，表明 Ba^{2+} 未除尽，需继续加 Na_2CO_3溶液直至除尽，吸滤，弃去沉淀。

6. 除去过量的 CO_3^{2-}

将 5 中的滤液加热搅拌，滴加 6mol · L^{-1} HCl 中和到溶液的 pH 为 2～3（用 pH 试纸检查）。

7. 浓缩与结晶

把溶液倒入 250mL 烧杯中，蒸发浓缩至有大量晶体出现（约为原体积的 1/4），冷却，吸滤。

将氯化钠晶体转移到蒸发皿中，用小火烘干。冷却后称量，计算产率。

8. 产品纯度的检验

取产品和原料各 1g，分别溶于 5mL 蒸馏水中，进行下列离子的定性检验。

（1）SO_4^{2-}：各取溶液 1mL 于试管中，分别加入 6mol · L^{-1} HCl 溶液两滴和 1mol · L^{-1} $BaCl_2$溶液两滴。比较两溶液中沉淀产生的情况。

（2）Ca^{2+}：各取溶液 1mL，加入 2mol · L^{-1} HAc 使溶液呈酸性，再分别加入饱和$(NH_4)_2C_2O_4$溶液三四滴。比较两溶液中沉淀产生的情况。

（3）Mg^{2+}：各取溶液 1mL，加入 6mol · L^{-1} NaOH 溶液 5 滴和镁试剂两滴。比较两溶液中天蓝色沉淀的产生情况。

五、思考题

1. 在除去 Ca^{2+}、Mg^{2+}、SO_4^{2-} 时，为什么要先加入 $BaCl_2$溶液，然后再加入 Na_2CO_3溶液？

2. 为什么用 $BaCl_2$而不用 $CaCl_2$除去 SO_4^{2-}？

3. 在除去 Ca^{2+}、Mg^{2+}、Ba^{2+}等离子时，能否用其他可溶性碳酸盐代替碳酸钠？

4. 加 HCl 除 CO_3^{2-} 时，为什么要把溶液的 pH 调到 2～3？是否可将 pH 调至约为 7？

实验七　离子交换法制备纯水

一、目的要求

1. 了解离子交换法净化水的原理和方法。
2. 掌握水中一些离子的定性鉴定方法。
3. 学会正确使用电导率仪。

二、实验原理

实验室通常采用蒸馏法和离子交换法将水净化，以获得纯度较高的水。由前一种方法制备的称为“蒸馏水”；由后一种方法制备的称为“去离子水”。

离子交换法通常是利用离子交换树脂来进行水的净化。离子交换树脂是一种难溶性的高分子聚合物，对酸碱及一般试剂相当稳定，它只能将自身的离子与溶液中的同号电荷离子起交换作用。根据交换离子的电荷，可将其分为阳离子交换树脂和阴离子交换树脂。从结构上看，离子交换树脂包括两部分：一部分是具有网状骨架结构的高分子聚合物，即交换树脂的母体；另一部分是连在母体上的活性基团。例如，国产 732 型强酸性阳离子交换树脂可用 RSO_3H 表示，R 代表母体，$—SO_3H$ 代表活性基团；国产 717 型强碱性阴离子交换树脂可用 $R—N(CH_3)_3OH$表示，它是在母体 R 上连接季胺活性基团$—N(CH_3)_3OH$。

天然水或自来水中常含有 Mg^{2+}、Ca^{2+}、Na^+ 等阳离子和 HCO_3^-、SO_4^{2-}、Cl^-等阴离子。当水样流过阳离子交换树脂时，水中的阳离子就与树脂骨架上的活性基团中的 H^+ 交换。例如：

$$2\,R—SO_3H + Mg^{2+} \rightleftharpoons (R—SO_3)_2Mg + 2H^+$$

当水样通过阴离子交换树脂时，树脂中的 OH^- 就与水中的阴离子交换。例如：

$$R—N^+(CH_3)_3OH^- + Cl^- \rightleftharpoons R—N^+(CH_3)_3Cl^- + OH^-$$

这样，水中的无机离子被截留在树脂上，而交换出来的 H^+ 和 OH^- 发生中和反应生成水，使水得到净化。

由于在离子交换树脂上进行的交换反应是可逆的，从上面两个方程式可看出，当水样中存在着大量的 H^+ 或 OH^- 时，不利于交换反应进行。因此只用阳离子交换柱和阴离子交换柱串联起来所制得的水中往往仍含有少量未经交换的杂质离子。为了进一步除去这些离子，可再串联一个装有由一定比例的阳离子交换树脂和阴离子交换树脂均匀混合的交换柱，其作用相当于串联了很多个阳、阴离子交换柱，而且在交换柱任何部位的水都是中性的，从而大大减少了逆反应发生的可能性。

经交换而失效的离子交换树脂经过适当的处理可使其重新复原，这一过程称为树脂的再生。即利用上述交换反应可逆的特点，用一定浓度的酸或碱迫使交换反应逆向进行，使无机离子从树脂上解脱出来。阳离子交换树脂可用5%HCl溶液淋洗，阴离子交换树脂可用5%NaOH溶液淋洗，即可使它们分别得到再生，以恢复离子交换树脂的功能。

三、仪器和药品

仪器：DDS—11A型电导率仪，3支交换柱（口径为15mm，长度为25cm的玻璃管，也可用25mL滴定管代替）。

药品：732型强酸性阳离子交换树脂，717型强碱性阴离子交换树脂，HCl(5%)，NaOH(2mol·L^{-1}，5%)，NaCl(饱和，25%)，$AgNO_3$(0.1mol·L^{-1})，HNO_3(2mol·L^{-1})，$BaCl_2$(1mol·L^{-1})，$NH_3·H_2O$(2mol·L^{-1})，铬黑T(0.5%)，钙指示剂(0.5%)。

四、实验内容

1. 新树脂的预处理

(1) 732型树脂。将树脂用饱和NaCl溶液浸泡一天，用水漂洗至水澄清无色后，用5%HCl溶液浸泡4 h。倾去HCl溶液，用纯水洗至pH=5～6，备用。

(2) 717型树脂。处理操作与732型相同，只是用5%NaOH溶液代替HCl溶液，最后用纯水洗至pH=7～8。

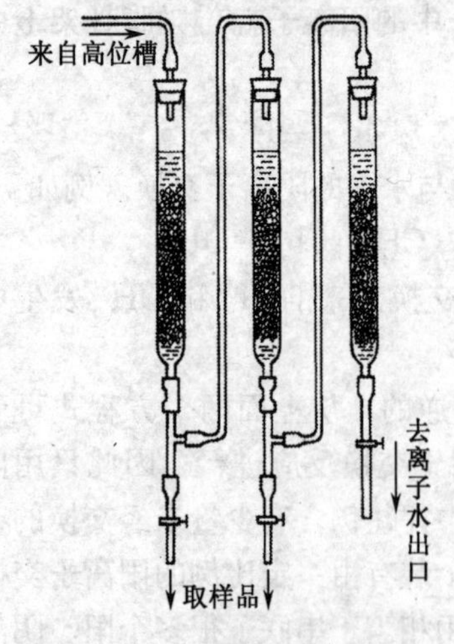

图3-9 离子交换装置示意图

2. 装柱

将交换柱底部的螺丝夹旋紧，加入一定量纯水，再将少许玻璃棉塞在交换柱下端，以防树脂漏出。然后将处理好的树脂连同水一起加入交换柱中。如水过多，可打开底部的螺丝夹，将过多的水放出。但在整个交换实验中，水层始终要高出树脂层。轻敲柱子，使树脂均匀自然下沉。树脂层中不得留有气泡，否则必须重装。装柱完毕，最好在树脂层的上面盖一层湿玻璃棉，以防加入溶液时掀动树脂层。

在3支交换柱中分别加入阳离子交换树脂，阴离子交换树脂和阴、阳离子交换树脂混合均匀的交换树脂（按体积比 2：1 混合）。树脂层高度均为交换柱的 2/3。然后，按图 3-9 所示将 3 支交换柱串联起来。注意：各连接点必须紧密不漏气，并尽量排出连接管内的气泡。

3. 离子交换

打开高位槽螺丝夹和混合柱底部的螺丝夹，使自来水流经阳离子交换柱、阴离子交换柱和混合离子交换柱，水流速度控制在 25～30 滴/min。开始流出的 30mL 水样弃去，然后用 3 个干净的烧杯分别收取从阳离子交换柱、阴离子交换柱和混合离子交换柱流出的水样各约 30mL。将这 3 份水样连同自来水分别进行水质检验。

4. 水质检验

（1）用电导率仪测定各份水样的电导率。

（2）各取水样 0.5mL，分别按表 3-3 方法检验 Ca^{2+}、Mg^{2+}、Cl^- 和 SO_4^{2-}。将检验的结果填入表中，并根据检验结果作出结论。

表 3-3　水质检验表

检验项目	电导率/($S \cdot m^{-1}$)	Ca^{2+}	Mg^{2+}	Cl^-	SO_4^{2-}	结论
检验方法	用电导率仪测定	加入 1 滴 2mol·L^{-1} NaOH 和少量钙试剂，观察溶液是否显红色	加入 1 滴 2mol·L^{-1}氨水和少量铬黑 T，观察溶液是否显红色	加入 1 滴 2mol·L^{-1} HNO_3和 2 滴 0.1mol·L^{-1} $AgNO_3$，观察有无白色沉淀生成	加入 1 滴 1mol·L^{-1} $BaCl_2$，观察有无白色沉淀生成	
自来水						
阳离子交换柱流出水样						
阴离子交换柱流出水样						
混合柱流出水样						

5. 树脂的再生

（1）阳离子交换树脂再生。将树脂倒入烧杯中，先用水漂洗一次，倾出水后加入 5%HCl 溶液，搅拌后浸泡 20min。倾去酸液，再用同浓度的 HCl 溶液洗涤两次，最后用纯水洗至 pH＝5～6。

（2）阴离子交换树脂再生。方法同阳离子交换树脂再生，只是用质量分数为5％的 NaOH 溶液代替 HCl 溶液，最后用纯水洗至 pH＝7～8。

（3）混合树脂再生。混合树脂必须分离后才能再生。将混合柱内的树脂倒入一高脚烧杯中，加入适量的 25％NaCl 溶液，充分搅拌。因阳离子交换树脂的密度比阴离子交换树脂的大，搅拌后阴离子交换树脂便浮在上层，用倾析法将上层的阴离子交换树脂倒入另一烧杯中。重复此操作直至阴、阳离子交换树脂完全分离为止。分离开的阴、阳离子交换树脂可分别与阴离子交换柱和阳离子交换柱的树脂一起再生。

五、思考题

1. 试述离子交换法净化水的原理。

2. 为什么自来水经过阳离子交换柱、阴离子交换柱后，还要经过混合离子交换柱才能得到纯度较高的水？

3. 电导率仪测定水纯度的依据是什么？

4. 如何筛分混合的阴、阳离子交换树脂？

附：微型实验

1. 微型仪器

3 支微型离子交换柱（口径为 8mm，长度为 160mm），5 个微型烧杯(10mL)，透明玻璃点滴板。

药品同常规实验。

2. 实验步骤

同常规实验。但应注意以下两点：

（1）离子交换时应控制水的流速在 6～8 滴/min。

（2）水质检验时，收集各交换柱流出的水样 8～10mL 即可。

实验八　二氧化碳相对分子质量的测定

一、目的要求

1. 学习气体相对密度法测定气体相对分子质量的原理和方法。

2. 加深理解理想气体状态方程式和阿伏伽德罗定律。

3. 练习启普气体发生器的使用和气体的收集。

二、实验原理

根据阿伏伽德罗定律，在同温同压下同体积的任何气体含有相同数目的分子。

对于 p、V、T 相同的A、B两种气体。若以 m_A、m_B 分别代表A、B两种气体的质量，M_A、M_B 分别代表A、B两种气体的相对分子质量。其理想气体状态方程式分别为

气体A：
$$pV = \frac{m_A}{M_A}RT \tag{3-1}$$

气体B：
$$pV = \frac{m_B}{M_B}RT \tag{3-2}$$

由式（3-1）、式（3-2）可得

$$\frac{m_A}{m_B} = \frac{M_A}{M_B} \tag{3-3}$$

因此，在同温同压下，同体积的两种气体的质量之比等于它们的相对分子质量之比。

应用上述结论，以同温同压下同体积二氧化碳与空气相比较。因为已知空气的平均相对分子质量为29.0，所以只要测得二氧化碳与空气在相同条件下的质量，便可根据式（3-3）求出二氧化碳的相对分子质量，即

$$M_{CO_2} = \frac{m_{CO_2}}{m_{空气}} \times 29.0 \tag{3-4}$$

式中，29.0为空气的平均相对分子质量。

在实验中只要测出一定体积的二氧化碳的质量，并根据实验时的大气压和温度，计算出同体积的空气的质量，即可求出二氧化碳的相对分子质量。

三、仪器和药品

仪器：启普气体发生器，洗气瓶，干燥管，磨口锥形瓶，分析天平，台秤。

药品：石灰石，无水氯化钙，HCl（$6mol \cdot L^{-1}$），$NaHCO_3$（$1mol \cdot L^{-1}$），$CuSO_4$（$1mol \cdot L^{-1}$）。

四、实验内容

1. 二氧化碳的制备

二氧化碳由盐酸与石灰石反应制得，实验装置如图3-10所示。石灰石中含有硫，所以在气体发生过程中会有硫化氢、酸雾、水汽等产生。将产生的气体依次通过硫酸铜溶液、碳酸氢钠溶液以及无水氯化钙，以除去硫化氢、酸雾和

水汽。

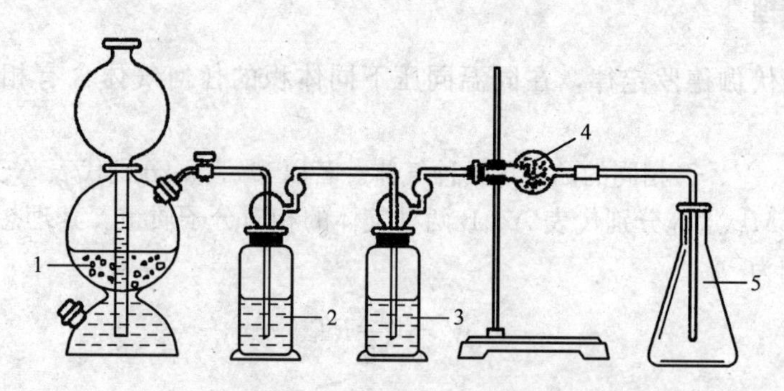

图 3-10　制取、净化和收集二氧化碳的装置图

1—盐酸与石灰石；2—硫酸铜溶液；3—碳酸氢钠溶液；4—无水氯化钙；5—收集瓶

2. 二氧化碳相对分子质量的测定

取一烘干的洁净磨口锥形瓶，放在分析天平上称量（空气＋瓶＋塞）的质量为 m_A。

在启普气体发生器中产生的二氧化碳气体，经过净化、干燥后导入锥形瓶中。因为二氧化碳气体比空气略重，所以必须把导管插入瓶底。收集 4～5min 后，轻轻取出导气管，用塞子塞住瓶口。再放在原来的分析天平上称量（二氧化碳＋瓶＋塞）的总质量。重复通二氧化碳气体和称量的操作，直到前后两次称量的结果相差不超过 1mg 为止。两次称量的结果取平均值得 m_B。

为了测定锥形瓶的容积，最后在瓶内装满水，塞好塞子，在台秤上准确称量（水＋瓶＋塞）的质量 m_C。$m_C - m_A$ 即得水的质量。由水的质量即可求出锥形瓶的容积。

五、数据记录和处理

室温 t＝______℃。

气压 p＝______Pa。

（空气 ＋ 瓶 ＋ 塞）的质量 m_A＝______g。

第一次（二氧化碳气体＋瓶＋塞）的总质量＝______g。

第二次（二氧化碳气体＋瓶＋塞）的总质量＝______g。

（二氧化碳气体 ＋ 瓶 ＋ 塞）的平均总质量 m_B＝______g。

（水 ＋ 瓶 ＋ 塞）的质量 m_C＝______g。

瓶的容积 $V=\dfrac{m_C - m_A}{1.00\text{g}\cdot\text{mL}^{-1}}$＝______mL。

瓶内空气的质量 $m_{空气}$＝______g。

瓶和塞子的质量 $m_D = m_A - m_{空气} =$ ________ g。

二氧化碳气体的质量 $m_{CO_2} = m_B - m_D =$ ________ g。

二氧化碳的相对分子质量 M_{CO_2}（实验值）＝________。

二氧化碳的相对分子质量 M_{CO_2}（理论值）＝________。

误差＝________。

六、思考题

1. 指出实验装置图中各部分的作用并写出有关反应方程式。

2. 为什么（二氧化碳气体＋瓶＋塞）的总质量要在分析天平上称量，而（水＋瓶＋塞）的质量可以在台秤上称量？

3. 哪些物质可用此法测定其相对分子质量？举例说明。

4. 根据所得的实验值，分析误差产生的原因。

第 4 章　基本化学原理

实验九　置换法测定摩尔气体常量 R

一、目的要求

1. 了解理想气体状态方程式和气体分压定律的应用。
2. 练习气体体积的测量操作和气压计的使用。
3. 掌握摩尔气体常量的测定方法。

二、实验原理

活泼金属镁与稀硫酸反应，置换出氢气

$$Mg(s) + H_2SO_4(aq) \xlongequal{\quad} MgSO_4(aq) + H_2(g)$$

准确称取一定质量（m_{Mg}）的金属镁，使其与过量的稀硫酸作用，在一定温度 T 和压力 p 下，测定被置换出来的氢气的体积 V_{H_2}，由理想气体状态方程式即可算出摩尔气体常量 R

$$R = \frac{p_{H_2} V_{H_2}}{n_{H_2} T}$$

式中，V_{H_2} 为氢气的体积；n_{H_2} 为一定质量（m_{Mg}）的金属镁置换出的氢气的物质的量。由于氢气是采用排水集气法收集的，氢气中还混有水蒸气，在实验温度下水的饱和蒸气压 p_{H_2O} 可从数据表中查出，根据分压定律，氢气的分压为

$$p_{H_2} = p - p_{H_2O}$$

实验时的温度 T 和压力 p 可以分别由温度计和压力计测得。

三、仪器和药品

仪器：分析天平，量气管（50mL，或 50mL 碱式滴定管），滴定管夹，液面调节管（或 25mm×180mm 规格的直型接管），长颈普通漏斗，橡皮管，试管(25mL)，烧瓶夹。

药品：金属镁条，H_2SO_4（3mol·L^{-1}）。

四、实验内容

(1) 准确称取两份已擦去表面氧化膜的镁条，每份质量为 0.030～0.035g (准确至 0.0001g)。

(2) 按图 4-1 所示装配好仪器，打开试管 3 的胶塞，由液面调节管 2 往量气管 1 内装水到略低于“0”刻度的位置。上下移动调节管 2 以赶尽胶管和量气管内的气泡，然后将试管 3 的塞子塞紧。

(3) 检查装置的气密性。将调节管 2 下移一段距离，如果量气管内液面只在初始时稍有下降，以后维持不变（观察 3～5min），即表明装置不漏气。如液面不断下降，应重复检查各接口处是否严密，直至确定不漏气为止。

(4) 把液面调节管 2 上移到原来位置，取下试管 3，用一长颈漏斗向试管 3 中注入 6～8mL 3mol · L^{-1}的硫酸，取出漏斗时注意切勿使硫酸沾污管壁。将试管 3 按一定倾斜度固定好，把镁条用水稍微润湿后贴于管壁内，确保镁条不与酸接触。检查液面是否处于“0”刻度以下，再次检查装置气密性。

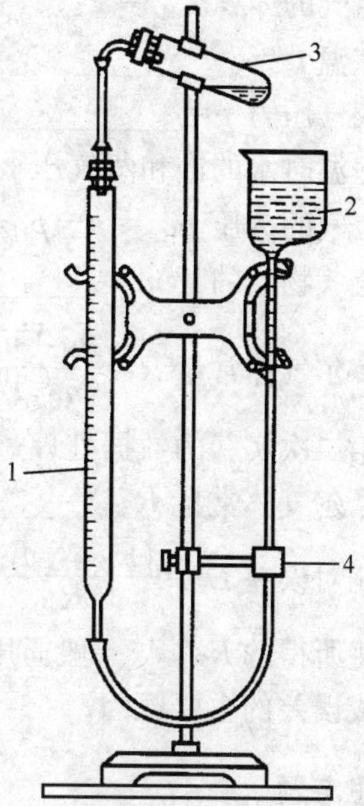

图 4-1　测定摩尔气体常量的装置
1—量气管；2—液面调节管；
3—试管；4—烧瓶夹

(5) 将调节管 2 靠近量气管右侧，使两管内液面保持同一水平，记下量气管液面位置。将试管 3 底部略为提高，让酸与镁条接触，这时，反应产生的氢气进入量气管中，管中的水被压入调节管内。为避免量气管内压力过大，可适当下移调节管 2，使两管液面大体保持同一水平。

(6) 反应完毕后，待试管 3 冷至室温，然后使调节管 2 与量气管 1 内液面处于同一水平，记录液面位置。1～2min 后，再记录液面位置，直至两次读数一致，即表明管内气体温度已与室温相同。

用另一份已称量的镁条重复上述实验。

(7) 记录室温和大气压。

(8) 从附录 3 查出室温时水的饱和蒸气压 p_{H_2O}。

五、数据记录和处理

列出所有测量及运算数据，计算摩尔气体常量 R 和百分误差。

第一次实验：

镁条的质量 m_{Mg} = ________ g，镁条物质的量 n_{Mg} = ________ mol。

反应前量气管中的液面读数 V_1 = ________ mL。

反应后量气管中的液面读数 V_2 = ________ mL。

氢气的体积 $V_{H_2}=V_2-V_1=$__________ mL。

室温 $t=$__________℃，　$T=$__________ K。

大气压力 $p=$__________ Pa。

室温时水的饱和蒸气压 $p_{H_2O}=$__________ Pa。

氢气的分压 $p_{H_2}=p-p_{H_2O}=$__________ Pa。

氢气物质的量 $n_{H_2}=$__________ mol。

摩尔气体常量 $R=\frac{p_{H_2}V_{H_2}}{n_{H_2}T}=$__________ $J \cdot mol^{-1} \cdot K^{-1}$。

第二次实验的数据处理过程同上。

摩尔气体常量 $\bar{R}_{实验}=$__________ $J \cdot mol^{-1} \cdot K^{-1}$。

相对误差 $E_r=\frac{|\bar{R}_{实验}-R_{通用}|}{R_{通用}}\times 100\%=$__________%。

将所得的 $\bar{R}_{实验}$ 与一般通用的数值 $R_{通用}=8.314\ J \cdot mol^{-1} \cdot K^{-1}$ 进行比较，讨论造成误差的主要原因。

六、思考题

1. 如何检测本实验体系是否漏气？其根据是什么？漏气将造成怎样的误差？
2. 读取量气管内气体体积时，为何要使量气管和液面调节管中的液面保持在同一水平面？

实验十　氯化铵生成焓的测定

一、目的要求

1. 学习利用热量计测定物质生成焓的简单方法。
2. 加深对赫斯定律的理解。

二、实验原理

热力学标准状态下由稳定单质生成 1mol 化合物时的反应焓变称为该化合物的标准摩尔生成焓。标准摩尔生成焓一般可通过测定有关反应热而间接求得。

本实验分别测定氨水和盐酸的中和反应热和氯化铵固体的溶解热，然后利用氨水和盐酸的标准生成焓，通过赫斯定律计算求得氯化铵固体的标准生成焓。

$$NH_3(aq)+HCl(aq)\longrightarrow NH_4Cl(aq)\qquad \Delta_r H_m^{\ominus}\ 中和$$

$$NH_4Cl(s)\longrightarrow NH_4Cl(aq)\qquad \Delta_r H_m^{\ominus}\ 溶解$$

中和反应热和溶解热可采用简易热量计（图 4-2）来测量。当反应在热量计中进行时，反应放出或吸收的热量将使热量计系统温度升高或降低。只要测定热量计系统温度的改变值 ΔT 以及热量计系统的比热容 C，就可以利用式（4-1）计算出反应的热效应。

$$\Delta_r H_m^{\ominus} = \frac{-C\Delta T}{n}(n\text{ 为被测物质的物质的量}) \tag{4-1}$$

热量计系统的比热容 C 是指热量计系统温度升高 1K 所需要的热量。本实验利用盐酸和氢氧化钠水溶液在热量计内反应，测定其系统温度改变 ΔT 后，根据已知的中和反应热（$\Delta_r H_m^{\ominus} = -57.3\ \text{kJ} \cdot \text{mol}^{-1}$），可由式（4-2）求得热量计系统的比热容 C

$$C = \frac{-n\Delta_r H_m^{\ominus}}{\Delta T} \tag{4-2}$$

由于反应后的温度需要一段时间才能升到最高值，而实验所用的简易热量计不是严格的绝热系统，在这段时间，热量计不可避免地会与周围环境发生热交换。为了校正由此带来的温度偏差，需用图解法确定系统温度变化的最大值（图 4-3），即以测得的温度为纵坐标，时间为横坐标绘图，按虚线外推到开始混合的时间（$t=0$），求出温度变化最大值（ΔT），这个外推的 ΔT 值能较客观地反映出由反应热所引起的真实温度变化。

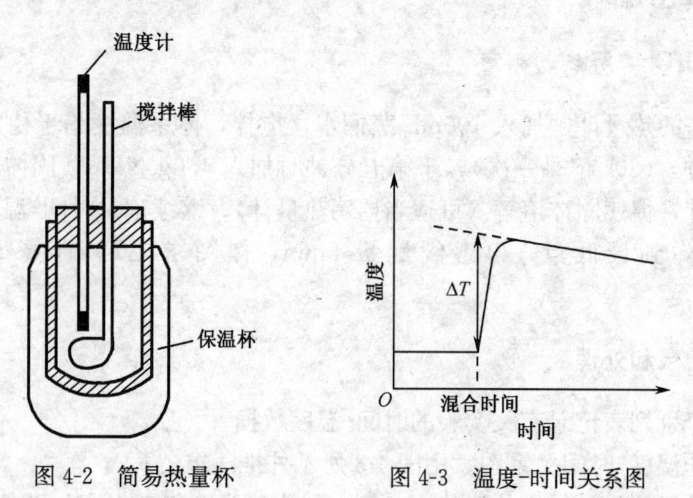

图 4-2　简易热量杯　　图 4-3　温度-时间关系图

三、仪器和药品

仪器：热量计（由保温杯、一支 1/10K 温度计和一支环状搅拌棒组成），秒表，烧杯，量筒。

药品：$NaOH$（$1.0\text{mol} \cdot \text{L}^{-1}$），$HCl$（$1.0\text{mol} \cdot \text{L}^{-1}$，$1.5\text{mol} \cdot \text{L}^{-1}$），$NH_3 \cdot H_2O$（$1.5\text{mol} \cdot \text{L}^{-1}$），$NH_4Cl(s)$。

四、实验内容

1. 热量计比热容的测定

用量筒量取 50mL 1.0mol·L^{-1} NaOH 溶液于热量计中，盖好杯盖，并搅拌至温度基本不变。量取 50mL 1.0mol·L^{-1} HCl 溶液于 150mL 烧杯中，用一支校正过的温度计测量酸的温度，要求酸碱温度基本一致，若不一致，可用手温热或用水冷却。实验开始每隔 30s 记录一次 NaOH 溶液的温度，并于第五分钟时打开杯盖，把酸一次加入热量计中，立即盖好杯盖并搅拌，继续记录温度和时间，直到温度上升至最高点，再继续测定 5min。作出温度-时间关系图，用外推法求出 ΔT，并计算热量计系统的比热容。

2. 氨水与盐酸中和热的测定

洗净热量计，以 1.5mol·L^{-1}氨水代替 1.0mol·L^{-1} NaOH 溶液，1.5mol·L^{-1} HCl 溶液代替 1.0mol·L^{-1} HCl 溶液重复上述实验。作图求得 ΔT，并计算中和反应热 $\Delta H_{中和}$。

3. NH_4Cl 溶解热的测定

在干净的热量计中加入 100mL 蒸馏水，搅拌，体系温度趋于稳定后测量时间-温度数据（30s 记录一次），于第五分钟时加入 4.0g NH_4Cl 固体，立即盖好杯盖并搅拌，促使固体溶解（可适当摇荡热量计）。继续记录时间-温度数据，直至温度下降到最低点，再继续测量 5min，作图求 ΔT，计算 NH_4Cl 溶解热 $\Delta H_{溶解}$。

五、数据记录和处理

（1）分别列表记录有关实验的时间-温度数据。

（2）作温度-时间关系图。用图 4-3 所示外推法求 ΔT。

（3）计算热量计系统的比热容，氨水和盐酸的中和热，NH_4Cl 的溶解热。

（4）利用氨水和盐酸的标准生成焓，根据赫斯定律计算 $NH_4Cl(s)$的标准生成焓，并对照查得的数据计算相对误差。

六、思考题

1. 为什么放热反应的温度-时间曲线的后半段逐渐下降，而吸热反应则相反？

2. 如果实验中有少量 HCl 溶液或 NH_4Cl 固体黏附在热量计器壁上，对实验结果有何影响?

3. 氨水与盐酸反应的中和热和 NH_4Cl 固体的溶解热之差，是哪一个反应的热效应?

实验十一　$I_3^- \rightleftharpoons I^- + I_2$ 平衡常数的测定

一、目的要求

1. 掌握溶液量取容器（量筒、移液管、吸量管）的使用。

2. 测定 $I_3^- \rightleftharpoons I^- + I_2$ 的平衡常数。加强对化学平衡、平衡常数的理解，并了解平衡移动的原理。

3. 巩固滴定操作。

二、实验原理

碘溶于碘化钾溶液中主要形成 I_3^-，并建立下列平衡：

$$I_3^- \rightleftharpoons I^- + I_2$$

在一定温度条件下其平衡常数为

$$K^{\ominus} = \frac{a_{I^-}\,a_{I_2}}{a_{I_3^-}} = \frac{\gamma_{I^-}\,\gamma_{I_2}}{\gamma_{I_3^-}}\,\frac{[I^-][I_2]}{[I_3^-]} \tag{4-3}$$

式中，a 为活度；γ 为活度系数；$[I^-]$、$[I_2]$、$[I_3^-]$ 为平衡浓度。在离子强度不大的溶液中有

$$\frac{\gamma_{I^-}\,\gamma_{I_2}}{\gamma_{I_3^-}} \approx 1$$

所以式（4-3）可简化为

$$K^{\ominus} \approx \frac{[I^-][I_2]}{[I_3^-]} \tag{4-4}$$

为了测定平衡时的 $[I^-]$、$[I_2]$、$[I_3^-]$，可用过量固体碘与已知浓度的碘化钾溶液一起摇荡，达到平衡后，取上层清液，用标准 $Na_2S_2O_3$ 溶液进行滴定，则

$$2Na_2S_2O_3 + I_2 = 2NaI + Na_2S_4O_6$$

由于溶液中存在 $I_3^- \rightleftharpoons I^- + I_2$ 的平衡，因此用硫代硫酸钠溶液滴定，最终测得的是平衡时 I_2 和 I_3^- 的总浓度。设该总浓度为 c，则

$$c = [I_2] + [I_3^-] \tag{4-5}$$

$[I_2]$ 可通过在相同温度条件下，测定过量固体碘与水处于平衡时，由溶液中碘的浓度来代替。设这个浓度为 c'，则

$$[I_2] = c'$$

整理式（4-5）得

$$[I_3^-] = c - [I_2] = c - c'$$

由于形成一个 I_3^- 就需要一个 I^-，因此平衡时有

$$[I^-] = c_0 - [I_3^-]$$

式中，c_0为碘化钾的起始浓度。

将 $[I_2]$、$[I_3^-]$ 和 $[I^-]$ 代入式（4-4）即可求得在此温度条件下的平衡常数 $K^{\ominus}$。

三、仪器和药品

仪器：量筒（10mL，100mL），吸量管（10mL），移液管（50mL），碱式滴定管，碘量瓶（100mL，250mL），锥形瓶（250mL），洗耳球。

药品：I_2(s)，KI 标准溶液(0.0100mol · L^{-1}，0.0200mol · L^{-1})，$Na_2S_2O_3$标准溶液(0.0050mol · L^{-1})，淀粉溶液（0.2%）。

四、实验内容

（1）取两个干燥的 100mL 碘量瓶和一个 250mL 碘量瓶，分别标上 1、2、3 号。用量筒分别量取 80mL 0.0100mol · L^{-1} KI 溶液注入 1 号瓶，80mL 0.0200mol · L^{-1} KI 溶液注入 2 号瓶，200mL 蒸馏水注入 3 号瓶。然后在每个瓶内各加入 0.5g 研细的碘，盖好瓶塞。

（2）将 3 个碘量瓶在室温下振荡或在磁力搅拌器上搅拌 30min，然后静置 10min，待过量固体碘完全沉于瓶底后，取上层清液进行滴定。

（3）用 10mL 吸量管取 1 号瓶上层清液两份，分别注入 250mL 锥形瓶中，再各注入 40mL 蒸馏水，用 0.0050mol · L^{-1}标准 $Na_2S_2O_3$溶液滴定其中一份至呈淡黄色时（注意不要滴过量），注入 4mL 0.2% 淀粉溶液，此时溶液应呈蓝色，继续滴定至蓝色刚好消失。记下所消耗的 $Na_2S_2O_3$溶液的体积。平行操作第二份清液。

同样方法滴定 2 号瓶的上层清液。

（4）用 50mL 移液管取 3 号瓶上层清液两份，用 0.0050mol · L^{-1}标准 $Na_2S_2O_3$溶液滴定，方法同上。

将数据记入表 4-1 中。

（5）数据处理。用 $Na_2S_2O_3$标准溶液滴定碘时，相应的碘的浓度计算方法如下：

1 号、2 号瓶
$$c = \frac{c_{Na_2S_2O_3} V_{Na_2S_2O_3}}{2V_{KI\text{-}I_2}}$$

3 号瓶
$$c' = \frac{c_{Na_2S_2O_3} V_{Na_2S_2O_3}}{2V_{H_2O\text{-}I_2}}$$

表 4-1　数据记录与结果

瓶　号		1	2	3
取样体积 V/mL		10.00	10.00	50.00
$V_{Na_2S_2O_3}$/mL	Ⅰ			
	Ⅱ			
	平均			
$c_{Na_2S_2O_3}$/(mol · L^{-1})				
I_2与I_3^-的总浓度/(mol · L^{-1})				/
水溶液中碘的平衡浓度/(mol · L^{-1})		/	/	
$[I_2]$/(mol · L^{-1})				/
$[I_3^-]$/(mol · L^{-1})				/
c_0/(mol · L^{-1})				/
$[I^-]$/(mol · L^{-1})				/
$K^{\ominus}$				/
$K^{\ominus}_{平均}$				/

本实验测定 $K^{\ominus}$ 在 $1.0\times10^{-3}\sim2.0\times10^{-3}$ 合格（文献值 $K^{\ominus}=1.5\times10^{-3}$）。

五、思考题

1. 本实验中，碘的用量是否要准确称取？为什么？

2. 为什么本实验中量取标准溶液时，有的用移液管，有的可用量筒？

3. 实验过程中若出现下列情况，将会对试验产生何种影响？

(1) 所取碘的量不够。

(2) 3 个碘量瓶没有充分振荡。

(3) 在吸取清液时，不小心将沉在溶液底部或悬浮在溶液表面的少量固体碘带入吸量管。

实验十二　乙酸标准解离常数和解离度的测定

一、目的要求

1. 测定乙酸的标准解离常数和解离度，加深对标准解离常数和解离度的理解。

2. 学习正确使用酸度计。

3. 巩固移液管的基本操作，学习容量瓶的使用。

二、实验原理

乙酸（CH_3COOH 或简写成 HAc）是弱电解质，在溶液中存在如下的解离平衡：

$$HAc(aq) \rightleftharpoons H^+(aq) + Ac^-(aq)$$

其标准解离常数 $K^{\ominus}_{HAc}$ 的表达式为

$$K^{\ominus}_{HAc} = \frac{(c_{H^+}/c^{\ominus})(c_{Ac^-}/c^{\ominus})}{c_{HAc}/c^{\ominus}} \tag{4-6}$$

式中，c_{H^+}、c_{Ac^-}、c_{HAc} 分别为 H^+、Ac^-、HAc 的平衡浓度，$c^{\ominus}$ 为标准浓度（$1mol \cdot L^{-1}$）。

对于单纯的乙酸溶液，若以 c 代表 HAc 的起始浓度，则平衡时 $c_{HAc} = c - c_{H^+}$，而 $c_{H^+} \approx c_{Ac^-}$，则

$$K^{\ominus}_{HAc} = \frac{(c_{H^+}/c^{\ominus})^2}{(c - c_{H^+})/c^{\ominus}} \tag{4-7}$$

另外，HAc 的解离度 α 可表示为

$$\alpha = \frac{c_{H^+}}{c} \tag{4-8}$$

在一定温度下，用酸度计测出已知浓度的 HAc 溶液的 pH，根据式（4-7）和式（4-8），即可求得 $K^{\ominus}_{HAc}$ 和 α。

三、仪器和药品

仪器：酸度计，容量瓶（50mL），烧杯（50mL），移液管（10mL），吸量管（5mL），洗耳球，滴定管。

药品：HAc 标准溶液（$0.1mol \cdot L^{-1}$），NaAc 标准溶液（$0.1mol \cdot L^{-1}$），未知一元弱酸溶液（$0.1mol \cdot L^{-1}$），NaOH 标准溶液（$0.1mol \cdot L^{-1}$），酚酞指示剂（0.1%）。

四、实验内容

1. 乙酸标准解离常数和解离度的测定

1）配制不同浓度的乙酸溶液

用滴定管分别放出 5.00mL、10.00mL、25.00mL 已知浓度的 HAc 标准溶液于 3 个 50mL 容量瓶中，用蒸馏水稀释至刻度，摇匀。连同未稀释的 HAc 标准溶液可得到四种不同浓度的溶液，由稀到浓编号依次为 1、2、3、4。

另取一个干净的 50mL 容量瓶，从滴定管中放出 10.00mL HAc 标准溶液，

再加入 10.00mL 0.1mol · L^{-1} NaAc 标准溶液，用蒸馏水稀释至刻度，摇匀，编号为 5。

2）HAc 溶液 pH 的测定

取 5 个干燥的 50mL 烧杯，分别加入上述 5 种溶液各 30mL，按由稀到浓的次序在酸度计上测定它们的 pH。将数据记录于表 4-2，计算 $K^{\ominus}_{HAc}$ 和 α 。

表 4-2　实验数据和计算结果　　温度______℃

编　号	$c/(\mathrm{mol \cdot L^{-1}})$	pH	$c_{H^+}/(\mathrm{mol \cdot L^{-1}})$	$c_{Ac^-}/(\mathrm{mol \cdot L^{-1}})$	$K^{\ominus}_{HAc}$	α
1						
2						
3						
4						
5						

2. 未知弱酸标准解离常数的测定

取 10.00mL 未知一元弱酸溶液，用 NaOH 标准溶液滴定到终点。然后再加 10.00mL 该弱酸溶液，混合均匀，测其 pH。计算该弱酸的标准解离常数。

五、思考题

1. 如果改变所测 HAc 溶液的温度，则解离度和标准解离常数有无变化？
2. 配制不同浓度的 HAc 溶液时，玻璃器皿是否要干燥，为什么？
3. 测定不同浓度 HAc 溶液的 pH 时，测定顺序应由稀到浓，为什么？
4. 下列情况能否用近似公式 $K^{\ominus}_{HAc}=\dfrac{(c_{H^+}/c^{\ominus})^2}{c/c^{\ominus}}$ 求标准解离常数？

(1) 所测 HAc 溶液浓度极稀。
(2) 在 HAc 溶液中加入一定量的 NaAc(s)。
(3) 在 HAc 溶液中加入一定量的 NaCl(s)。

实验十三　化学反应速率和活化能的测定

一、目的要求

1. 了解浓度、温度和催化剂对反应速率的影响。

2. 测定过二硫酸铵与碘化钾反应的反应速率，并计算反应级数、反应速率常数和活化能。

二、实验原理

在水溶液中过二硫酸铵和碘化钾发生如下反应：

$$(NH_4)_2S_2O_8(aq) + 3KI(aq) \xlongequal{\quad} (NH_4)_2SO_4(aq) + K_2SO_4(aq) + KI_3(aq)$$

反应的离子方程式为

$$S_2O_8^{2-}(aq) + 3I^-(aq) \xlongequal{\quad} 2SO_4^{2-}(aq) + I_3^-(aq) \tag{4-9}$$

其反应的速率方程式可表示为

$$v = kc^m_{S_2O_8^{2-}}c^n_{I^-}$$

式中，v 是在此条件下反应的瞬时速率，若 $c_{S_2O_8^{2-}}$、c_{I^-} 为初始浓度，则 v 表示反应的初速率（v_0）；k 是反应速率常数；m 和 n 是反应级数。

实验能测定的反应速率是一段时间间隔（Δt）内反应的平均速率 $\bar{v}$。如果在 Δt 时间内，$S_2O_8^{2-}$ 浓度的改变为 $\Delta c_{S_2O_8^{2-}}$，则反应的平均速率为

$$\bar{v} = \frac{-\Delta c_{S_2O_8^{2-}}}{\Delta t}$$

近似地用平均速率代替初速率

$$v_0 = kc^m_{S_2O_8^{2-}}c^n_{I^-} \approx \frac{-\Delta c_{S_2O_8^{2-}}}{\Delta t}$$

为了能够测出反应的 $\Delta c_{S_2O_8^{2-}}$，需要在混合 $(NH_4)_2S_2O_8$ 和 KI 溶液的同时，加入一定体积已知浓度的 $Na_2S_2O_3$ 溶液和淀粉溶液，这样在反应（4-9）进行的同时还进行着下面的反应：

$$2S_2O_3^{2-} + I_3^- \xlongequal{\quad} S_4O_6^{2-} + 3I^- \tag{4-10}$$

反应（4-10）进行得非常快，几乎瞬间完成，而反应（4-9）比反应（4-10）慢得多。因此，由反应（4-9）生成的 I_3^- 立即与 $S_2O_3^{2-}$ 反应，生成无色的 $S_4O_6^{2-}$ 和 I^-。所以，在反应的开始阶段看不到碘与淀粉反应而显示出来的特有蓝色。但是一旦 $Na_2S_2O_3$ 耗尽，反应（4-9）继续生成的 I_3^- 就与淀粉反应而呈现蓝色。

由于从反应开始到蓝色出现标志着 $S_2O_3^{2-}$ 全部耗尽，因此从反应开始到出现蓝色这段时间 Δt 里，$S_2O_3^{2-}$ 浓度的改变 $\Delta c_{S_2O_3^{2-}}$ 实际上就是 $Na_2S_2O_3$ 的起始浓度 $c_{0,S_2O_3^{2-}}$，即

$$-\Delta c_{S_2O_3^{2-}} = c_{0,S_2O_3^{2-}}$$

从反应（4-9）和反应（4-10）可以看出，$S_2O_8^{2-}$ 减少的量为 $S_2O_3^{2-}$ 减少量的一半，所以 $S_2O_8^{2-}$ 在 Δt 时间内减少的量可以从下式求得：

$$\Delta c_{S_2O_8^{2-}} = \frac{\Delta c_{S_2O_3^{2-}}}{2}$$

实验中，通过改变反应物 $S_2O_8^{2-}$ 和 I^- 的初始浓度，测定消耗等量的 $S_2O_8^{2-}$

的物质的量浓度 $\Delta c_{S_2O_8^{2-}}$ 所需要的不同的时间间隔 Δt，计算得到反应物不同初始浓度的初速率，进而确定该反应的反应级数 m 和 n，从而得到反应的速率方程和反应速率常数。

$$v_0 = kc^m_{S_2O_8^{2-}} c^n_{I^-} = \frac{-\Delta c_{S_2O_8^{2-}}}{\Delta t} = \frac{-\Delta c_{S_2O_3^{2-}}}{2\Delta t} = \frac{c_{0,S_2O_3^{2-}}}{2\Delta t}$$

由阿伦尼乌斯（Arrhenius）方程得

$$\lg k = \frac{-E_a}{2.303RT} + \lg A$$

求出不同温度时的 k 值后，以 $\lg k$ 对 $\frac{1}{T}$ 作图，可得一条直线，由直线的斜率 $\frac{-E_a}{2.303R}$ 可求得反应的活化能 E_a。

Cu^{2+} 可以加快反应（4-9）的反应速率，Cu^{2+} 的加入量不同，加快反应速率的程度也不同。

三、仪器和药品

仪器：烧杯（50mL），大试管，量筒（10mL，50mL），秒表，温度计，恒温水浴槽。

药品：$(NH_4)_2S_2O_8$(0.20mol·L^{-1})，KI(0.20mol·L^{-1})，$Na_2S_2O_3$(0.010mol·L^{-1})，KNO_3(0.20mol·L^{-1})，$(NH_4)_2SO_4$(0.20mol·L^{-1})，$Cu(NO_3)_2$(0.020mol·L^{-1})，淀粉溶液(0.2%)，冰。

四、实验内容

1. 浓度对化学反应速率的影响——求反应速率方程

在室温条件下进行表 4-3 中编号Ⅰ实验。用量筒分别量取 20.0mL 0.20 mol·L^{-1} KI 溶液、8.0mL 0.010mol·L^{-1} $Na_2S_2O_3$ 溶液和 4.0mL 0.2%的淀粉溶液，全部加入烧杯中，混合均匀。然后用另一量筒取 20.0mL 0.20mol·L^{-1} $(NH_4)_2S_2O_8$ 溶液，迅速倒入上述混合液中，同时按动秒表，并不断搅动，仔细观察实验现象。当溶液刚出现蓝色时，立即停止计时，记录反应时间和室温。

用同样方法按照表 4-3 的用量进行编号Ⅱ、Ⅲ、Ⅳ、Ⅴ实验，并计算每次实验的反应速率。

将反应速率方程式 $v=kc^m_{S_2O_8^{2-}} c^n_{I^-}$ 两边取对数

$$\lg v = m\lg c_{S_2O_8^{2-}} + n\lg c_{I^-} + \lg k$$

当 c_{I^-} 不变时（实验Ⅰ、Ⅱ、Ⅲ），以 $\lg v$ 对 $\lg c_{S_2O_8^{2-}}$ 作图，可得一条直线，斜

表 4-3　浓度对反应速率的影响　　室温______℃

实验编号		Ⅰ	Ⅱ	Ⅲ	Ⅳ	Ⅴ
试剂用量/mL	0.20mol·L^{-1} $(NH_4)_2S_2O_8$	20.0	10.0	5.0	20.0	20.0
	0.20mol·L^{-1} KI	20.0	20.0	20.0	10.0	5.0
	0.010mol·L^{-1} $Na_2S_2O_3$	8.0	8.0	8.0	8.0	8.0
	0.2% 淀粉溶液	4.0	4.0	4.0	4.0	4.0
	0.20mol·L^{-1} KNO_3	0	0	0	10.0	15.0
	0.20mol·L^{-1} $(NH_4)_2SO_4$	0	10.0	15.0	0	0
反应物的起始浓度/(mol·L^{-1})	$(NH_4)_2S_2O_8$					
	KI					
	$Na_2S_2O_3$					
反应时间 Δt/s						
$\Delta c_{S_2O_8^{2-}}$/(mol·L^{-1})						
反应速率 v/(mol·L^{-1}·s^{-1})						

率即为 m；同理，当 $c_{S_2O_8^{2-}}$ 不变时（实验Ⅰ、Ⅳ、Ⅴ），以 $\lg v$ 对 $\lg c_{I^-}$ 作图，可求得 n；此反应的总级数则为 $(m+n)$。

将求得的 m 和 n 代入 $v=kc_{S_2O_8^{2-}}^m c_{I^-}^n$ 中，即可求得反应速率常数 k。将数据填入下表：

实验编号	Ⅰ	Ⅱ	Ⅲ	Ⅳ	Ⅴ
$\lg v$					
$\lg c_{S_2O_8^{2-}}$					
$\lg c_{I^-}$					
m					
n					
反应速率常数 k					

2. 温度对化学反应速率的影响——求活化能

按表 4-3 实验Ⅳ中的试剂用量，将装有 KI、$Na_2S_2O_3$、KNO_3、淀粉混合溶液的烧杯和装有 $(NH_4)_2S_2O_8$ 溶液的小烧杯，放入冰水浴中冷却。待其温度冷却到低于室温 10℃时，将 $(NH_4)_2S_2O_8$ 溶液迅速倒入装有 KI 等混合溶液的烧杯中，同时计时并不断搅动，当溶液刚出现蓝色时，记录反应时间。此实验编号记为Ⅵ。

用同样方法在热水浴中进行高于室温 10℃的实验。此实验编号记为Ⅶ。

将两次实验数据和实验Ⅳ的数据记入表 4-4 中进行比较。

表 4-4　温度对化学反应速率的影响

实验编号	Ⅵ	Ⅳ	Ⅶ
反应温度 T/K			
反应时间 Δt/s			
反应速率 v/($mol \cdot L^{-1} \cdot s^{-1}$)			
反应速率常数 k			
$\lg k$			
$\frac{1}{T}$			
反应活化能 E_a			

利用表 4-4 中各次实验的 k 和 T 作 $\lg k$-$1/T$ 图，求出直线的斜率，再计算出反应（4-9）的活化能 E_a。本实验活化能测定值的误差不超过 10%（文献值：51.8 $kJ \cdot mol^{-1}$）。

在进行温度对化学反应速率影响的实验时，如果室温低于 10℃，可将温度条件改为室温、高于室温 10℃、高于室温 20℃三种情况进行。

3. 催化剂对化学反应速率的影响

按表 4-3 实验Ⅳ的用量，把 KI、$Na_2S_2O_3$、KNO_3和淀粉溶液加到 150mL 烧杯中，再加入两滴 0.020mol · L^{-1} $Cu(NO_3)_2$ 溶液，混匀，然后迅速加入 $(NH_4)_2S_2O_8$溶液，搅拌、计时。将此实验的反应速率与表 4-3 中实验Ⅳ的反应速率进行定性地比较并得出结论。

五、思考题

1. 若不用 $S_2O_8^{2-}$，而用 I^- 或 I_3^- 的浓度变化来表示反应速率，则反应速率常数 k 和反应速率 v 是否一样？

2. 本实验中 $Na_2S_2O_3$的用量过多或者过少，对实验结果有何影响？

3. 下列操作对实验有何影响？

（1）取用试剂的量筒没有分开专用。

（2）先加$(NH_4)_2S_2O_8$溶液，最后加 KI 溶液。

（3）慢慢加入$(NH_4)_2S_2O_8$溶液。

4. 为什么在实验Ⅱ、Ⅲ、Ⅳ、Ⅴ中要分别加入 KNO_3或$(NH_4)_2SO_4$溶液？

实验十四　电离平衡和沉淀平衡

一、目的要求

1. 了解同离子效应对弱电解质解离平衡移动的影响。
2. 掌握缓冲溶液的配制并试验其性质。
3. 观察盐类的水解作用并掌握抑制水解的方法。
4. 试验沉淀的生成、溶解及转化的条件。

二、实验原理

在弱酸或弱碱溶液中，加入与这种酸或碱含有相同离子的易溶强电解质，使弱酸或弱碱的离解度降低，这种作用被称为同离子效应。

由弱酸-弱酸盐或弱碱-弱碱盐组成的溶液中，加入少量的强酸或强碱时，溶液的 pH 改变很小。这种具有保持 pH 相对稳定的性能的溶液就是缓冲溶液。

强酸强碱盐在水中不发生水解。除此之外，其他的各类盐在水中都会发生水解，而使大多数的盐溶液呈酸性或碱性。有些盐水解后只能改变溶液的 pH，有些则既能改变溶液的 pH 又能产生沉淀或气体。盐类的水解同样也受到同离子效应的影响。

沉淀-溶解平衡可用如下通式表示：

$$A_mB_n(s) \rightleftharpoons mA^{n+}(aq) + nB^{m-}(aq)$$

其溶度积常数为

$$K^{\ominus}_{sp,A_mB_n} = \left(\frac{c_{A^{n+}}}{c^{\ominus}}\right)^m \left(\frac{c_{B^{m-}}}{c^{\ominus}}\right)^n$$

沉淀的生成和溶解可以根据溶度积规则来判断：

$Q > K^{\ominus}_{sp}$，有沉淀析出，平衡向左移动；

$Q = K^{\ominus}_{sp}$，处于平衡状态，溶液为饱和溶液；

$Q < K^{\ominus}_{sp}$，无沉淀析出，或平衡向右移动，原来的沉淀溶解。

三、仪器和药品

仪器：离心机，试管，离心试管，量筒（10mL）。

药品：HAc（0.1mol · L^{-1}，1mol · L^{-1}），HCl（1mol · L^{-1}，6mol · L^{-1}），HNO_3（6mol · L^{-1}），$NH_3 \cdot H_2O$（2mol · L^{-1}），NaOH（1mol · L^{-1}），$MgCl_2$（0.1mol · L^{-1}），NH_4Cl（饱和），NaAc（1mol · L^{-1}），Na_2CO_3（1mol · L^{-1}），NaCl（0.1mol · L^{-1}，1mol · L^{-1}），$Al_2(SO_4)_3$（1mol · L^{-1}），Na_3PO_4（0.1mol · L^{-1}），Na_2HPO_4（0.1mol · L^{-1}），NaH_2PO_4（0.1mol · L^{-1}），$Pb(NO_3)_2$（0.001mol ·

L^{-1}，0.1mol · L^{-1}），KI（0.001mol · L^{-1}，0.1mol · L^{-1}），$(NH_4)_2C_2O_4$（饱和），$CaCl_2$（0.1mol · L^{-1}），$AgNO_3$（0.1mol · L^{-1}），$CuSO_4$（0.1mol · L^{-1}），Na_2S（0.1mol · L^{-1}），K_2CrO_4（0.005mol · L^{-1}），NaAc（s），NH_4Cl（s），$SbCl_3$（s），甲基橙，酚酞，pH 试纸。

四、实验内容

1. 同离子效应

（1）取两支小试管，各加入 1mL 0.1mol · L^{-1} HAc 溶液及 1 滴甲基橙，混合均匀，观察溶液的颜色。在一试管中加入少量固体 NaAc，观察溶液颜色的改变，并解释上述现象。

（2）取一支小试管，加入 1mL 2mol · L^{-1} $NH_3 \cdot H_2O$ 溶液及 1 滴酚酞，混合均匀，观察溶液颜色。再加入少量固体氯化铵，观察溶液颜色的改变，说明原因。

（3）取两支小试管，各加入 5 滴 0.1mol · L^{-1} $MgCl_2$溶液，在其中一支试管中再加入 5 滴饱和 NH_4Cl 溶液，然后分别在这两支试管中加入 5 滴 2mol · L^{-1} $NH_3 \cdot H_2O$，观察两支试管发生的现象有何不同，说明原因。

2. 缓冲溶液的配制和性质

（1）用 1mol · L^{-1} HAc 和 1mol · L^{-1}NaAc 溶液配制 pH ＝ 4.0 的缓冲溶液 10mL（应该如何配制?）。用精密 pH 试纸测定其 pH。

（2）将上述缓冲溶液分成二等份，在一份中加入 1 滴 1mol · L^{-1} HCl，在另一份中加入 1 滴 1mol · L^{-1} NaOH，分别测定其 pH。

（3）取两支试管，各加入 5mL 蒸馏水，用 pH 试纸测定其 pH。然后分别加入 1 滴 1mol · L^{-1} HCl 和 1 滴 1mol · L^{-1} NaOH，再用 pH 试纸测定其 pH。

将以上结果填入下表中。分析表中的实验结果，说明缓冲溶液的缓冲性能。

体系 \ pH	缓冲溶液 (HAc-NaAc)	5mL 缓冲溶液中加 1 滴		纯水	5mL 纯水中加 1 滴	
		1mol · L^{-1} HCl	1mol · L^{-1} NaOH		1mol · L^{-1} HCl	1mol · L^{-1} NaOH
实验测定值						
计算值						

3. 盐的水解

（1）在 3 支小试管中分别加入 1mL 0.1mol · L^{-1} 的 Na_2CO_3、NaCl 及

$Al_2(SO_4)_3$溶液，用 pH 试纸测定它们的 pH。解释原因，并写出有关反应方程式。

(2) 用 pH 试纸试验 0.1mol·L^{-1} Na_3PO_4、Na_2HPO_4、NaH_2PO_4溶液的酸碱性。酸式盐是否一定呈酸性？

(3) 取少量 $SbCl_3$固体，加入 1mL 蒸馏水，有何现象产生？测定该溶液的 pH。然后加入 6mol·L^{-1} HCl，沉淀是否溶解？最后将所得溶液稀释，又有何变化？解释上述现象，并写出有关反应方程式。

4. 溶度积原理的应用

1) 沉淀的生成

在一支试管中加入1mL 0.1mol·L^{-1} $Pb(NO_3)_2$溶液，然后加入等体积0.1mol·L^{-1} KI 溶液，观察有无沉淀生成。

在另一支试管中用0.001mol·L^{-1} $Pb(NO_3)_2$溶液和 0.001mol·L^{-1} KI 溶液进行实验，观察有无沉淀生成，并解释以上现象。

2) 沉淀的溶解（自行设计实验）

先制取 CaC_2O_4、AgCl 和 CuS 沉淀，然后按下述要求将它们分别溶解：

(1) 用生成弱电解质的方法溶解 CaC_2O_4沉淀。

(2) 用生成配离子的方法溶解 AgCl 沉淀。

(3) 用氧化还原反应的方法溶解 CuS 沉淀。

3) 分步沉淀

在试管中加入 0.1mol·L^{-1}NaCl 溶液和 0.05mol·L^{-1} K_2CrO_4溶液各 1mL，然后逐滴加入 0.1mol·L^{-1} $AgNO_3$溶液，边加边振荡，观察沉淀的生成和颜色的变化，用溶度积原理解释实验现象。

4) 沉淀的转化

取 5 滴 0.1mol·L^{-1} $AgNO_3$溶液，加入 6 滴 0.1mol·L^{-1}NaCl 溶液，有何种颜色的沉淀生成？离心分离，弃去上层清液，向沉淀中滴加 0.1mol·L^{-1} Na_2S溶液，有何现象？解释原因。

五、思考题

1. 以下两种体系是否均属缓冲溶液？为什么？

(1) 10mL 0.2mol·L^{-1} HAc 溶液与 10mL 0.1mol·L^{-1} NaOH 溶液混合。

(2) 10mL 0.2mol·L^{-1}NaAc 溶液与 10mL 0.2mol·L^{-1} HCl 溶液混合。

2. 试解释为什么 $NaHCO_3$水溶液呈碱性，而 $NaHSO_4$水溶液呈酸性。

3. 配制 Sn^{2+}、Sb^{3+}、Fe^{3+}等盐的水溶液时，应如何正确操作？

4. 利用平衡移动原理，判断下列难溶电解质是否可用 HNO_3来溶解？

$MgCO_3$，CaC_2O_4，$BaSO_4$，Ag_3PO_4，AgCl

实验十五　电位法测定卤化银的溶度积

一、目的要求

1. 了解电位法测定难溶化合物溶度积的原理及方法。
2. 学习用图解法求卤化银的溶度积。

二、实验原理

用电位法可以测定难溶化合物的溶度积。例如，当测定某一卤化银的溶度积时，只需选用两支电极和相应的溶液组成如下原电池：

$$(-)\ \text{饱和甘汞电极} \parallel KX\ (c_{X^-})\ |\ AgX(s), Ag\ (+)$$

通过测定该原电池的电动势，就可方便地求出该化合物的溶度积。

$$E = \varphi_{AgX/Ag} - \varphi_{\text{甘汞}} \tag{4-11}$$

$$\varphi_{AgX/Ag} = \varphi^{\ominus}_{AgX/Ag} - \frac{0.05915}{z}\lg(c_{X^-}/c^{\ominus}) \tag{4-12}$$

$$\varphi^{\ominus}_{AgX/Ag} = \varphi_{Ag^+/Ag} = \varphi^{\ominus}_{Ag^+/Ag} + \frac{0.05915}{z}\lg K^{\ominus}_{sp} \tag{4-13}$$

由式（4-11）、式（4-12）、式（4-13）可得

$$E = -\frac{0.05915}{z}\lg(c_{X^-}/c^{\ominus}) + \left(\frac{0.05915}{z}\lg K^{\ominus}_{sp} + \varphi^{\ominus}_{Ag^+/Ag} - \varphi_{\text{甘汞}}\right) \tag{4-14}$$

式（4-14）中 $\varphi^{\ominus}_{Ag^+/Ag}$、$\varphi_{\text{甘汞}}$（分别为 0.7996V 和 0.2415V）均可从有关手册中查到，因此只要在一定的 c_{X^-} 下测出原电池的 E，即可算出 $K^{\ominus}_{sp}$。

为了减少实验误差，可通过改变所测体系的 c_{X^-}，测得相应的电动势 E，然后以电动势 E 为纵坐标，lg（$c_{X^-}/c^{\ominus}$）为横坐标作图，再从直线在纵坐标上的截距求得 $K^{\ominus}_{sp}$。

三、仪器和药品

仪器：pH 计，双接界甘汞电极（外套管内装有 0.1mol · L^{-1} KNO_3 溶液），银电极，分析天平，容量瓶（50mL），烧杯（100mL），吸量管。

药品：KCl（s，A. R.），KBr（s，A. R.），KI（s，A. R.），KSCN（s，A. R.），$AgNO_3$（0.1mol · L^{-1}）。

四、实验内容

1. 溶液的配制

用 50mL 容量瓶分别精确配制 0.2000mol · L^{-1} 的 KCl、KBr、KI 和 KSCN

溶液。(怎样配制?)

2. 银电极活化

将银电极插入 $6mol \cdot L^{-1}$ HNO_3溶液(含有 $0.1mol \cdot L^{-1}$ KNO_3)中活化,当银电极表面有气泡产生且呈银白色时,将电极取出,洗净,用吸水纸擦干备用。

也可用小块细砂纸将电极表面擦亮,水洗后擦干备用。

3. 电动势的测定

(1)在电极架上安装银电极和双接界甘汞电极,银电极接 pH 计的正极,甘汞电极接 pH 计的负极。将 pH-mV 选择开关置于 mV 挡。

(2)在 100mL 干燥烧杯中准确加入 50.00mL 蒸馏水,用吸量管移入 1.00mL $0.2000mol \cdot L^{-1}$ KCl 溶液,然后滴入一滴 $0.1mol \cdot L^{-1}$ $AgNO_3$溶液,搅拌均匀。静置约 20s,然后将电极插入该溶液中,测定电动势值 E_a,再稍稍摇动溶液,静置约 20s 后再测一次电动势值 E_b。计算两次测定的平均值,记为 E_1。

(3)再移取 1.00mL $0.2000mol \cdot L^{-1}$ KCl 溶液于同一烧杯中,搅拌均匀后,按上述方法测定电动势,测定的平均值记为 E_2。

(4)如此反复,分别测得 E_3、E_4、E_5,并填入表 4-5 中。

表 4-5 数据记录与处理

测定次数		1	2	3	4	5
加入 KCl 的累计体积/mL						
$c_{Cl^-}/(mol \cdot L^{-1})$						
$\lg(c_{Cl^-}/c^{\ominus})$						
电动势 E/V	E_a					
	E_b					
	$E_{平均}$					

4. 数据处理

以 E 为纵坐标,$\lg(c_{Cl^-}/c^{\ominus})$ 为横坐标作图,从直线的截距求出 $K_{sp}^{\ominus}$。

因加入的 $AgNO_3$溶液体积很小,生成 AgCl 消耗的 Cl^- 也很少,所以 c_{Cl^-} 可用下式求得:

$$c_{Cl^-} = \frac{c_{KCl} V_{KCl}}{V_{H_2O} + V_{KCl}}$$

按上述相同方法,可分别测定 AgBr、AgI、AgSCN 的 $K_{sp}^{\ominus}$。

注意：每次变换溶液时，应将两电极冲洗干净并轻轻擦干。

五、思考题

1. 本实验测定电动势时，为什么待装溶液的烧杯应是干燥的?
2. 每次加入 KX 后，若搅拌不均匀，对测定结果有无影响?
3. 为何本实验中用双接界甘汞电极可以减少对测定体系中 c_{X^-} 的影响?

实验十六　氧化还原反应

一、目的要求

1. 了解原电池的装置以及浓度对电极电势的影响。
2. 了解浓度、酸度对氧化还原反应的影响。
3. 加深理解电极电势与氧化还原反应的关系。

二、实验原理

原电池是利用氧化还原反应将化学能转变成电能的装置。用伏特计可以测定原电池的电动势。通过实验测量原电池的电动势，根据 $E=\varphi_+-\varphi_-$ 可以确定各电对的电极电势相对值。

物质的氧化还原能力的大小可以根据相应电对电极电势的高低来判断。电极电势越高，电对中的氧化型物质的氧化能力越强；电极电势越低，电对中的还原型物质的还原能力越强。

根据电极电势的高低可以判断氧化还原反应的方向。当氧化剂电对的电极电势大于还原剂电对的电极电势时，反应能正向自发进行。

由电极反应的能斯特（Nernst）方程式可以看出浓度对电极电势的影响。溶液的 pH 会影响某些电对的电极电势或氧化还原反应的方向，介质的酸碱性也会影响某些氧化还原反应的产物。

三、仪器和药品

仪器：伏特计，盐桥，电极（铜棒、锌棒、铁棒、炭棒），导线，砂纸，试管，试管架，烧杯，表面皿。

药品：H_2SO_4（3mol · L^{-1}，1mol · L^{-1}），HNO_3（2mol · L^{-1}，浓），NaOH（6mol · L^{-1}），$NH_3 \cdot H_2O$（浓），$CuSO_4$（1mol · L^{-1}），$ZnSO_4$（1mol · L^{-1}），$K_2Cr_2O_7$（0.4mol · L^{-1}），KBr（0.1mol · L^{-1}），$KMnO_4$（0.01mol · L^{-1}），$FeCl_3$（0.1mol · L^{-1}），Na_2SO_3（0.1mol · L^{-1}），KI（0.1mol · L^{-1}），$FeSO_4$（1mol · L^{-1}，0.1mol · L^{-1}），KIO_3（0.1mol · L^{-1}），KSCN（0.1mol · L^{-1}），HAc（6mol · L^{-1}），

H_2O_2(3%)，氯水，溴水，硫代乙酰胺（5%），CCl_4，酚酞试纸，锌粒。

四、实验内容

1. 电极电势和氧化还原反应

(1) 在一支试管中加入 1mL 0.1mol · L^{-1} KI 溶液和 5 滴 0.1mol · L^{-1} $FeCl_3$溶液，振荡后有何现象？再加入 0.5mL CCl_4充分振荡，观察CCl_4层颜色有何变化？反应的产物是什么？

(2) 用 0.1mol · L^{-1} KBr 溶液代替 KI 溶液进行相同的实验，能否发生反应？

(3) 在一支试管中加入 1mL 0.1mol · L^{-1} $FeSO_4$溶液，然后滴加 0.1mol · L^{-1} KSCN 溶液，溶液颜色有无变化？

在另一支盛有 1mL 0.1mol · L^{-1} $FeSO_4$溶液的试管中，加数滴溴水，振荡后再滴加 0.1mol · L^{-1} KSCN 溶液，观察溶液颜色变化。与上一支试管对照，并解释原因。

根据以上实验现象，比较 Br_2/Br^-、I_2/I^- 和 Fe^{3+}/Fe^{2+}三个电对电极电势的高低，指出最强氧化剂和最强还原剂。

2. 原电池电动势的测定

(1) 在两个 50mL 小烧杯中，分别加入 20mL 1mol · L^{-1} $CuSO_4$和 1mol · L^{-1} $ZnSO_4$溶液。然后，在$CuSO_4$溶液中插入铜棒，在$ZnSO_4$溶液中插入锌棒，中间用盐桥将它们连接。两极各连接一条导线，铜极导线与伏特计正极相接，锌极导线与伏特计的负极相接。测量其电动势（图 4-4)。

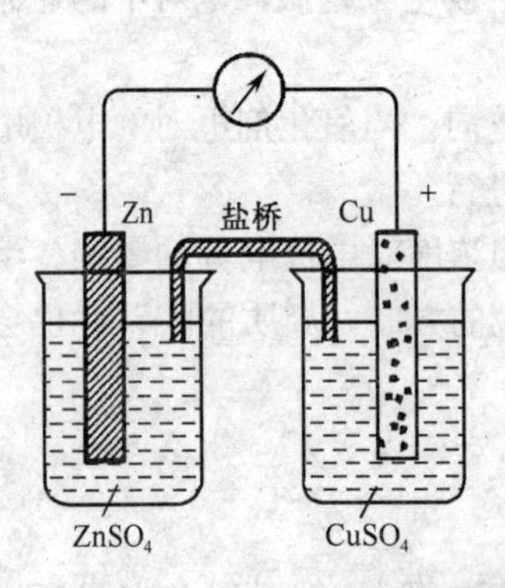

图 4-4 Cu-Zn 原电池

在$CuSO_4$溶液中滴加浓氨水，不断搅拌，直至生成的沉淀完全溶解变成深蓝色的 $Cu(NH_3)_4^{2+}$ 为止。测量其电动势。

再向$ZnSO_4$溶液中滴加浓氨水，使沉淀完全溶解变成 $Zn(NH_3)_4^{2+}$。测量其电动势。

比较以上三次测量的结果，说明浓度对电极电势的影响。

(2) 在两个 50mL 小烧杯中，分别加入 1mol · L^{-1} $FeSO_4$和 0.4mol · L^{-1} $K_2Cr_2O_7$溶液。在$FeSO_4$溶液中插入铁棒，在$K_2Cr_2O_7$溶液中插入炭棒。将铁棒和炭棒通过导线分别与伏特计的负极和正极相接，中间以盐桥相通，测量原电池的电动势。

在$K_2Cr_2O_7$溶液中，逐滴加入1mol·L^{-1} H_2SO_4溶液，电动势有何变化？再在$K_2Cr_2O_7$溶液中，逐滴加入6mol·L^{-1} NaOH溶液，电动势又有何变化？

3. 常见氧化剂和还原剂的反应

1）H_2O_2的氧化性

在试管中加入0.5mL 0.1mol·L^{-1} KI溶液，再加入几滴1mol·L^{-1} H_2SO_4酸化，然后逐滴加入3%的H_2O_2溶液，并加入0.5mL CCl_4，振荡试管并观察所发生的现象。

2）$KMnO_4$的氧化性

在试管中加入0.5mL 0.01mol·L^{-1} $KMnO_4$溶液，再加入少量1mol·L^{-1} H_2SO_4酸化，然后滴加3%的H_2O_2溶液，振荡后观察现象。

3）H_2S的还原性

在试管中加入1mL 0.1mol·L^{-1} $FeCl_3$溶液，滴加10滴5%的硫代乙酰胺溶液，振荡并微热，有何现象发生？

4）KI的还原性

在试管中加入0.5mL 0.1mol·L^{-1} KI溶液，边振荡边逐滴加入氯水，注意观察溶液颜色的变化。继续滴入氯水，溶液的颜色又有何变化？

分别写出以上反应的方程式。

4. 影响氧化还原反应的因素

1）浓度对氧化还原反应的影响

（1）浓度对氧化还原反应产物的影响。在两支各盛有一粒锌粒的试管中，分别加入1mL浓HNO_3和2mol·L^{-1} HNO_3溶液，观察所发生的现象。不同浓度的HNO_3与Zn作用的反应产物有何不同？稀HNO_3的还原产物可用检验溶液中是否有NH_4^+的办法来确定（气室法检验NH_4^+）。

（2）浓度对氧化还原反应方向的影响。在一支试管中加入1mL H_2O、1mL CCl_4和1mL 0.1mol·L^{-1} $FeCl_3$溶液，在另一支试管中加入1mL 0.1mol·L^{-1} $FeSO_4$、1mL CCl_4和1mL 0.1mol·L^{-1} $FeCl_3$溶液，然后在这两支试管中都加入1mL 0.1mol·L^{-1} KI溶液，振荡后观察两支试管CCl_4层的颜色有何区别。

2）介质对氧化还原反应的影响

（1）介质对氧化还原反应方向的影响。在盛有1mL 0.1mol·L^{-1} KI溶液的试管中，加入数滴1mol·L^{-1} H_2SO_4酸化，然后逐滴加入0.1mol·L^{-1} KIO_3溶液，并加入0.5mL CCl_4，振荡并观察现象。在该试管中再逐滴加入6mol·L^{-1} NaOH溶液，振荡后又有何现象产生？写出反应方程式。

（2）介质对氧化还原反应产物的影响。在3支各盛有5滴0.01mol·L^{-1}

$KMnO_4$溶液的试管中，分别加入 1mol·L^{-1} H_2SO_4溶液、蒸馏水和 6mol·L^{-1} NaOH 溶液各 0.5mL，然后逐滴加入 0.1mol·L^{-1} Na_2SO_3溶液。观察反应产物有何不同。写出反应方程式。

(3) 介质对氧化还原反应速率的影响。在两支各盛 1mL 0.1mol·L^{-1} KBr 溶液的试管中，分别加 3mol·L^{-1} H_2SO_4和 6mol·L^{-1} HAc 溶液 0.5mL，然后各加入两滴 0.01mol·L^{-1} $KMnO_4$溶液，观察并比较两支试管中紫红色褪色的快慢。

五、思考题

1. 在实验内容 2 中，如果导线与电极或伏特计之间接触不良，将对电动势测量产生什么影响？为什么？

2. H_2O_2为什么既可作氧化剂又可作还原剂？写出有关电极反应，并说明H_2O_2在什么情况下可作氧化剂，在什么情况下可作还原剂。

3. 通过本实验归纳出影响电极电势的因素，说明这些因素是如何影响的。

4. 铜是较不活泼的金属，但能与 $FeCl_3$溶液反应，为什么？金属铁能否与$CuSO_4$反应？

实验十七　配合物的生成和性质

一、目的要求

1. 认识配离子的形成及其与简单离子的区别，比较并解释配离子的稳定性。
2. 了解配位平衡与其他平衡之间的关系。
3. 了解配合物在物质分离和鉴别方面的一些应用。

二、实验原理

配合物的定义可全面概括为，由能给出电子对或离域 π 电子的一定数目的离子（一般为阴离子）或分子作配体，与具有能接受配体提供的上述电子的适当空轨道的离子或原子（统称为中心原子，大多为金属阳离子或原子）所结合而成的分子或离子，称为配位个体。含有配位个体的电中性化合物称为配合物。直接与中心原子通过配位键连接的配位原子数目称为该中心原子的配位数。配合物一般可分成内界和外界两个组成部分。中心原子和配体组成配合物的内界，在配合物的化学式中一般用方括号表示内界，方括号以外的部分为外界。

配位个体在水溶液中分步解离，其行为类似于弱电解质。配位个体在溶液中稳定性的高低可通过配位个体稳定常数的大小来反映。对于相同类型的配合物，稳定常数越大，配合物的稳定性就越好。

有些配合物有较高的稳定性，而有些配合物的稳定性却较低；相当数量的配合物具有颜色；配合物中心原子的配位数有大有小；配位数不同的配合物其空间构型不同，因而各种配合物的性质也存在较大的差异。

配合物的应用日益广泛，例如，在分析化学中常利用配位反应定性地鉴定或定量地测定某元素；在有机合成中常应用配合物作催化剂；金属有机化学及生物无机化学分别是配位化学向有机化学及生物科学渗透而形成的边缘学科。此外，配合物在金属的湿法冶炼、浮游选矿、除锈剂的使用、洗涤剂的生产、染料的染色、植物的生长、疾病的医疗等方面都有广泛应用。配位化学在地质科学、环境保护、食品工业、制革工业、造纸工业等领域都起着重要的作用。

三、仪器和药品

仪器：离心机，试管，试管架，烧杯，漏斗，白色点滴板。

药品：$CuSO_4$(0.1mol · L^{-1})，$BaCl_2$(0.5mol · L^{-1})，NaOH(2mol · L^{-1})，HCl(1mol · L^{-1})，NH_3 · H_2O(2mol · L^{-1}，6mol · L^{-1})，KI(0.1mol · L^{-1})，KBr(0.1mol · L^{-1})，$FeCl_3$(0.1mol · L^{-1})，$K_4[Fe(CN)_6]$(0.1mol · L^{-1})，$K_3[Fe(CN)_6]$(0.1mol · L^{-1})，Na_2S(0.1mol · L^{-1})，$Na_2S_2O_3$(0.1mol · L^{-1})，EDTA二钠盐(0.1mol · L^{-1})，NH_4SCN(0.1mol · L^{-1}，饱和)，$(NH_4)_2C_2O_4$(饱和)，NH_4F(2mol · L^{-1})，$AgNO_3$(0.1mol · L^{-1})，NaCl(0.1mol · L^{-1})，$HgCl_2$(0.1mol · L^{-1})，Ni^{2+}试液，Fe^{3+}和Co^{2+}混合试液，碘水，锌粉，二乙酰二肟(1%)，乙醇(95%)，戊醇等。

四、实验内容

1. 配合物的组成

(1) 在两支试管中各加入几滴0.1mol · L^{-1} $CuSO_4$溶液，再分别加入0.5mol · L^{-1} $BaCl_2$和2mol · L^{-1} NaOH各几滴，观察现象。

(2) 取1mL 0.1mol · L^{-1} $CuSO_4$溶液，逐滴加入6mol · L^{-1}氨水直至溶液变为深蓝色。将此溶液分为两份，分别逐滴加入少量2mol · L^{-1} NaOH溶液、0.5mol · L^{-1} $BaCl_2$溶液，观察现象，并与上面的实验对照，指出硫酸四氨合铜的内界和外界。

2. 简单离子与配离子的区别

在分别盛有两滴0.1mol · L^{-1} $FeCl_3$溶液和$K_3[Fe(CN)_6]$溶液的两支试管中，分别滴入两滴0.1mol · L^{-1} NH_4SCN溶液，观察两个溶液的颜色变化有何区别，并解释上述现象。

3. 配位平衡的移动

1）配离子之间的转化

在两滴 0.1mol·L^{-1} $FeCl_3$溶液中，加入数滴 0.1mol·L^{-1} NH_4SCN 溶液，有何现象？然后逐滴加入饱和 $(NH_4)_2C_2O_4$溶液，溶液颜色有何变化？写出有关反应方程式，并比较 Fe^{3+} 的两种配离子的稳定性。

2）配位平衡与沉淀溶解平衡

在一支离心试管中加入 10 滴 0.1mol·L^{-1} $AgNO_3$溶液，然后加入 10 滴 0.1mol·L^{-1} NaCl 溶液，微热，离心分离，除去上层清液，然后在该试管中进行以下试验：

（1）滴加 6mol·L^{-1}氨水至沉淀刚好溶解。

（2）加 10 滴 0.1mol·L^{-1} KBr 溶液，出现什么现象？

（3）除去上层清液，滴加 0.1mol·L^{-1} $Na_2S_2O_3$溶液至沉淀溶解。

（4）滴加 0.1mol·L^{-1} KI 溶液，又有何现象产生？

写出以上各反应的方程式，并比较$[Ag(NH_3)_2]^+$、$[Ag(S_2O_3)_2]^{3-}$的稳定性大小，以及 AgCl、AgBr、AgI 的 $K_{sp}^{\ominus}$的大小。

3）配位平衡和氧化还原反应

在 0.5mL 碘水中，边振荡边逐滴加入0.1mol·L^{-1} $K_4[Fe(CN)_6]$溶液，有何现象产生？写出反应的方程式。

结合 Fe^{3+} 能将 I^- 氧化成 I_2 这一实验结果，试比较 $\varphi^{\ominus}_{Fe^{3+}/Fe^{2+}}$ 与 $\varphi^{\ominus}_{[Fe(CN)_6]^{3-}/[Fe(CN)_6]^{4-}}$ 的大小，并说明$[Fe(CN)_6]^{3-}$和$[Fe(CN)_6]^{4-}$哪一个更稳定。

4）配离子的破坏

取 5mL 0.1mol·L^{-1} $CuSO_4$溶液，逐滴加入 6mol·L^{-1}氨水，直至最初生成的沉淀又溶解为止。然后加入 6mL 95%的乙醇，观察$[Cu(NH_3)_4]SO_4$晶体的析出。将晶体过滤，用少量乙醇洗涤晶体，观察晶体的颜色。

取少许晶体溶于 4mL 2mol·L^{-1} $NH_3·H_2O$ 中，然后按照下述要求设计实验步骤进行实验，以破坏 $[Cu(NH_3)_4]^{2+}$配离子。

（1）利用酸碱反应。

（2）利用沉淀反应。

（3）利用氧化还原反应。

（4）利用生成更稳定配合物。

4. 配合物的某些应用

1）利用生成有色配合物定性鉴定某些离子

Ni^{2+}与二乙酰二肟作用生成鲜红色螯合物沉淀，反应如下：

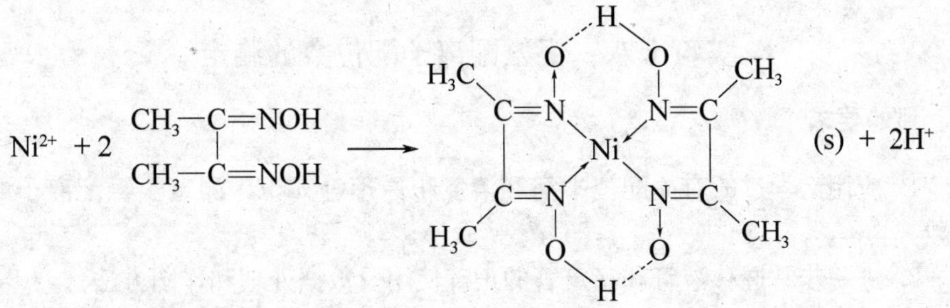

$$Ni^{2+} + 2\begin{array}{l} CH_3-C=NOH \\ \qquad\ \ | \\ CH_3-C=NOH \end{array} \longrightarrow \begin{array}{ccccc} & O & \cdots H\cdots & O & \\ H_3C & \uparrow & & | & CH_3 \\ C= & N & & N & =C \\ | & & \searrow Ni \swarrow & & | \\ C= & N & \nearrow\quad\nwarrow & N & =C \\ H_3C & | & & \downarrow & CH_3 \\ & O & \cdots H\cdots & O & \end{array} (s) + 2H^{+}$$

H^{+}不利于Ni^{2+}的检出。二乙酰二肟是弱酸，如果H^{+}浓度太大，Ni^{2+}沉淀不完全或不生成沉淀。但OH^{-}的浓度也不宜太高，否则会生成$Ni(OH)_2$沉淀。合适的酸度是 pH ＝ 5～10。

实验：在白色点滴板上加入两滴Ni^{2+}试液、1滴6mol·L^{-1}氨水和1滴1%的二乙酰二肟溶液，有鲜红色沉淀生成表示有Ni^{2+}存在。

2）利用生成配合物掩蔽干扰离子

在定性鉴定中如果遇到干扰离子，常常利用形成配合物的方法掩蔽干扰离子。例如，Co^{2+}的鉴定，可利用它与SCN^{-}反应生成$[Co(SCN)_4]^{2-}$，该配离子易溶于有机溶剂呈现蓝色。若Co^{2+}溶液中含有Fe^{3+}，因Fe^{3+}遇SCN^{-}生成红色的配离子而产生干扰。可利用Fe^{3+}与F^{-}形成更稳定的无色$[FeF_6]^{3-}$，将Fe^{3+}掩蔽，从而避免它的干扰。

实验：取两滴Fe^{3+}和Co^{2+}混合试液于一试管中，加入8～10滴饱和NH_4SCN溶液，观察现象。然后逐滴加入2mol·L^{-1} NH_4F溶液，并摇动试管，有何现象？最后加入6滴戊醇，振荡试管，静置，观察戊醇层的颜色。

3）硬水软化

取两个100mL烧杯各盛50mL自来水（用井水效果更明显），在其中一个烧杯中加入3～5滴0.1mol·L^{-1} EDTA二钠盐溶液。然后将两个烧杯中的水加热煮沸10min，可以看到未加EDTA二钠盐溶液的烧杯中有白色悬浮物生成，而加EDTA二钠盐溶液的烧杯中则没有，为什么？

五、思考题

1. 总结实验中的现象，说明影响配位平衡的因素。
2. 衣服上沾有铁锈时，常用草酸洗，试说明原理。
3. 请选用适当的方法逐一溶解下列各组化合物：

（1）AgCl，AgBr，AgI。

（2）CuC_2O_4，CuS。

实验十八 银氨配离子配位数的测定

一、目的要求

1. 应用已学过的有关配位平衡和溶度积原理等知识，测定银氨配离子的配位数。

2. 进一步掌握移液管和滴定管的正确使用及数据处理和作图方法。

二、实验原理

在硝酸银水溶液中加入过量氨水，即生成稳定的银氨配离子$[Ag(NH_3)_n]^+$，再滴加 KBr 溶液，直到刚刚开始出现淡黄色溴化银沉淀（混浊）为止。这时，混合溶液体系中同时存在如下的配位平衡：

$$Ag^+(aq) + nNH_3(aq) \rightleftharpoons [Ag(NH_3)_n]^+(aq)$$

$$K^\ominus_{[Ag(NH_3)_n]^+} = \frac{c_{[Ag(NH_3)_n]^+}/c^\ominus}{(c_{Ag^+}/c^\ominus)(c_{NH_3}/c^\ominus)^n} \tag{4-15}$$

和沉淀平衡

$$AgBr(s) \rightleftharpoons Ag^+(aq) + Br^-(aq)$$

$$K^\ominus_{sp,AgBr} = (c_{Ag^+}/c^\ominus)(c_{Br^-}/c^\ominus) \tag{4-16}$$

式（4-15）乘式（4-16）得

$$K^\ominus = K^\ominus_{[Ag(NH_3)_n]^+} K^\ominus_{sp,AgBr} = \frac{(c_{[Ag(NH_3)_n]^+}/c^\ominus)(c_{Br^-}/c^\ominus)}{(c_{NH_3}/c^\ominus)^n} \tag{4-17}$$

整理式（4-17）得

$$c_{Br^-}/c^\ominus = \frac{K^\ominus (c_{NH_3}/c^\ominus)^n}{c_{[Ag(NH_3)_n]^+}/c^\ominus} \tag{4-18}$$

式中，c_{Br^-}、c_{NH_3}、$c_{[Ag(NH_3)_n]^+}$都指平衡浓度，它们可用下面方法近似计算。

设每份混合溶液最初取用的硝酸银溶液体积为V_{Ag^+}（每份相同），浓度为c_{0,Ag^+}，每份加入的氨水和溴化钾溶液分别为V_{NH_3}和V_{Br^-}，其浓度为c_{0,NH_3}和c_{0,Br^-}，混合溶液总体积为$V_总$，则混合后达到平衡时，体系各组分的浓度近似为

$$c_{Br^-} = c_{0,Br^-}\frac{V_{Br^-}}{V_总} \tag{4-19}$$

$$c_{[Ag(NH_3)_n]^+} = c_{0,Ag^+}\frac{V_{Ag^+}}{V_总} \tag{4-20}$$

$$c_{NH_3} = c_{0,NH_3}\frac{V_{NH_3}}{V_总} \tag{4-21}$$

将式（4-19）、式（4-20）和式（4-21）代入式（4-18），整理后得

$$V_{Br^-}=\frac{K^{\ominus}\left[\frac{c_{0,NH_3}}{c^{\ominus}V_{总}}\right]^n}{\frac{c_{0,Br^-}}{c^{\ominus}V_{总}}\frac{c_{0,Ag^+}V_{Ag^+}}{c^{\ominus}V_{总}}}V_{NH_3}^n \tag{4-22}$$

式（4-22）等号右边除 $V_{NH_3}^n$ 外，其余皆为常数或已知量。实验中改变氨水的体积，而各组分起始浓度及 $V_{总}$、V_{Ag^+} 在实验过程中均保持不变，故式(4-22)可写成

$$V_{Br^-}=K'V_{NH_3}^n \tag{4-23}$$

将式（4-23）两边取对数，得直线方程

$$\lg V_{Br^-}=n\lg V_{NH_3}+\lg K' \tag{4-24}$$

以 $\lg V_{Br^-}$ 为纵坐标，以 $\lg V_{NH_3}$ 为横坐标作图，直线的斜率即$[Ag(NH_3)_n]^+$的配位数 n。

三、仪器和药品

仪器：锥形瓶（250mL），量筒（50mL），移液管（20mL），酸式滴定管（50mL）。

药品：$AgNO_3$(0.010mol · L^{-1})，$NH_3 \cdot H_2O$(2.0mol · L^{-1})，KBr(0.010mol · L^{-1})。

四、实验内容

按照表4-6各编号所列数据，用移液管依次加入 0.010mol · L^{-1} 的 $AgNO_3$ 溶液和 2.0mol · L^{-1} 的 $NH_3 \cdot H_2O$ 溶液，并用量筒依次加入蒸馏水于各锥形瓶中，然后在不断振荡下，从滴定管中逐滴加入 0.010mol · L^{-1} KBr 溶液，直至溶液中刚开始产生 AgBr 混浊且不消失为止，记下加入的 KBr 溶液体积 V_{Br^-} 和溶液

表4-6　记录和结果（单位：mL）

实验序号	V_{Ag^+}	V_{NH_3}	V_{Br^-}	V_{H_2O}	$V_{总}$	$\lg V_{NH_3}$	$\lg V_{Br^-}$
1	20.00	40.00		40			
2	20.00	35.00		45			
3	20.00	30.00		50			
4	20.00	25.00		55			
5	20.00	20.00		60			
6	20.00	15.00		65			
7	20.00	10.00		70			

的总体积$V_{总}$。从2号开始，当滴定接近终点时应加入适量蒸馏水，继续滴定至终点，使溶液的总体积与1号的总体积基本相同，将数据记入表中。

以$\lg V_{Br^-}$为纵坐标，$\lg V_{NH_3}$为横坐标作图，求出该直线的斜率n，即得$[Ag(NH_3)_n]^+$的配位数n。由直线在纵坐标轴上的截距$\lg K'$求出K'，再由式(4-22)求出该配合物的稳定常数$K^{\ominus}_{[Ag(NH_3)_n]^+}$。（已知25℃时，$K^{\ominus}_{sp,AgBr}=7.7\times 10^{-13}$）

五、思考题

1. 在计算平衡浓度c_{Br^-}、$c_{[Ag(NH_3)_n]^+}$和c_{NH_3}时，为什么可以忽略生成AgBr沉淀时所消耗的Br^-和Ag^+的浓度，同时也可以忽略$[Ag(NH_3)_n]^+$电离出来的Ag^+浓度，以及生成$[Ag(NH_3)_n]^+$所消耗的NH_3的浓度？

2. 影响配合物稳定常数的因素有哪些？

3. $AgNO_3$溶液为什么要放在棕色瓶中？还有哪些试剂应放在棕色瓶中？

第5章　元素及化合物的性质

实验十九　碱金属和碱土金属

一、目的要求

1. 比较碱金属、碱土金属的活泼性。
2. 比较碱土金属氢氧化物及其盐类的溶解度。
3. 了解碱金属和碱土金属离子的定性鉴定方法。

二、仪器和药品

仪器：离心机，试管，烧杯，坩埚，漏斗，镊子，钴玻璃片。

药品：HCl($2mol \cdot L^{-1}$,$6mol \cdot L^{-1}$),HNO_3($6mol \cdot L^{-1}$),H_2SO_4($2mol \cdot L^{-1}$),HAc($2mol \cdot L^{-1}$),NaOH($2mol \cdot L^{-1}$),NH_4Cl($2mol \cdot L^{-1}$),Na_2CO_3($0.1mol \cdot L^{-1}$),LiCl($0.1mol \cdot L^{-1}$),NaCl($0.1mol \cdot L^{-1}$),KCl($0.1mol \cdot L^{-1}$),NaF($0.1mol \cdot L^{-1}$),Na_2CO_3($0.1mol \cdot L^{-1}$),Na_2HPO_4($0.1mol \cdot L^{-1}$),$MgCl_2$($0.1mol \cdot L^{-1}$),$CaCl_2$($0.1mol \cdot L^{-1}$),$BaCl_2$($0.1mol \cdot L^{-1}$),Na_2SO_4($0.5mol \cdot L^{-1}$),$CaSO_4$(饱和),$(NH_4)_2C_2O_4$(饱和),$(NH_4)_2CO_3$($0.5mol \cdot L^{-1}$),K_2CrO_4($0.1mol \cdot L^{-1}$),$K[Sb(OH)_6]$(饱和),$NaHC_4H_4O_6$(饱和),$NH_3 \cdot H_2O$-NH_4Cl缓冲液(浓度均为$1mol \cdot L^{-1}$),HAc-NH_4Ac缓冲液(浓度均为$1mol \cdot L^{-1}$),Na^+、K^+、Ca^{2+}、Sr^{2+}、Ba^{2+}试液(浓度均为$10g \cdot L^{-1}$),pH 试纸,Na(s),K(s),Mg(s),Ca(s),铂丝。

三、实验内容

1. 碱金属、碱土金属活泼性的比较

1）金属钠和氧的反应

用镊子夹取一小块（绿豆大小）金属钠，用滤纸吸干其表面的煤油，切去表面氧化膜，放入干燥的坩埚中加热。当钠刚开始燃烧时，停止加热，观察反应现象及产物的颜色和状态。

2）镁条在空气中燃烧

取一小段镁条，用砂纸除去表面的氧化膜。点燃，观察燃烧情况和所得产物。

3）钠、钾、镁、钙与水的反应

分别取一小块金属钠和金属钾，用滤纸吸干其表面煤油，放入两个盛有1/4体积水的250mL烧杯中，并用大小合适的漏斗盖好，观察反应情况。检验反应后水溶液的酸碱性。（安全提示：金属钾在空气中易自燃，与水反应剧烈。）

取一段擦干净的镁条，投入盛有蒸馏水的试管中，观察反应情况。水浴加热，反应是否明显？检验反应后水溶液的酸碱性。

取一小块金属钙置于试管中，加入少量水，观察现象，检验水溶液的酸碱性。

2. 碱土金属氢氧化物溶解性的比较

在3支试管中分别加入1mL 0.1mol·L^{-1} $MgCl_2$、$CaCl_2$和$BaCl_2$溶液，然后加入等体积新配制的2mol·L^{-1} NaOH溶液，观察沉淀的生成。根据沉淀的多少，比较这三种氢氧化物的溶解性。

3. 碱金属微溶盐的生成和性质

1）锂盐

取少量0.1mol·L^{-1} LiCl溶液分别与0.1mol·L^{-1} NaF、Na_2CO_3和Na_2HPO_4溶液反应，观察现象，写出反应方程式。

2）钠盐

取少量0.1mol·L^{-1} NaCl溶液，加入饱和$K[Sb(OH)_6]$溶液，放置数分钟，若无晶体析出，可用玻璃棒摩擦试管内壁，观察产物的颜色和状态，写出反应方程式。

3）钾盐

取少量0.1mol·L^{-1} KCl溶液，加入1mL饱和酒石酸氢钠（$NaHC_4H_4O_6$）溶液，观察产物的颜色和状态，写出反应方程式。

4. 碱土金属的难溶盐的生成和性质

1）硫酸盐溶解度的比较

在3支试管中分别加入1mL 0.1mol·L^{-1}的$MgCl_2$、$CaCl_2$和$BaCl_2$溶液，然后各加入1mL 0.5mol·L^{-1} Na_2SO_4溶液，观察沉淀是否生成？分离出沉淀，试验其在6mol·L^{-1} HNO_3中的溶解性。

另取两支试管分别加入1mL 0.1mol·L^{-1}的$MgCl_2$和$BaCl_2$溶液，然后各加入0.5mL饱和$CaSO_4$溶液，又有何现象？

写出反应方程式，并比较$MgSO_4$、$CaSO_4$和$BaSO_4$的溶解度大小。

2）镁、钙和钡的碳酸盐的生成和性质

(1) 在3支试管中分别加入0.5mL 0.1mol·L^{-1}的$MgCl_2$、$CaCl_2$和$BaCl_2$

溶液，再各加入0.5mL 0.1mol·L^{-1} Na_2CO_3溶液，稍加热，观察现象。试验产物与2mol·$L^{-1}$$NH_4Cl$溶液的作用，写出反应方程式。

（2）在分别盛有0.5mL 0.1mol·$L^{-1}$$MgCl_2$、$CaCl_2$和$BaCl_2$溶液的3支试管中各加入0.5mL NH_3·H_2O-NH_4Cl缓冲溶液，然后各加入0.5mL 0.5mol·L^{-1} $(NH_4)_2CO_3$溶液。稍加热，观察现象。试指出Mg^{2+}与Ca^{2+}、Ba^{2+}的分离条件。

3）钙和钡的铬酸盐的生成和性质

（1）在两支试管中各加入0.5mL 0.1mol·L^{-1}的$CaCl_2$和$BaCl_2$溶液，再各加入0.5mL 0.1mol·L^{-1} K_2CrO_4溶液，观察现象。试验产物分别与2mol·L^{-1} HAc、HCl溶液的作用。写出反应方程式。

（2）在两支试管中各加入0.5mL 0.1mol·L^{-1}的$CaCl_2$和$BaCl_2$溶液，再各加入0.5mL HAc-NH_4Ac缓冲溶液，然后分别滴加0.5mL 0.1mol·$L^{-1}$$K_2CrO_4$溶液，观察现象。试指出$Ca^{2+}$和$Ba^{2+}$的分离条件。

4）镁、钙和钡的草酸盐的生成和性质

分别向0.5mL 0.1mol·L^{-1}的$MgCl_2$、$CaCl_2$和$BaCl_2$溶液中滴加0.5mL饱和$(NH_4)_2C_2O_4$溶液，制得的沉淀经离心分离后再分别与2mol·L^{-1} HAc、HCl溶液作用，观察现象。

5．钾、钠、钙、锶和钡的盐的焰色反应

取一根铂丝（尖端弯成环状），先将其反复浸于纯的6mol·L^{-1} HCl中，然后在煤气灯的氧化焰上灼烧，直至火焰不再呈现任何颜色。然后用洁净的铂丝蘸取Na^+试液在煤气灯的氧化焰中灼烧，观察火焰的颜色。

用与上面相同的操作，分别观察钾、钙、锶和钡等盐溶液的焰色反应。每进行一种溶液的焰色反应之前，都必须用上述清洁法把铂丝处理干净。观察钾盐的焰色反应时，微量的Na^+所产生的黄色火焰会遮蔽K^+所显示的浅紫色火焰，故需通过蓝色的钴玻璃片观察K^+的火焰，因为蓝色玻璃能够吸收黄色光。

四、思考题

1．钠和镁的标准电极电势相差不大（分别为－2.71V和－2.37V），为什么两者与水反应的激烈程度却大不相同？

2．如何解释镁、钙、钡的氢氧化物和碳酸盐的溶解度大小的递变规律？

3．用碳酸盐分离Mg^{2+}和Ca^{2+}或用铬酸盐分离Ca^{2+}和Ba^{2+}时，分别使用了NH_3·H_2O-NH_4Cl或HAc-NH_4Ac缓冲溶液。试指出这两种缓冲溶液在这些离子分离中的作用。

实验二十　卤族和氧族元素

一、目的要求

1. 了解卤素及其含氧酸盐的氧化性和卤离子还原性强弱的变化规律。
2. 了解卤素的歧化反应。
3. 了解过氧化氢的制备、性质，及不同氧化态硫的化合物的性质。

二、仪器和药品

仪器：离心机，离心管，坩埚，滴管，玻璃棒，火柴。

药品：H_2SO_4(6mol·L^{-1},3mol·L^{-1},浓),NH_3·H_2O(浓),NaOH(2mol·L^{-1}),HCl(6mol·L^{-1},2mol·L^{-1},浓),KBr(0.1mol·L^{-1},s),KI(0.1mol·L^{-1},s),$KClO_3$(饱和,s),KIO_3(0.1mol·L^{-1}),$KBrO_3$(饱和,s),K_2CrO_4(0.1mol·L^{-1}),$Na_2S_2O_3$(0.1mol·L^{-1}),$AgNO_3$(0.1mol·L^{-1}),$Pb(NO_3)_2$(0.1mol·L^{-1}),Na_2SO_3(0.1mol·L^{-1}),H_2O_2(3%),$SnCl_2$(0.5mol·L^{-1}),Mn^{2+}试液(10mg·mL^{-1}),硫代乙酰胺(5%),氯水,溴水,碘水,CCl_4,乙醚,NaCl(s),I_2(s),Na_2O_2(s),MnO_2(s),硫粉,无水碳酸钠(s),$K_2S_2O_8$(s)、淀粉碘化钾试纸,乙酸铅试纸,pH试纸。

三、实验内容

1. 卤族氧化性的比较

1）氯和溴的氧化性的比较

在1mL 0.1mol·L^{-1} KBr溶液中逐滴加入氯水，振荡，有何现象？再加入0.5mL CCl_4，充分振荡，又有何现象？氯和溴的氧化性哪个较强？

2）溴和碘的氧化性的比较

在0.1mol·L^{-1} KI溶液中逐滴加入溴水，振荡，有何现象？再加入0.5mL CCl_4，充分振荡，又有何现象？

比较上面两个实验，总结氯、溴和碘的氧化性的变化规律，并用电对的电极电势予以说明。

2. 卤素离子还原性的比较

(1) 向盛有少量（近似绿豆大小）氯化钠固体的试管中加入1mL浓H_2SO_4，有何现象？用玻璃棒蘸一些浓NH_3·H_2O移近管口检验气体产物。

(2) 向盛有少量溴化钾固体的试管中加入1mL浓H_2SO_4，又有何现象？用湿的淀粉碘化钾试纸检验气体产物。

(3) 向盛有少量碘化钾固体的试管中加入1mL浓H_2SO_4，又有何现象？用湿的乙酸铅试纸检验产物。

写出以上三个实验反应方程式并加以解释。说明氯离子、溴离子和碘离子的还原性强弱的变化规律。

3. 卤素的歧化反应

(1) 在一支小试管中加入5滴溴水，观察颜色，然后滴加数滴$2mol \cdot L^{-1}$ NaOH溶液，振荡，观察现象。待溶液褪色后再滴加$2mol \cdot L^{-1}$ HCl溶液至溶液为酸性，溶液颜色有何变化？

(2) 另取一支试管，用碘水代替溴水，重复上述实验，观察并解释所看到的实验现象。

4. 卤酸盐的氧化性

1) 氯酸盐的氧化性

(1) 取少量$KClO_3$晶体于试管中，加入少许浓盐酸（可稍微加热），注意逸出气体的气味，检验气体产物，写出反应方程式并加以解释。

(2) 分别试验饱和$KClO_3$溶液与$0.1mol \cdot L^{-1}$ Na_2SO_3溶液在中性及酸性条件下的反应，用$AgNO_3$验证反应产物，该实验如何说明$KClO_3$的氧化性与介质酸碱性的关系？

(3) 取少量$KClO_3$晶体，用2mL水溶解，然后加入少量CCl_4及$0.1mol \cdot L^{-1}$ KI溶液数滴，振荡试管，观察试管内水相及有机相的变化。再加入$6mol \cdot L^{-1}$ H_2SO_4酸化溶液，又有何变化？写出反应方程式。

2) 碘酸盐的氧化性

将$0.1mol \cdot L^{-1}$ KIO_3溶液用$3mol \cdot L^{-1}$ H_2SO_4酸化后，加入几滴淀粉溶液，再滴加$0.1mol \cdot L^{-1}$ Na_2SO_3溶液，有什么现象？若体系不酸化，又有什么现象？改变加入试剂顺序（先加Na_2SO_3，最后滴加KIO_3），又会有什么现象？

3) 溴酸盐与碘酸盐的氧化性比较

往少量饱和$KBrO_3$溶液中加入少量$3mol \cdot L^{-1}$ H_2SO_4酸化，然后加入少量碘片，振荡试管，观察现象，写出反应方程式。

通过以上实验总结氯酸盐、碘酸盐和溴酸盐的氧化性的强弱。

5. 过氧化氢的制备及性质

1) 过氧化氢的制备

在试管中加入少量Na_2O_2固体和2mL蒸馏水，置于冰水中冷却，并不断搅拌，用 pH 试纸检验溶液的酸碱性，再向试管中滴加 3mol · L^{-1} H_2SO_4至溶液呈酸性，保留溶液供下面实验使用。

2）过氧化氢的鉴定

取上面实验制得的溶液 2mL 于一试管中，加入 0.5mL 乙醚和 1mL 3mol · L^{-1} H_2SO_4溶液，然后加入 3～5 滴 0.1mol · L^{-1} K_2CrO_4溶液，观察水层和乙醚层中的颜色变化。根据实验现象证明上述实验制得的是过氧化氢溶液。

3）过氧化氢的性质

（1）过氧化氢的氧化性。在试管中加入几滴0.1mol · L^{-1} $Pb(NO_3)_2$溶液和5%硫代乙酰胺溶液，在水浴上加热，观察沉淀的生成。离心分离，弃去溶液，并用少量蒸馏水洗涤沉淀两三次，然后向沉淀中加入 3% H_2O_2溶液，沉淀有何变化？

（2）过氧化氢的还原性。在试管中加入 0.1mol · L^{-1} $AgNO_3$溶液，然后滴加 2mol · L^{-1} NaOH 溶液至有沉淀产生，再向试管中加入少量 3% H_2O_2溶液，有何现象？注意产物颜色有无变化，并用带余烬的火柴检验有何种气体产生。

（3）过氧化氢的催化分解。取两支试管分别加入 2mL 3% H_2O_2溶液，将其中一支试管置于水浴上加热，有何现象？迅速将带余烬的火柴放在管口，有何变化？在另一支试管中加入少许 MnO_2固体，有什么现象？迅速将带余烬的火柴放在管口，又有何变化？比较以上两种情况，说明 MnO_2对 H_2O_2的分解起什么作用，写出反应方程式。

6. 多硫化钠的制备和性质

（1）多硫化钠的制备。取 1g 研细的硫粉，与 1.5g 无水 Na_2CO_3置于同一坩埚中，混合均匀，加热。先用小火加热，待反应物熔融后改用大火加热 15min。冷却后，加 5mL 热水溶解，将溶液转移到一试管中，观察产物的颜色，写出反应方程式。保留溶液供下面实验使用。

（2）多硫化钠与酸反应。取 0.5mL 0.5mol · L^{-1} $SnCl_2$溶液，加入 1mL 5%硫代乙酰胺溶液，水浴加热，有何变化？离心分离，弃去溶液，向沉淀中加入上面实验（1）制得的溶液 2mL，水浴加热，有何变化？如何解释？

（3）取 1mL 上面实验（1）制得的溶液，加入 6mol · L^{-1} HCl 至溶液呈酸性，观察现象。有无气体放出？如何检验？

7. 硫代硫酸盐的性质

1）硫代硫酸钠与 Cl_2的反应

取 1mL 0.1mol · L^{-1} $Na_2S_2O_3$溶液于一试管中，加入 2 滴 2mol · L^{-1} NaOH 溶液，再加入 2mL 氯水，充分振荡，检验溶液中有无 SO_4^{2-}生成。

2）硫代硫酸钠与 I_2 的反应

取 1mL 0.1mol·L^{-1} $Na_2S_2O_3$ 溶液于一试管中，滴加碘水，边滴边振荡，有何现象？此溶液中能否检出 SO_4^{2-}？

3）硫代硫酸钠的配位反应

在一支试管中加入 0.5mL 0.1mol·L^{-1} $AgNO_3$ 溶液，然后连续滴加 0.1mol·L^{-1} $Na_2S_2O_3$ 溶液，边滴边振荡，直至生成的沉淀完全溶解，观察现象并解释。

8. 过二硫酸盐的氧化性

取两滴 Mn^{2+} 试液，加入 5mL 3mol·L^{-1} H_2SO_4 和 5mL 蒸馏水，混合均匀后，把该溶液分成两份装入两支试管中。在两支试管中均加入等量的少许 $K_2S_2O_8$ 固体，且在其中一支试管中加入 1 滴 0.1mol·L^{-1} $AgNO_3$ 溶液，然后将两支试管都放在水浴中加热，观察溶液颜色有何变化。

四、思考题

1. 检验氯气和溴蒸气时，使用何种试纸？在检验氯气时，试纸开始时变蓝，后来蓝色消失，为什么？

2. 氯能从含有碘离子的溶液中取代出碘，而碘又能从氯酸钾溶液中取代出氯，二者有无矛盾？

3. 在过二硫酸盐的氧化性实验中，加 $AgNO_3$ 起什么作用？

4. 向浓盐酸中滴入 $KClO_3$ 溶液和向盐酸中滴入 $KClO_3$ 溶液，产物有何不同？

实验二十一　氮、磷、碳、硅、硼

一、目的要求

1. 掌握氨、铵盐、亚硝酸及亚硝酸盐的主要性质。
2. 掌握磷酸盐的主要性质。
3. 掌握二氧化碳、碳酸盐和碱式碳酸盐在水溶液中相互转化的条件。
4. 掌握二氧化碳、碳酸盐的主要性质。

二、仪器和药品

仪器：平底烧瓶，烧杯，试管，铁架台，蒸发皿，坩埚，漏斗，煤气灯，水槽，燃烧匙。

药品：$NH_4Cl(s)$，$NH_4NO_3(s)$，$NH_4HCO_3(s)$，$Ca(OH)_2(s)$，$Pb(NO_3)_2(s)$，$AgNO_3(s)$，$H_3BO_3(s)$，$Ca_2(OH)_2CO_3(s)$，$Na_2CO_3(s)$，$NaHCO_3(s)$，$CaCl_2 \cdot 6H_2O(s)$，$CuSO_4 \cdot 5H_2O(s)$，$Co(NO_3)_2 \cdot 6H_2O(s)$，$NiSO_4 \cdot 7H_2O(s)$，$ZnSO_4 \cdot$

$7H_2O(s)$，$FeCl_3 \cdot 6H_2O(s)$，$FeSO_4 \cdot 7H_2O(s)$，$MnSO_4(s)$，铜片，锌片，硫粉，$NaNO_2$(饱和，0.5mol·L^{-1})，Na_3PO_4(0.1mol·L^{-1})，Na_2HPO_4(0.1mol·L^{-1})，NaH_2PO_4(0.1mol·L^{-1})，$NH_3 \cdot H_2O$(浓，6mol·L^{-1})，HCl(浓，3mol·L^{-1})，H_2SO_4(浓，3mol·L^{-1})，HNO_3(浓，2mol·L^{-1})，NaOH(6mol·L^{-1})，KI(0.1mol·L^{-1})，$KMnO_4$(0.01mol·L^{-1})，NH_4Cl(饱和)，淀粉溶液(2%)，甘油，$Na_2B_4O_7$(饱和)，$Pb(NO_3)_2$(0.1mol·L^{-1}，0.01mol·L^{-1})，$NaHCO_3$(0.5mol·L^{-1}，0.1mol·L^{-1})，$FeCl_3$(0.2mol·L^{-1})，Na_2SiO_3(20%)，Na_2CO_3(1mol·L^{-1}，0.1mol·L^{-1})，$MgCl_2$(0.1mol·L^{-1})，$CaSO_4$(0.1mol·L^{-1})，红色石蕊试纸，镁条，红磷。

三、实验内容

1. 氨的性质

1）氨的弱碱性

用湿润的红色石蕊试纸放在盛有浓 $NH_3 \cdot H_2O$ 的试剂瓶口，观察现象。

2）氨的加合作用

在一小坩埚内滴入几滴浓氨水，再将一个内壁用浓盐酸湿润过的烧杯罩在坩埚上，观察现象，写出反应方程式。

2. 铵盐的性质与检验

取 3 支小试管，分别加入少量的 NH_4Cl、NH_4NO_3、NH_4HCO_3 固体，然后在管口分别贴上一条已湿润的石蕊试纸，均匀地加热试管底部，观察现象，写出反应方程式。在 NH_4Cl 试管中较冷的试管壁上附着的霜状物质是什么？

3. 亚硝酸及其盐的性质

1）亚硝酸的生成与分解

把盛有 1mL $NaNO_2$ 饱和溶液的试管置于冰水中，再加入 3mol·L^{-1} H_2SO_4 混合均匀，观察现象，写出反应方程式。

2）亚硝酸盐的氧化性和还原性

氧化性：取少量 0.1mol·L^{-1} KI 溶液用 3mol·L^{-1} H_2SO_4 酸化，加入几滴 0.5mol·L^{-1} $NaNO_2$ 溶液，观察现象，再滴加两滴 2%淀粉溶液，有何现象？写出反应方程式。

还原性：取几滴 0.01mol·L^{-1} $KMnO_4$ 溶液用硫酸酸化，然后滴加 0.5mol·L^{-1} $NaNO_2$ 溶液，观察现象，写出反应方程式。

4. 硝酸及其盐的性质

1）硝酸盐的热分解

取两支试管分别放入少量$AgNO_3$、$Pb(NO_3)_2$固体，加强热，观察硝酸盐热分解情况，再用带余烬的木条插入试管内，观察现象，写出反应方程式。

2）硝酸的氧化性

分别试验浓HNO_3与硫、浓HNO_3与金属铜、稀硝酸与铜、稀硝酸与锌片的反应。指出各反应产物，并写出反应方程式。

5. 磷酸盐的性质

1）磷酸盐的酸碱性

取3支试管分别加入0.1mol·L^{-1} Na_3PO_4、Na_2HPO_4、NaH_2PO_4溶液各1mL，用pH试纸试验这些溶液的酸碱性有何不同。

2）磷酸钙盐的生成和性质

分别向Na_3PO_4、Na_2HPO_4、NaH_2PO_4溶液中加入$CaCl_2$溶液，观察有无沉淀生成。在没有沉淀的试管中再滴加几滴6mol·L^{-1} $NH_3 \cdot H_2O$，又有何现象产生？最后在3支试管中各加入数滴3mol·L^{-1} HCl溶液，又有何变化？解释现象，并写出反应方程式。

6. 二氧化碳的性质

1）二氧化碳在水中以及碱性溶液中的溶解性

用试管收集二氧化碳，把试管倒置于一个盛有水的大蒸发皿中，摇动试管，观察试管内液面上升情况，然后在水中加入2mL 6mol·L^{-1} NaOH溶液，摇动试管，观察液面上升情况，并解释现象。

2）与活泼金属反应

制备一瓶干燥的二氧化碳，点燃镁条，迅速放入充满二氧化碳的瓶中，观察现象，写出反应方程式。

3）与非金属反应（在通风橱内进行）

制备一瓶干燥的二氧化碳，在燃烧匙上放入少许红磷，点燃红磷后放入充满二氧化碳的瓶中，观察现象，写出反应方程式。

7. 碳酸盐的性质

1）HCO_3^-与CO_3^{2-}之间的转化

以新配制的澄清石灰水和二氧化碳为原料，设计系列试管反应，记录现象，总结HCO_3^-与CO_3^{2-}之间相互转化的关系，写出反应方程式。

2）碳酸盐的分解作用

分别试验 0.1mol·L^{-1} Na_2CO_3溶液和 0.1mol·$L^{-1}$$NaHCO_3$溶液的 pH。

3）碳酸盐的热稳定性

3 支试管分别盛有 $Ca_2(OH)_2CO_3$、Na_2CO_3、$NaHCO_3$固体各 2g，分别加热，将所生成的气体通入盛有石灰水的试管中，观察石灰水变浑浊的顺序。

4）与另一些盐的反应

分别向盛有 0.2mol·L^{-1} $FeCl_3$，0.1mol·L^{-1} $MgCl_2$、$Pb(NO_3)_2$、$CaSO_4$溶液的 4 支试管中滴加 1mol·$L^{-1}$$Na_2CO_3$，观察现象。再分别向盛有以上溶液的 4 支试管中滴加 0.5mol·$L^{-1}$$NaHCO_3$，观察现象。

8. 硅酸盐的性质

1）Na_2SiO_3与浓 HCl 作用

取一支试管加入 1mL 20% Na_2SiO_3，加热后逐滴加入浓 HCl，振荡，观察现象，写出反应方程式。

2）Na_2SiO_3与 NH_4Cl 溶液作用

取一支试管加入 1mL 20% Na_2SiO_3，逐滴加入 NH_4Cl 溶液，观察现象，写出反应方程式。

3）微溶性的硅酸盐的生成——“水中花园”

取一个小烧杯加入 2/3 体积的 20% Na_2SiO_3 溶液，然后投入 $CaCl_2$、$CuSO_4$、$Co(NO_3)_2$、$NiSO_4$、$MnSO_4$、$ZnSO_4$、$FeSO_4$、$FeCl_3$晶体，投放完毕后记住它们的位置，半小时后观察现象。

9. 硼酸盐的性质

（1）分别向 3 支盛有 $Na_2B_4O_7$溶液的试管中加入用冰水冻过的浓H_2SO_4、浓 HCl、饱和 NH_4Cl 溶液。观察现象，写出反应方程式。

（2）取少量的硼酸晶体溶于 2mL 水中（可微热），冷却至室温后测其 pH，再向硼酸溶液中加入几滴甘油，测 pH，写出反应方程式并加以解释。

四、思考题

1. 试验中为什么不能用带磨口玻璃塞的器皿储存碱液？
2. 硼酸溶液中加入甘油后，为什么溶液酸性会增强？
3. 使用浓硝酸与硝酸盐时应注意哪些安全问题？
4. 如何区别碳酸钠、硅酸钠、硼酸钠？

实验二十二　ds 区金属（铜、银、锌、镉、汞）

一、目的要求

1. 掌握铜、银、锌、镉、汞氧化物的酸碱性及其硫化物的溶解性。

2. 掌握 Cu（Ⅰ）、Cu（Ⅱ）重要化合物的性质及相互转化条件。

3. 实验并熟悉铜、银、锌、镉、汞的配位能力，以及 Hg_2^{2+} 和 Hg^{2+} 的转化。

二、仪器和药品

仪器：试管（10mL），烧杯（250mL），离心机，离心试管，白色点滴板，黑色点滴板，玻璃棒。

药品：HCl(浓，2mol · L^{-1})，H_2SO_4(2mol · L^{-1})，HNO_3(浓，2mol · L^{-1}，6mol · L^{-1})，NaOH(40%，6mol · L^{-1}，2mol · L^{-1})，氨水(浓，2mol · L^{-1})，$CuSO_4$(0.2mol · L^{-1})，$ZnSO_4$(0.2mol · L^{-1})，$CdSO_4$(0.2mol · L^{-1})，$CuCl_2$(0.5mol · L^{-1})，$SnCl_2$(0.2mol · L^{-1})，$Hg(NO_3)_2$(0.2mol · L^{-1})，$AgNO_3$(0.2mol · L^{-1})，Na_2S(0.1mol · L^{-1})，KI(0.2mol · L^{-1}，1mol · L^{-1})，KSCN(0.1mol · L^{-1})，$Na_2S_2O_3$(0.5mol · L^{-1})，NaCl(0.2mol · L^{-1})，HAc(6mol · L^{-1}，2mol · L^{-1})，$K_4[Fe(CN)_6]$(0.5mol · L^{-1})，$(NH_4)_2Hg(SCN)_4$试剂，KI-Na_2SO_3(1mol · L^{-1})，KI(s)，葡萄糖溶液(10%)，铜屑，金属汞，pH 试纸。

三、实验内容

1. 铜、银、锌、镉、汞氢氧化物或氧化物的生成和性质

1）铜、锌、镉氢氧化物的生成和性质

向 3 支分别盛有 0.2mL 0.2mol · L^{-1} $CuSO_4$、$ZnSO_4$、$CdSO_4$溶液的试管中滴加新配制的 2mol · L^{-1} NaOH 溶液，观察溶液颜色及状态。

将各试管中的沉淀分成两份：一份滴加 2mol · L^{-1} H_2SO_4，另一份继续滴加 2mol · L^{-1} NaOH 溶液。观察现象，写出反应方程式。

2）银、汞氧化物的生成和性质

（1）氧化银的生成和性质。取 0.2mL 0.2mol · L^{-1} $AgNO_3$溶液，滴加新配制的 2mol · L^{-1} NaOH 溶液，观察 Ag_2O（为什么不是 AgOH?）的颜色和状态。洗涤并离心分离沉淀，将沉淀分成两份：一份加入 2mol · L^{-1} HNO_3，另一份加入 2mol · L^{-1}氨水。观察现象，写出反应方程式。

（2）氧化汞的生成和性质。取0.2mL 0.2mol · L^{-1} $Hg(NO_3)_2$溶液，滴加新

配制的 2mol · L^{-1} NaOH 溶液，观察溶液颜色和状态。将沉淀分成两份：一份加入 2mol · L^{-1} HNO_3，另一份加入 40% NaOH 溶液。观察现象，写出反应方程式。

2. 铜、银、锌、镉、汞硫化物的生成和性质

向 3 支分别盛有 0.2mL 0.2mol · L^{-1} $CuSO_4$、$AgNO_3$、$ZnSO_4$、$CdSO_4$、$Hg(NO_3)_2$溶液的离心试管中滴加 0.1mol · L^{-1} Na_2S 溶液。观察沉淀的生成和颜色。

将沉淀离心分离、洗涤，然后将每种沉淀分成三份：一份加入 2mol · L^{-1} HCl，另一份加入浓盐酸，最后一份加入王水（自配），分别水浴加热。观察沉淀溶解情况。

根据实验现象并查阅有关数据，总结铜、银、锌、镉、汞硫化物的溶解情况，写出有关反应方程式。

3. 铜、银、锌、汞的配合物

1）氨合物的生成

向 4 支分别盛有 0.2mL 0.2mol · L^{-1} $CuSO_4$、$AgNO_3$、$ZnSO_4$、$Hg(NO_3)_2$ 溶液的试管中滴加 2mol · L^{-1}的氨水。观察沉淀的生成，继续加入过量的 2mol · L^{-1}的氨水，又有何现象发生？写出有关反应方程式。

比较 Cu^{2+}、Ag^{+}、Zn^{2+}、Hg^{2+}与氨水反应有何不同。

2）汞配合物的生成和应用

（1）向盛有0.2mL 0.2mol · L^{-1} $Hg(NO_3)_2$溶液的试管中滴加 0.2mol · L^{-1} KI 溶液，观察沉淀的生成和颜色。再向该沉淀中加入少量碘化钾固体直至沉淀刚好溶解，观察溶液颜色。写出反应方程式。

在所得的溶液中加入几滴 40% NaOH 溶液，再与氨水反应，观察沉淀的颜色。

（2）向两滴0.2mol · L^{-1} $Hg(NO_3)_2$溶液中逐滴加入 0.1mol · L^{-1} KSCN 溶液，最初生成白色 $Hg(SCN)_2$ 沉淀，继续加入 KSCN 溶液，该沉淀溶解生成无色$[Hg(SCN)_4]^{2-}$配离子。再在该溶液中加几滴 0.2mol · L^{-1} $ZnSO_4$，观察白色的 $Zn[Hg(SCN)_4]$沉淀的生成（该反应可定性检验 Zn^{2+}），必要时可用玻璃棒摩擦试管壁。

4. 铜、银、汞的氧化还原性

1）氧化亚铜的生成和性质

取 0.2mL 0.2mol · L^{-1} $CuSO_4$溶液，滴加过量的 6mol · L^{-1} NaOH 溶液，

使最初生成的蓝色沉淀溶解成深蓝色溶液。然后在溶液中加入1mL 10%葡萄糖溶液，混合均匀后微热，有黄色沉淀产生进而变成红色沉淀。写出有关反应方程式。

将沉淀离心分离、洗涤，然后将其分成两份：

一份沉淀与1mL 2mol·L^{-1} H_2SO_4作用，静置，注意沉淀的变化。然后加热至沸，观察有何现象。

另一份沉淀加入1mL浓氨水，振荡，静置片刻，观察溶液的颜色。放置一段时间后，溶液为什么会变成深蓝色?

2）氯化亚铜的生成和性质

取10mL 0.5mol·L^{-1} $CuCl_2$溶液于小烧杯中，加入3mL浓盐酸和少量铜屑，加热沸腾至其中液体呈深棕色（绿色完全消失）。取几滴上述溶液加入10mL蒸馏水中，如有白色沉淀产生，迅速把全部溶液倾入100mL蒸馏水中，将白色沉淀洗涤至无蓝色为止。

取少许沉淀分成两份：一份与3mL浓盐酸作用，观察有何变化，另一份与3mL浓氨水作用，观察又有何变化。写出有关反应方程式。

3）碘化亚铜的生成和性质

在盛有0.2mL 0.2mol·L^{-1} $CuSO_4$溶液的试管中，边滴加0.2mol·L^{-1}KI溶液边振荡，溶液变为棕黄色（CuI为白色沉淀，I_2溶于KI呈黄色）。再滴加适量0.5mol·L^{-1} $Na_2S_2O_3$溶液，除去反应中生成的碘。观察产物的颜色和状态，写出反应方程式。

4）汞（Ⅱ）与汞（Ⅰ）的相互转化

（1）Hg^{2+}的氧化性。在3滴0.2mol·L^{-1} $Hg(NO_3)_2$溶液中，逐滴加入0.2mol·$L^{-1}$$SnCl_2$溶液（由适量到过量）。观察反应现象，写出反应方程式。

（2）Hg^{2+}转化为Hg_2^{2+}和Hg_2^{2+}的歧化分解。在0.2mL 0.2mol·L^{-1} $Hg(NO_3)_2$溶液中，加入1滴金属汞，充分振荡。把清液转入两支试管中（余下的汞要回收），在一支试管中加入0.2mol·L^{-1}NaCl，另一支试管中加入2mol·L^{-1}氨水，观察现象，写出反应方程式。

5. 铜（Ⅱ）、银（Ⅰ）、锌（Ⅱ）、汞（Ⅱ）的鉴定

（1）取1滴0.2mol·L^{-1} $CuSO_4$溶液于白色点滴板上，加1滴6mol·L^{-1} HAc酸化，再加1滴$K_4[Fe(CN)_6]$溶液，观察沉淀的颜色，此反应可用来鉴定Cu^{2+}。

（2）取两滴0.2mol·L^{-1} $AgNO_3$溶液于离心试管中，加2滴2mol·L^{-1} HCl，混合均匀，水浴加热，离心分离。向沉淀中加入6mol·L^{-1}氨水至其完全溶解，再加6mol·L^{-1} HNO_3酸化，观察沉淀的颜色和状态变化，该反应可用来

鉴定 Ag^{+}。

(3) 取两滴 0.2mol·L^{-1} $ZnSO_4$溶液于黑色点滴板上，加 1 滴 2mol·L^{-1} HAc 酸化，再加入等体积的$(NH_4)_2Hg(SCN)_4$溶液，观察沉淀的颜色，此反应可用来鉴定 Zn^{2+}。

(4) 取 1 滴0.2mol·$L^{-1}$$Hg(NO_3)_2$溶液，加 1mol·$L^{-1}$ KI 溶液，使生成的沉淀完全溶解，然后滴加两滴 KI-Na_2SO_3溶液和 2～3 滴 Cu^{2+}溶液，观察沉淀的颜色，该反应可用来鉴定 Hg^{2+}。

四、思考题

1. 在制备氯化亚铜时，能否用氯化铜和铜屑在用盐酸酸化成为弱的酸性条件下反应？为什么？若用浓氯化钠溶液代替盐酸，此反应能否进行？为什么？

2. 选用适当试剂溶解下列沉淀。

氢氧化铜，硫化铜，溴化铜，碘化银。

3. 使用汞时应该注意哪些安全措施？为什么要把汞储存在水面以下？

4. Fe^{3+}的存在对 Cu^{2+}的鉴定有干扰，试指出溶液中除 Fe^{3+}的步骤。

5. 现有 3 瓶没有标签的硝酸汞、硝酸亚汞和硝酸银溶液，用至少两种方法将它们鉴别。

实验二十三　钛、钒、铬、锰

一、目的要求

1. 掌握钛、钒、铬、锰的主要化合物的重要性质。

2. 掌握钛、钒、铬、锰各氧化态之间相互转化的条件。

3. 练习砂浴加热操作。

二、仪器和药品

仪器：试管，蒸发皿，砂浴皿，台秤，热水浴。

药品：H_2SO_4（浓，1mol·L^{-1}），H_2O_2（3%），NaOH（40%，0.1mol·L^{-1}，2mol·L^{-1}，6mol·L^{-1}），$(NH_4)_2SO_4$（1mol·L^{-1}），$CuCl_2$（0.2mol·L^{-1}），HCl（浓，0.1mol·L^{-1}，2mol·L^{-1}，6mol·L^{-1}），$CrCl_3$（0.1mol·L^{-1}），$K_2Cr_2O_7$（0.1mol·L^{-1}），$BaCl_2$（0.1mol·L^{-1}），HAc（6mol·L^{-1}），$Pb(NO_3)_2$（0.1mol·L^{-1}），$MnCl_2$（0.1mol·L^{-1}），$KMnO_4$（0.01mol·L^{-1}，0.1mol·L^{-1}），HNO_3（2mol·L^{-1}），Na_2SO_3（0.1mol·L^{-1}），$TiCl_4$（l），二氧化钛（s），锌粒，偏钒酸铵（s），二氧化锰（s），铋酸钠（s），pH 试纸，沸石。

三、实验内容

1. 钛的化合物的重要性质

1）二氧化钛的性质和过氧钛酸根的生成

在试管中加入米粒大小的二氧化钛粉末，然后加入 2mL 浓 H_2SO_4，再加入几粒沸石，摇动试管并加热至近沸，观察现象。冷却静置后取 0.5mL 溶液，滴入 1 滴 3%的 H_2O_2，有什么现象？

另取少量的二氧化钛固体，加入 2mL 40%的 NaOH 溶液，加热。静置后取上层清液，小心滴入浓 H_2SO_4 至溶液呈酸性，再滴入几滴 3%的 H_2O_2，检验二氧化钛是否溶解。

2）钛（Ⅲ）化合物的生成和还原性

在盛有 0.5mL 硫酸氧钛［用液体四氯化钛和1mol・L^{-1} $(NH_4)_2SO_4$溶液按 1∶1的比例配成］的溶液中加入两粒锌粒，观察溶液颜色的变化。把溶液放置几分钟后，滴入几滴 0.2mol・L^{-1} $CuCl_2$溶液，有何现象？由上述现象说明钛（Ⅲ）的还原性。

2. 钒的化合物的重要性质

1）五氧化二钒的性质

取 0.5g 偏钒酸铵固体放入蒸发皿中，在砂浴上加热，并不断搅拌，观察反应过程中固体颜色的变化，然后把产物分成四份，分别进行以下实验：

(1) 在第一份固体中加入 1mL 浓 H_2SO_4，振荡，放置。观察溶液颜色及固体是否溶解。

(2) 在第二份固体中加入 6mol・L^{-1} NaOH 溶液，加热。观察有何变化。

(3) 在第三份固体中加入少量蒸馏水，煮沸、静置，冷却后用 pH 试纸测定溶液的 pH。

(4) 在第四份固体中加入浓盐酸，有何变化？使溶液微沸，检验气体产物。加入少量蒸馏水，观察溶液颜色。

写出有关的反应方程式，总结五氧化二钒的特性。

2）低价钒的化合物的生成

在试管中加入 1mL 氯化氧钒溶液（在 1g 偏钒酸铵固体中加入 20mL 6mol・L^{-1} HCl 溶液和 10mL 蒸馏水配制而成），然后加入两粒锌粒，放置片刻，观察反应过程中溶液颜色的变化，并加以解释。

3）过氧钒阳离子的生成

在 0.5mL 饱和偏钒酸铵溶液中，加入 0.5mL 2mol・L^{-1} HCl 溶液和两滴

3%的 H_2O_2，观察并记录产物的颜色和状态。

4）钒酸盐的缩合反应

(1) 取 4 支试管分别加入 10mL pH 分别为 14、3、2 和 1（用 0.1mol · L^{-1} NaOH 和 0.1mol · L^{-1} HCl 溶液配制）的水溶液，再向每支试管中加入 0.1g 偏钒酸铵固体。振荡试管使之溶解，观察现象并加以解释。

(2) 将 pH 为 1 的试管放入热水浴中，然后缓慢滴加 0.1mol · L^{-1} NaOH 溶液，并振荡试管。观察溶液颜色变化，记录该颜色下溶液的 pH。

(3) 将 pH 为 14 的试管也放入热水浴中，缓慢滴加 0.1mol · L^{-1} HCl 溶液，并振荡试管。记录溶液颜色变化和该颜色下溶液的 pH。

3. 铬的化合物的重要性质

1）氢氧化铬的生成和性质

以 0.1mol · L^{-1} $CrCl_3$ 溶液为原料，自行设计实验制备 $Cr(OH)_3$，并试验 $Cr(OH)_3$ 是否具有两性。

2）Cr^{3+} 的氧化

以 0.1mol · L^{-1} $CrCl_3$ 溶液为原料，设计实验将其氧化为 CrO_4^{2-}，并写出反应方程式。设计实验时要注意：Cr^{3+} 的氧化宜在较强的碱性介质中进行；该氧化反应的速率较慢，可以进行加热。

3）$Cr_2O_7^{2-}$ 和 CrO_4^{2-} 的相互转化

在 0.5mL 0.1mol · L^{-1} $K_2Cr_2O_7$ 溶液中，滴加少许 2mol · L^{-1} NaOH 溶液，观察溶液颜色的变化。然后加入 1mol · L^{-1} H_2SO_4 酸化，又有何变化？解释现象，并写出 $Cr_2O_7^{2-}$ 和 CrO_4^{2-} 之间的平衡反应方程式。

在 5 滴 0.1mol · L^{-1} $K_2Cr_2O_7$ 溶液中，加入数滴 0.1mol · L^{-1} $BaCl_2$ 溶液，有何现象产生？为什么得到的沉淀不是 $BaCr_2O_7$？写出反应方程式。

4）Cr^{3+} 的鉴定

取 3 滴 Cr^{3+} 试液，加入 6mol · L^{-1} NaOH 溶液直至生成的沉淀溶解，搅动后加入 4 滴 3%H_2O_2，水浴加热，待溶液变为黄色后，继续加热将剩余的 H_2O_2 完全分解，冷却，加入 6mol · L^{-1} HAc 酸化，再加入两滴 $Pb(NO_3)_2$ 溶液，生成黄色沉淀，表示有 Cr^{3+}。

注意：鉴定反应中，Cr^{3+} 的氧化需在强碱条件下进行，而形成 $PbCrO_4$ 的反应须在弱酸性（HAc）溶液中进行。

4. 锰的化合物的重要性质

1）$Mn(OH)_2$ 的生成和性质

以 0.1mol · L^{-1} $MnCl_2$ 溶液为原料，自行设计实验制备 $Mn(OH)_2$，并试验

$Mn(OH)_2$是否具有两性。

把制得的一部分$Mn(OH)_2$沉淀在空气中放置一段时间，注意沉淀颜色的变化，并解释现象。写出反应方程式。

2）MnO_4^{2-}的生成

在盛有2mL 0.01mol·L^{-1} $KMnO_4$溶液的试管中，加入1mL 40%的NaOH溶液，然后加入少量MnO_2固体，微热，不断摇动2min。静止片刻，待MnO_2沉淀后观察上层清液的颜色。写出反应方程式。

取出部分上层清液，加入1mol·L^{-1} H_2SO_4酸化，并观察溶液颜色的变化和沉淀的生成。写出反应方程式。

通过以上实验说明MnO_4^{2-}的存在条件。

3）高锰酸钾的性质

分别试验高锰酸钾溶液与亚硫酸钠溶液在酸性、近中性以及碱性介质中的反应，比较它们的产物因介质不同有何不同。写出反应方程式。

4）Mn^{2+}的鉴定

取1滴Mn^{2+}试液，加入10滴水和5滴2mol·L^{-1} HNO_3溶液，然后加入少许$NaBiO_3$固体，搅拌，水浴加热，形成紫色溶液，显示有Mn^{2+}。

注意：鉴定反应可在HNO_3或者H_2SO_4酸性溶液中进行；还原剂如Cl^-、Br^-、I^-、H_2O_2等对反应有干扰。

四、思考题

1. 将实验内容中第二部分4）钒酸盐的缩合反应中的（2）、（3）和（1）的实验现象加以对比，总结出钒酸盐的缩合反应的一般规律。
2. 根据实验结果，总结钒的化合物的性质。
3. 从Cr（Ⅲ）-Cr（Ⅵ）、Mn（Ⅱ）-Mn（Ⅳ）、Mn（Ⅳ）-Mn（Ⅵ）的相互转化实验中，能否得出介质影响转化的规律?
4. 根据实验结果，设计铬、锰的各种氧化态转化关系图各一张。

实验二十四　铁、钴、镍

一、目的要求

1. 掌握二价铁、钴、镍的还原性和三价铁、钴、镍的氧化性。
2. 试验铁、钴、镍的配合物的生成和性质。

二、仪器和药品

仪器：试管，玻璃棒，白色点滴板。

药品：H_2SO_4（浓，1mol · L^{-1}），NaOH（6mol · L^{-1}，2mol · L^{-1}），HCl（浓，2mol · L^{-1}），$K_4[Fe(CN)_6]$（0.5mol · L^{-1}），$K_3[Fe(CN)_6]$（0.5mol · L^{-1}），$Co(NO_3)_2$（0.1mol · L^{-1}），$CoCl_2$（0.1mol · L^{-1}），氨水（浓，6mol · L^{-1}），$NiSO_4$（0.1mol · L^{-1}），氯水，溴水，Fe^{3+}试液，Fe^{2+}试液，Ni^{2+}试液，二乙酰二肟，戊醇，乙醚，硫酸亚铁铵（s），硫氰酸钾（s），淀粉碘化钾试纸。

三、实验内容

1. 铁的化合物的性质

1）$Fe(OH)_2$的生成和性质

在试管中加入 1mL 蒸馏水，煮沸以赶尽空气。待其冷却后，加入几滴纯的浓 H_2SO_4和一小粒硫酸亚铁铵固体，用玻璃棒轻轻搅动使其溶解。

在另一支试管中加入 6mol · L^{-1}NaOH 溶液，煮沸以赶尽空气。冷却后，用滴管吸取 0.5mL 溶液，插入上述盛有 Fe^{2+}溶液的试管底部，慢慢放出 NaOH 溶液（整个操作都要避免将空气带入溶液）。观察所生成沉淀的颜色。放置一段时间后，观察沉淀的颜色有何变化。写出反应方程式。

2）Fe^{3+}和 Fe^{2+}的鉴定

取 1 滴 Fe^{3+}试液于白色点滴板上，加 1 滴 2mol · L^{-1}HCl 及 1 滴 $K_4[Fe(CN)_6]$溶液，观察生成的沉淀颜色，此反应可以用来鉴定 Fe^{3+}。

取 1 滴 Fe^{2+}试液于白色点滴板上，加 1 滴 2mol · L^{-1}HCl 及 1 滴 $K_3[Fe(CN)_6]$溶液，观察生成的沉淀颜色，此反应可以用来鉴定 Fe^{2+}。

2. 钴的化合物的性质

1）$Co(OH)_2$的生成和性质

在 5 滴0.1mol · $L^{-1}$$Co(NO_3)_2$溶液中滴加 2mol · L^{-1}NaOH 溶液，观察所生成的沉淀的颜色。微热，沉淀的颜色有何变化？放置一段时间后，沉淀的颜色又有何变化？写出反应方程式。

2）$Co(OH)_3$的生成和性质

在0.5mL 0.1mol · $L^{-1}$$Co(NO_3)_2$溶液中滴加几滴溴水，再加入几滴 2mol · L^{-1}NaOH 溶液，观察所生成的沉淀的颜色。离心分离，在沉淀中加入 0.5mL 浓 HCl，微热，用润湿的淀粉碘化钾试纸检验逸出的气体。解释上述现象，并写出反应方程式。

根据以上结果比较 $Fe(OH)_2$、$Fe(OH)_3$、$Co(OH)_2$、$Co(OH)_3$的氧化还原性和稳定性。

3）钴的配合物

（1）向盛有 1mL $CoCl_2$溶液的试管里加入少量硫氰酸钾固体，观察其固体周围的颜色。再加入 0.5mL 戊醇或 0.5mL 乙醚，振荡后，观察水相和有机相的颜色，这个反应可用来鉴定 Co^{2+}。

（2）向 0.5mL $CoCl_2$溶液中滴加浓氨水直至生成的沉淀溶解为止，静置一段时间后，观察溶液的颜色有何变化。

3. 镍的化合物的性质

1）镍（Ⅱ）化合物的还原性

向盛有 0.1mol · L^{-1} $NiSO_4$溶液的试管中加入氯水，观察有何变化。

在盛有 1mL $NiSO_4$溶液的试管中滴入 2mol · L^{-1} NaOH 溶液，观察沉淀的生成。将所得沉淀分成两份，一份置于空气中，一份加入新配制的氯水，观察有何变化，第二份留作下面实验用。

2）镍（Ⅲ）化合物的氧化性

在前面实验中留下的氢氧化镍（Ⅲ）沉淀中加入浓盐酸，振荡后有何变化？用淀粉碘化钾试纸检验所放出的气体。

3）镍的配合物

（1）向盛有 2mL 0.1mol · L^{-1} $NiSO_4$溶液中加入过量 6mol · L^{-1}氨水，观察现象。静置片刻，再观察现象，写出离子反应方程式。把溶液分成四份：一份加入 2mol · L^{-1} NaOH 溶液，一份加入 1mol · L^{-1} H_2SO_4溶液，一份加水稀释，一份煮沸，观察有何变化。

（2）取 1 滴 Ni^{2+}试液于白色点滴板上，加 1 滴 6mol · L^{-1}氨水、1 滴二乙酰二肟溶液，观察凹槽四周形成沉淀的颜色，此反应可用来鉴定 Ni^{2+}。

四、思考题

1. 在制备 $Fe(OH)_2$的实验中，为什么蒸馏水和 NaOH 溶液都要事先经过煮沸以赶尽空气？

2. 有一瓶含有 Fe^{3+}、Cr^{3+}和 Ni^{2+}的混合液，如何将它们分离出来，请设计分离示意图。

3. 总结 Fe(Ⅱ,Ⅲ)、Co(Ⅱ,Ⅲ)、Ni(Ⅱ,Ⅲ)所形成的主要化合物的性质。

4. 在用 $K_3[Fe(CN)_6]$检验 Fe^{2+}或用 $K_4[Fe(CN)_6]$检验 Fe^{3+}时，为什么要加 1 滴 HCl 溶液？

第 6 章　无机化合物的制备

实验二十五　硝酸钾的制备和提纯

一、目的要求

1. 学习用转化法制备硝酸钾晶体。
2. 进一步熟悉溶解、过滤操作。
3. 练习间接热浴和重结晶操作。

二、实验原理

工业上常采用转化法制备硝酸钾晶体，其反应如下：

$$NaNO_3 + KCl \rightleftharpoons NaCl + KNO_3$$

该反应是可逆的。氯化钠的溶解度随温度变化不大，硝酸钠、氯化钾和硝酸钾在高温时具有较大或很大的溶解度，而温度降低时溶解度明显减小（如氯化钾、硝酸钠）或急剧下降（如硝酸钾）（表 6-1）。根据这几种盐溶解度的差异，将一定浓度的硝酸钠和氯化钾混合液加热浓缩，当温度达到 118～120℃时，由于硝酸钾溶解度增加很多，达不到饱和，不析出；而氯化钠的溶解度增加很少，随浓缩、溶剂的减少，氯化钠析出。通过热过滤除去氯化钠，将此溶液冷却至室温，即有大量硝酸钾析出，而仅有少量氯化钠析出，从而得到硝酸钾粗产品。再经过重结晶提纯，可得到纯品。

表 6-1　四种盐在不同温度下的溶解度 [单位：$g \cdot (100g\ H_2O)^{-1}$]

盐	T/℃							
	0	10	20	30	40	60	80	100
KNO_3	13.3	20.9	31.6	45.8	63.9	110.0	169	246
$NaNO_3$	73	80	88	96	104	124	148	180
KCl	27.6	31.0	34.0	37.0	40.0	45.5	51.1	56.7
$NaCl$	35.7	35.8	36.0	36.3	36.6	37.3	38.4	39.8

三、仪器和药品

仪器：量筒，烧杯，台秤，石棉网，铁架台，热滤漏斗，布氏漏斗，吸滤瓶，水泵（水流唧筒），温度计（200℃），试管，滤纸。

药品：硝酸钠（工业级），氯化钾（工业级），$AgNO_3$(0.1mol·L^{-1})，硝酸(5mol·L^{-1})。

四、实验内容

1. 溶解蒸发

称取 20g $NaNO_3$ 和 17g KCl 放入 100mL 烧杯中，加入 30mL H_2O，加热使固体溶解。

待盐全部溶解后，继续加热，并不断搅拌，使溶液蒸发至原有体积的 2/3 左右，这时烧杯中有晶体析出（是什么?）。趁热用热漏斗过滤，滤液盛于小烧杯中自然冷却至室温，注意不要骤冷，以防结晶过于细小。随着温度的下降，即有结晶析出（是什么?）。用减压法过滤，尽量抽干。粗产品水浴烘干后称重，计算理论产量和产率。

2. 粗产品的重结晶

除保留少量（0.1～0.2g）粗产品供纯度检验外，按粗产品与水质量比为 2 : 1的比例，将粗产品溶于蒸馏水中。加热，搅拌，待晶体全部溶解后停止加热。若溶液沸腾时，晶体还未全部溶解，可再加极少量蒸馏水使其溶解。待溶液冷却至室温后吸滤，水浴烘干，得到纯度较高的硝酸钾晶体，称重。

3. 产品纯度定性检验

分别取 0.1g 粗产品和一次重结晶得到的产品放入两支小试管中，各加入 2mL 蒸馏水配成溶液。在溶液中分别加入 1 滴 5mol·L^{-1} HNO_3 酸化，再各滴入两滴 0.1mol·L^{-1} $AgNO_3$ 溶液，观察现象，进行对比。重结晶后的产品溶液应为澄清，否则应再次重结晶，直至合格。

五、思考题

1. 制备硝酸钾晶体时，为何要把溶液进行加热和热过滤?
2. 何谓重结晶? 本实验都涉及哪些基本操作，应注意什么?
3. 硝酸钾中含有氯化钾和硝酸钠时，应如何提纯?

实验二十六　硫酸四氨合铜的制备及表征

一、目的要求

1. 学习利用粗氧化铜制备硫酸四氨合铜的方法。

2. 了解无机物或配合物结晶、提纯的原理。

3. 学习用碘量法测定铜含量的原理和方法。

二、实验原理

硫酸四氨合铜$[Cu(NH_3)_4]SO_4 \cdot H_2O$为深蓝色晶体，在工业上用途广泛，主要用于印染、纤维、杀虫剂及制备某些含铜的化合物。常温下，硫酸四氨含铜在空气中易与水和二氧化碳反应，生成铜的碱式盐，使晶体变成绿色的粉末。

本实验先利用粗氧化铜溶于适当浓度的硫酸中制得硫酸铜溶液，反应方程式为

$$CuO + H_2SO_4 \xlongequal{} CuSO_4 + H_2O$$

由于原料不纯，所得的$CuSO_4$溶液中常含有不溶性物质和可溶性$FeSO_4$和$Fe_2(SO_4)_3$。可用H_2O_2将其中的Fe^{2+}氧化成Fe^{3+}，再用NaOH溶液调节pH为3（注意如果溶液的pH≥4，将析出碱式硫酸铜沉淀而影响产品的质量和产量），再加热煮沸，使Fe^{3+}水解转化为$Fe(OH)_3$沉淀，在过滤时和其他不溶性杂质一起被除去。反应方程式如下：

$$2Fe^{2+} + 2H^+ + H_2O_2 \xlongequal{} 2Fe^{3+} + 2H_2O$$

$$Fe^{3+} + 3H_2O \xlongequal{} Fe(OH)_3 \downarrow + 3H^+$$

制得的硫酸铜溶液，再加入过量的氨水反应制备硫酸四氨合铜，反应式为

$$[Cu(H_2O)_6]^{2+} + 4NH_3 + SO_4^{2-} \xlongequal{} [Cu(NH_3)_4]SO_4 \cdot H_2O + 5H_2O$$

硫酸四氨合铜溶于水，而不溶于乙醇，因此在$[Cu(NH_3)_4]SO_4$溶液中加入乙醇，即可析出深蓝色的$[Cu(NH_3)_4]SO_4 \cdot H_2O$晶体。

可用碘量法测定$[Cu(NH_3)_4]SO_4 \cdot H_2O$晶体中铜含量。首先，在微酸性溶液中（pH=3～4），Cu^{2+}与过量I^-作用，生成难溶性的CuI沉淀和I_2。然后，生成的I_2用$Na_2S_2O_3$标准溶液滴定，以淀粉溶液为指示剂，滴定至溶液的蓝色刚好消失即为终点。其反应方程式为

$$2Cu^{2+} + 4I^- \xlongequal{} 2CuI + I_2$$

$$I_2 + 2S_2O_3^{2-} \xlongequal{} 2I^- + S_4O_6^{2-}$$

由于CuI沉淀表面能强烈吸附I_2，会使分析结果偏低，因此可在大部分I_2被$Na_2S_2O_3$溶液滴定后，再加入KSCN，使CuI转化为溶解度更小的CuSCN，将吸附的I_2释放出来，从而提高测定结果的准确度。一般控制溶液的pH=3～4。在强酸性溶液中，I^-易被空气氧化（Cu^{2+}催化此反应）；在碱性溶液中，Cu^{2+}会水解，且I_2易被碱分解。

根据$Na_2S_2O_3$标准溶液的浓度及所消耗的体积计算出被测样品中铜的含量，计算公式如下：

$$w_{Cu}=\frac{c_{Na_2S_2O_3}V_{Na_2S_2O_3}M_{Cu}}{m_s\times1000\times\frac{25.00}{100.00}}\times100\%$$

三、仪器和药品

仪器：煤气灯，石棉网，布氏漏斗，吸滤瓶，烧杯，量筒，蒸发皿，滤纸，分析天平，容量瓶，碘量瓶。

试剂：CuO 粉，H_2SO_4（3mol · L^{-1}），NaOH（1mol · L^{-1}），H_2O_2（3%），氨水（1∶1），乙醇（95%），KI(s)，$K_2Cr_2O_7$（基准物），KSCN(10%)，淀粉(0.5%)，$Na_2S_2O_3$(0.1mol · L^{-1})，精密 pH 试纸。

四、实验内容

1. 粗 $CuSO_4$ 溶液的制备

称取 2.0g CuO 粉于 100mL 小烧杯中，加入 11mL 3mol · L^{-1} H_2SO_4，加热使黑色 CuO 溶解，然后加入 15mL 蒸馏水，溶液变为蓝色。

2. $CuSO_4$ 溶液的精制

在粗 $CuSO_4$ 溶液中滴加 2mL 3% H_2O_2，将溶液加热至沸腾，搅拌 2～3min，边搅拌边逐滴加入 1mol · L^{-1} NaOH 溶液（约 7mL），调节溶液 pH≈3.0。检验 Fe^{3+} 是否沉淀完全（如何检验?），若 Fe^{3+} 未沉淀完全，需继续向烧杯中滴加 NaOH 溶液。Fe^{3+} 沉淀完全后，继续加热溶液片刻，趁热减压过滤，将滤液转移至干净的蒸发皿中。

3. $[Cu(NH_3)_4]SO_4\cdot H_2O$ 晶体的制备

将滤液水浴加热，蒸发浓缩至 15mL 左右，冷却至室温。先用 1∶1 氨水将 $CuSO_4$ 溶液的 pH 调至 6～8，然后再加入 15mL 1∶1 氨水，搅拌，溶液变成深蓝色。缓慢加入 10mL 95%的乙醇，即有深蓝色 $[Cu(NH_3)_4]SO_4\cdot H_2O$ 晶体析出。盖上表面皿，静置约 15min，吸滤，并用少量乙醇和 1∶1 氨水洗涤晶体多次，产品抽干后称量，计算产率。

4. $[Cu(NH_3)_4]SO_4\cdot H_2O$ 晶体中铜含量的测定

准确称取 $[Cu(NH_3)_4]SO_4\cdot H_2O$ 晶体试样 2～2.5g 于 100mL 烧杯中，加入 6mL 3mol · L^{-1} H_2SO_4，然后加入 15～20mL H_2O 使之溶解，定量转移至 100mL 容量瓶中，用水稀释至刻度，摇匀。

移取25.00mL上述试液于250mL碘量瓶中，加入70mL水和1g KI固体，塞上盖子摇匀，立即用0.1mol·L^{-1} $Na_2S_2O_3$标准溶液滴定至淡黄色，然后加入2mL 0.5%淀粉溶液，继续滴定至浅蓝色，再加入10mL 10%KSCN溶液，摇匀15s后，溶液呈深蓝色，用$Na_2S_2O_3$溶液继续滴定至蓝色刚好消失即为终点，此时溶液呈肉色。平行滴定三次，记录数据，计算$[Cu(NH_3)_4]SO_4 \cdot H_2O$晶体中铜的含量。

附：0.1mol·L^{-1} $Na_2S_2O_3$标准溶液的配制和标定

称取约12.5g $Na_2S_2O_3 \cdot 5H_2O$，溶解于适量新蒸馏并已冷却的水中，加入0.1g Na_2CO_3，稀释到500mL，保存在棕色试剂瓶中，放于暗处1～2周后标定。

准确称取0.15g左右的$K_2Cr_2O_7$基准试剂三份，分别置于250mL碘量瓶中，加入10～20mL H_2O使之溶解，然后加入3.5mL 3mol·L^{-1} H_2SO_4和2g KI固体，充分混合溶解后，盖上塞子在暗处放置5min使反应完全。加入50mLH_2O稀释，立即用$Na_2S_2O_3$溶液滴定至溶液呈浅绿黄色，然后加入2mL 0.5%淀粉溶液，继续滴定至溶液由蓝色变为亮绿色。记下消耗$Na_2S_2O_3$溶液的体积，计算$Na_2S_2O_3$溶液的浓度。

五、数据记录和处理

（1）$[Cu(NH_3)_4]SO_4 \cdot H_2O$的质量为________g，产率为________。

（2）以表格形式记录本实验的有关数据（表6-2），并根据$Na_2S_2O_3$标准溶液的浓度及消耗的体积计算出试样中铜的含量。

表6-2　数据记录和处理

测定序号		1	2	3
$[Cu(NH_3)_4]SO_4 \cdot H_2O$质量/g				
$Na_2S_2O_3$标准溶液的浓度/(mol·L^{-1})				
$Na_2S_2O_3$溶液的用量	终读数/mL			
	初读数/mL			
	净用量/mL			
铜的含量/%				
铜的平均含量/%				
相对平均偏差				

六、思考题

1. 加入NaOH除Fe^{3+}时，为什么要将溶液的pH调到3？pH太高或太低有何影响？

2. 结晶时滤液为什么不可蒸干？

3. 碘量法测定铜时，加入 KSCN 的作用是什么？

4. 测定铜的实验过程中颜色的变化分别意味着什么？

实验二十七　无水四碘化锡的制备

一、目的要求

1. 了解无水四碘化锡的制备原理和操作方法。

2. 学习非水溶剂的重结晶方法。

二、实验原理

某些高纯度的无水金属卤化物可以用来制备配合物，或作为有机合成的催化剂。

由于某些金属卤化物极容易发生水解，因此必须采用干法（无水）制备。主要有如下几种方法：

（1）直接合成法，将金属与卤素在无水条件下直接加热合成，例如：

$$Sn + 2Cl_2 \xlongequal{} SnCl_4$$

（2）金属氧化物的卤化，例如：

$$TiO_2 + 2Cl_2 + 2C \xlongequal{1123K} TiCl_4 + 2CO$$

（3）含水金属卤化物的脱水，用亲水性更强的物质（脱水剂）HCl、NH_4Cl、$SOCl_2$ 等与含水金属卤化物反应，例如：

$$FeCl_3 \cdot 6H_2O + 6SOCl_2 \xlongequal{} FeCl_3 + 6SO_2\uparrow + 12HCl$$

（4）热分解高卤化物，例如：

$$MoI_3 \xlongequal{373K} MoI_2 + \frac{1}{2}I_2$$

本实验采用直接合成法，利用金属锡和碘在非水溶剂冰醋酸和乙酸酐体系中反应直接制备无水四碘化锡，即

$$Sn + 2I_2 \xlongequal[(CH_3CO)_2O]{CH_3COOH} SnI_4$$

用冰醋酸和乙酸酐作溶剂比用二硫化碳、四氯化碳、氯仿、苯等非水溶剂的毒性小，产物不会水解，可以得到较纯的晶状产品。

无水四碘化锡是橙红色针状晶体，遇水即发生水解，在空气中也会缓慢水解，所以必须储存于干燥器内。

三、仪器和药品

仪器：台秤，圆底烧瓶（100～150mL），冷凝管，干燥管，提勒管，温度

计，毛细管，滤纸。

药品：锡片（剪碎），碘，冰醋酸，乙酸酐，氯仿，石蜡油，$CaCl_2$（s，无水）。

四、实验内容

1. 无水四碘化锡的制备

在100～150mL干燥圆底烧瓶中加入0.5g碎锡片和2.2g碘，然后加入25mL冰醋酸和25mL乙酸酐，按如图6-1装置所示，接上冷凝管等（要注意防止冰醋酸和乙酸酐刺激性气味逸出刺激眼睛和皮肤）。用水冷却回流，加热沸腾1～1.5h。当紫红色碘蒸气消失，溶液颜色由紫红色变为深橙红色时停止加热，冷却至室温，当见到橙红色针状四碘化锡晶体析出时，迅速吸滤。将晶体放在锥形瓶中，加入20～30mL氯仿，盖上表面皿，用小火水浴温热溶解后迅速吸滤，除去杂质（什么杂质?）。将滤液倒入蒸发皿中，在通风橱内不断搅拌滤液，促使溶剂挥发，待氯仿全部挥发后便得到橙红色晶体（必要时可重复操作），最后称重，计算产率。

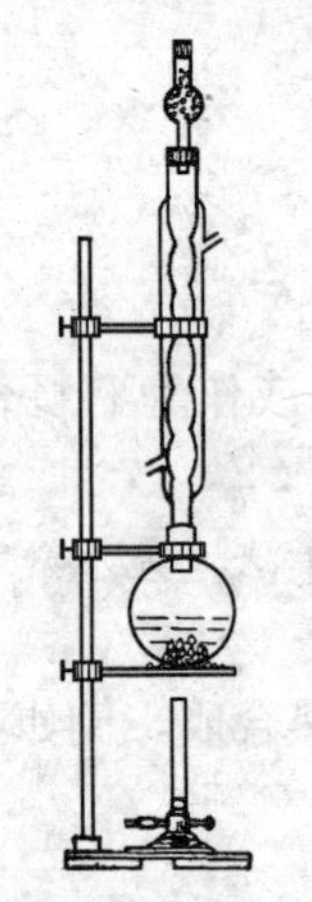

图6-1 四碘化锡制备装置图

2. 产品鉴定

1）四碘化锡的水解

取少量产品于试管中，加入少量蒸馏水，观察现象。

2）熔点测定

在一支毛细管中装入已研细的四碘化锡粉末，在桌上轻轻敲毛细管（或将毛细管放入0.5m的玻璃管内自由落下数次），使毛细管内粉末紧密均匀，粉末高度为2～3mm即可。

将装好样品的毛细管按如图6-2所示安装，使毛细管的物料末端部位与温度计水银球中部一致，用橡皮圈将它们固定好，温度计固定在一个开槽的软木塞上。提勒管内加入石蜡油，并使油面低于毛细管口5mm左右，使温度计水银球与毛细管物料部位在提勒管交叉口处。

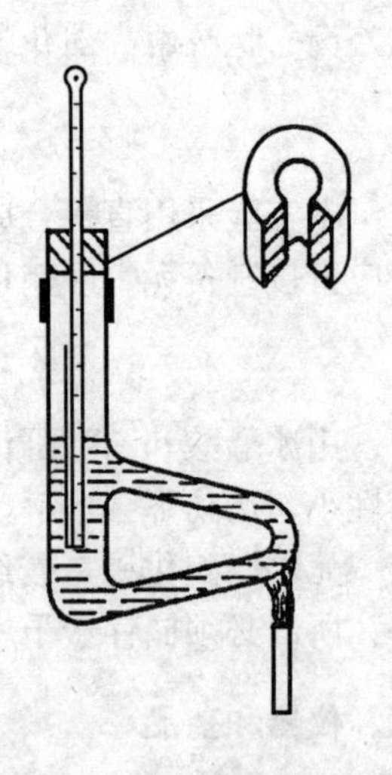

图6-2 熔点测定装置图

用小火在如图 6-2 所示部位加热提勒管，在 120℃以下加热，开始加热速度可以稍快，当温度到达 120℃时，控制升温速度为 1～2℃/s，在看到毛细管内有微细液滴产生时即为初熔，全部粉末转变为液体时为全熔，分别记录初熔和全熔时的温度。停止加热，让油温下降至 120℃左右，另取两支样品毛细管进行细测定，要求两次读数差不大于 0.5℃。从相关手册查出无水四碘化锡的熔点，并与实验值比较。

五、思考题

1. 在制备无水四碘化锡的过程中，为什么所用的仪器都必须干燥？

2. 本实验中使用冰醋酸和乙酸酐有什么作用？使用过程中应注意什么问题？

3. 如果制备反应完毕，锡已经完全反应，但体系中还含有少量碘，怎样除去？

实验二十八　碳酸钠的制备

一、目的要求

1. 了解联合制碱法的反应原理。

2. 学会利用各种盐溶解度的差异并通过水溶液中离子反应来制备一种盐的方法。

二、实验原理

碳酸钠又名苏打，工业上叫纯碱，应用广泛。本实验以 NaCl 和 NH_4HCO_3 为原料制取 Na_2CO_3，包括以下两个化学反应：

$$NaCl + NH_4HCO_3 = NaHCO_3 + NH_4Cl$$

$$2NaHCO_3 = Na_2CO_3 + CO_2\uparrow + H_2O$$

第一个反应是一个复分解反应，溶液中存在 NaCl、NH_4HCO_3、$NaHCO_3$ 和 NH_4Cl 四种盐。比较表 6-3 中这四种盐在不同温度下的溶解度，可以找到分离这些盐的最佳条件。

表 6-3　四种盐在不同温度下的溶解度[单位:g·(100g H_2O)$^{-1}$]

物　质	0℃	10℃	20℃	30℃	40℃
NaCl	35.7	35.8	36.0	36.3	36.6
$NaHCO_3$	6.9	8.15	9.6	11.1	12.7
NH_4Cl	29.7	33.3	37.2	41.4	45.8
NH_4HCO_3	11.9	15.8	21.0	27.0	

从表 6-3 中数据可知，$NaHCO_3$ 的溶解度在四种盐中是最低的。反应温度若低于 30℃，会影响 NH_4HCO_3 的溶解度，而温度超过 35℃时，NH_4HCO_3 开始分解，故温度必须控制在 30℃左右。本实验就是利用各种盐类在不同温度下溶解度的差异，控制反应温度条件，通过复分解反应，将研细的 NH_4HCO_3 固体粉末溶于浓 NaCl 溶液中，在充分搅拌下制取 $NaHCO_3$ 晶体。加热 $NaHCO_3$，其分解产物就是 Na_2CO_3。

三、仪器和药品

仪器：量筒（100mL），玻璃棒，烧杯，布氏漏斗，吸滤瓶，蒸发皿，温度计，分析天平，台秤，锥形瓶，称量瓶，酸式滴定管。

药品：HCl(6mol · L^{-1})，NaOH(3mol · L^{-1})，Na_2CO_3(3mol · L^{-1})，HCl 标准溶液（0.1mol · L^{-1}），粗食盐（s），NH_4HCO_3(s)，酚酞指示剂，甲基橙指示剂，pH 试纸。

四、实验内容

1. 食盐的溶解与精制

在 150mL 烧杯中加入 50mL 24%～25%的粗食盐水溶液，用 3mol · L^{-1} NaOH 和 3mol · L^{-1} Na_2CO_3 混合溶液（体积比为 1∶1）调至 pH≈11，得到大量胶状沉淀[$Mg_2(OH)_2CO_3$,$CaCO_3$]，加热至沸，吸滤，分离沉淀。将滤液转入烧杯中，用 6mol · L^{-1} HCl 调 pH 至 7。

2. 转化

将盛有滤液的烧杯放在水浴上加热，溶液温度控制在 30～35℃。在不断搅拌下，分多次将 21g 研细的碳酸氢铵加入滤液中。加完后继续保温，搅拌 30min，使反应充分进行。静置，吸滤，用少量水洗涤两次再抽干，得到 $NaHCO_3$ 晶体，称重。

3. 制纯碱

将制得的 $NaHCO_3$ 转入蒸发皿中，在煤气灯上灼烧 2h，即得到纯碱。冷却到室温，称重。

4. 产品检验

在分析天平上准确称取两份 0.15～0.20g 的纯碱产品，分别放入两个锥形瓶中。用 100mL 蒸馏水溶解，加入两滴酚酞指示剂，用 0.1mol · L^{-1} HCl 标准溶液滴定至溶液由红色变为无色，记下所用 HCl 体积 V_1。再加入两滴甲基橙指示剂，继续用 HCl 标准溶液滴定，直至溶液由黄色变为橙色，加热煮沸 1～2min，冷却后，溶液又变成黄色，再用 HCl 滴定至溶液为橙色且 30s 不褪色为止，记下第二次所用 HCl 的体积 V_2，填入下表中：

实验次数	样品质量/g	HCl 体积/mL		HCl 浓度/(mol·L^{-1})	$NaHCO_3$ 含量/%	Na_2CO_3 含量/%	Na_2CO_3 产率/%
		V_1	V_2				
1							
2							

根据以上实验结果，计算 Na_2CO_3、$NaHCO_3$ 的含量及 Na_2CO_3 产率。

五、思考题

1. 氯化钠为何要预先提纯？提纯时为何没有除去 SO_4^{2-}？
2. 为什么计算 Na_2CO_3 产率时要根据 NaCl 的用量？
3. 影响 Na_2CO_3 产率的因素有哪些？如何提高 Na_2CO_3 产率？

实验二十九　氧化锌的制备和化学式的测定

一、目的要求

1. 学习用合成法确定氧化物的化学式。
2. 练习溶液的蒸发、固体灼烧等基本操作。
3. 巩固分析天平的称量操作。

二、实验原理

本实验通过精确称量的锌粉与硝酸反应，生成的硝酸锌溶液经蒸发后，再加强热使之分解生成锌的氧化物，最后精确称出氧化锌的质量，即得氧化锌中锌和氧的质量比，从而求出氧化锌的化学式。

三、仪器和药品

仪器：坩埚，坩埚钳，泥三角，干燥器，煤气灯，台秤，分析天平，铁架台，铁圈，石棉网，洗瓶。

药品：锌粉（A. R.），浓硝酸（A. R.）。

四、实验步骤

用坩埚钳取一个干燥洁净的坩埚置于泥三角上，加盖后先用小火加热，再用强火灼烧数分钟，待坩埚稍冷却后，再放入干燥器中冷却到室温后称量（准确至0.001g），重复加热（先微热再强热）灼烧15min，同样在干燥器中冷却至室温再称重，直至恒重（前后两次质量差小于1mg）为止。

用角匙取出约0.5g纯净的锌粉，将其放入已经恒重的坩埚中，连同坩埚盖一起称量。

在通风橱中，左手将坩埚盖提起一点（不要将盖全部揭去，以防由于反应剧烈而溅出溶液），右手用滴管将浓硝酸逐滴加入坩埚中，使其反应，直到坩埚中锌粉完全反应为止。反应完毕后，用洗瓶吹出少量蒸馏水，把溅到坩埚盖上的反应物吹到坩埚内，再将坩埚放在石棉网上，用微火加热蒸发到溶液完全干涸（火焰要小，切勿使溶液或沉淀溅出），然后再把坩埚移到泥三角上，加盖后用强火灼烧，直至不产生红棕色二氧化氮气体，再灼烧数分钟，当坩埚稍冷后放入干燥器中冷却至室温，精确称量。再重复灼烧数分钟，同样在干燥器中冷却至室温，再称量，直至恒重。

五、数据记录和处理

坩埚的质量：________________g。
坩埚和锌粉的质量：________________g。
坩埚和氧化锌的质量：________________g。
锌粉的质量：________________g。
氧化锌中氧的质量：________________g。
氧化锌化学式的确定：________________。

六、思考题

1.“恒重”的含义是什么？本实验中两次恒重的目的是什么？
2. 试分析下列各种实验情况对实验的结果各有什么影响？
(1) 开始时未把坩埚洗净。
(2) 坩埚钳与坩埚中的硝酸接触。
(3) 锌粉没有完全溶解在硝酸中。
(4) 硝酸锌没有完全分解成氧化物。
(5) 在溶液蒸发过程中，有一些溶液溅出。

实验三十　硫酸亚铁铵的制备

一、目的要求

1. 制备复盐硫酸亚铁铵，了解复盐的特性。
2. 掌握水浴加热、蒸发、结晶等基本操作。
3. 了解检验产品纯度的一种方法——目视比色法。

二、实验原理

硫酸亚铁铵 $FeSO_4 \cdot (NH_4)_2SO_4 \cdot 6H_2O$ 又称莫尔盐，是一种浅蓝色单斜晶体，能溶于水，但难溶于乙醇。一般亚铁盐在空气中易被氧化，但形成复盐后就比较稳定，不易被氧化，因此在定量分析中常用硫酸亚铁铵来配制亚铁离子的标准溶液。

本实验先将过量的铁溶于稀硫酸制得硫酸亚铁

$$Fe + H_2SO_4 = FeSO_4 + H_2\uparrow$$

然后加入等物质的量的硫酸铵与硫酸亚铁作用，通过加热浓缩、冷却结晶，得到溶解度较小的硫酸亚铁铵，反应方程式如下：

$$FeSO_4 + (NH_4)_2SO_4 + 6H_2O = FeSO_4 \cdot (NH_4)_2SO_4 \cdot 6H_2O$$

硫酸铵、硫酸亚铁和硫酸亚铁铵三种盐的溶解度[单位为 $g \cdot (100g\ H_2O)^{-1}$]数据如下：

温　度	10℃	20℃	30℃	40℃
$FeSO_4 \cdot 7H_2O$	37.0	48.0	60.0	73.3
$(NH_4)_2SO_4$	73.0	75.4	78.0	81.0
$(NH_4)_2SO_4 \cdot FeSO_4 \cdot 6H_2O$	17.2	36.5	45.0	53.0

从表中的数据可知，在一定温度范围内，硫酸亚铁铵的溶解度比组成它的每一组分的溶解度都小。因此，很容易从浓的硫酸亚铁和硫酸铵混合溶液中制得这种复盐的晶体。

三、仪器和药品

仪器：台秤，锥形瓶，布氏漏斗，吸滤瓶，蒸发皿，表面皿，25mL 比色管，比色架。

药品：H_2SO_4(3mol · L^{-1}，浓)，HCl(3mol · L^{-1})，Na_2CO_3(1mol · L^{-1})，$(NH_4)_2SO_4$(s)，$NH_4Fe(SO_4)_2 \cdot 12H_2O$(s)，铁屑，KSCN(25%)，无水乙醇。

四、实验内容

1. 硫酸亚铁的制备

称取 2g 铁屑于 150mL 锥形瓶中，加入 20mL 1mol · L^{-1} Na_2CO_3 溶液，小火加热约 10min，以除去铁屑表面的油污。用倾析法除去碱液，再用水洗净铁屑。

在盛有洗净铁屑的锥形瓶中加入 15mL 3mol · L^{-1} H_2SO_4，放在水浴上加热（通风橱中操作）至不再有气泡放出。反应过程中适当补加水，以保持原体积。趁热减压过滤，依次用少量 3mol · L^{-1} H_2SO_4、热水洗涤锥形瓶及漏斗上的残渣，抽干，将滤液倒入蒸发皿中。用蒸馏水洗涤残渣，用滤纸吸干后称重，计算出溶液中所溶解的铁屑的质量。

2. 硫酸亚铁铵的制备

根据溶液中 $FeSO_4$ 的量，按关系式 $n_{(NH_4)_2SO_4} : n_{FeSO_4} = 1 : 1$，称取所需的 $(NH_4)_2SO_4$ 固体，将其加到 $FeSO_4$ 溶液中，在水浴上加热搅拌，使 $(NH_4)_2SO_4$ 全部溶解（此时溶液的 pH 应该接近 1，如果 pH 偏大，可加几滴浓 H_2SO_4 调节）。水浴蒸发，浓缩至表面出现一层晶膜为止。静置，缓慢冷却至室温，使硫酸亚铁铵晶体析出。减压过滤，用少量无水乙醇洗涤晶体，把晶体转移到表面皿上晾干，观察晶体的颜色和形状。称重，并计算产率。

3. Fe^{3+} 的限量分析

1）标准色阶的配制

用 $NH_4Fe(SO_4)_2 \cdot 12H_2O$ 配制含 Fe^{3+} 为 0.1000g · L^{-1} 的标准溶液（由预备室制备）。取 0.50mL Fe^{3+} 标准溶液于 25mL 比色管中，加入 2mL 3mol · L^{-1} HCl 和 1mL 25％的 KSCN 溶液，然后加入不含氧的蒸馏水稀释至刻度，摇匀，配制成相当于一级试剂的标准液（含 Fe^{3+} 0.05mg · g^{-1}）。

同样，分别取 1.00mL 和 2.00mL Fe^{3+} 标准溶液配制成当于二级和三级试剂的标准液（其中含 Fe^{3+} 分别为 0.10mg · g^{-1} 和 0.20mg · g^{-1}）。

2）产品级别的确定

称取 1.0g 产品于 25mL 比色管中，用 15mL 不含氧的蒸馏水溶解，然后加入 2mL 3mol · L^{-1} HCl 和 1mL 25％的 KSCN 溶液，继续加不含氧的蒸馏水至 25mL 刻度，摇匀，与标准色阶比色，确定产品级别。

五、思考题

1. 在制备硫酸亚铁时，为什么要使铁过量？

2. 在蒸发浓缩时，为何仅仅蒸发到液面出现晶膜时便冷却?

3. 为什么制备硫酸亚铁铵晶体时，溶液必须呈酸性?

4. 本实验计算硫酸亚铁铵的产率时，应以 H_2SO_4 的量为准，为什么?

附：微型实验

1. 微型仪器

微型锥形瓶（15mL），微型吸滤瓶（口径 19mm，容积 20mL），微型布氏漏斗（口径 20mm，容积 5mL），洗耳球（替代真空泵），蒸发皿（10mL）。

2. 实验步骤

称取 0.5g 铁屑于 15mL 微型锥形瓶中，加入 5mL $1mol \cdot L^{-1} Na_2CO_3$，加热去油污，然后用蒸馏水洗净，加入 2.5mL $3mol \cdot L^{-1} H_2SO_4$，在水浴中加热约 5min，使反应完全，用微型布氏漏斗、洗耳球吸滤，依次用 0.3mL $3mol \cdot L^{-1} H_2SO_4$、几滴蒸馏水洗涤，滤液转移至微型蒸发皿中，加入 1.2g $(NH_4)_2SO_4$ 固体（按 0.5g 铁屑的投料计算），加热溶解，并蒸发至出现晶膜，冷却结晶，吸滤称量，计算产率。

实验三十一 三草酸合铁（Ⅲ）酸钾的制备及其配阴离子电荷的测定

一、目的要求

1. 用自制的硫酸亚铁铵制备三草酸合铁（Ⅲ）酸钾。
2. 用离子交换法测定三草酸合铁（Ⅲ）酸钾配阴离子的电荷数。
3. 巩固无机合成的基本操作。

二、实验原理

三草酸根合铁（Ⅲ）酸钾 $K_3[Fe(C_2O_4)_3] \cdot 3H_2O$ 是一种绿色的单斜晶体，溶于水而难溶于乙醇。受热时，在 110℃下失去结晶水，230℃分解。该配合物对光敏感，受光照易发生分解。

本实验首先用硫酸亚铁铵与草酸反应制备出草酸亚铁

$$(NH_4)_2Fe(SO_4)_2 \cdot 6H_2O + H_2C_2O_4 = FeC_2O_4 \cdot 2H_2O\downarrow + (NH_4)_2SO_4 + H_2SO_4 + 4H_2O$$

草酸亚铁在草酸钾和草酸的存在下，被过氧化氢氧化得到三草酸合铁（Ⅲ）酸钾配合物，即

$$2FeC_2O_4 \cdot 2H_2O + H_2O_2 + 3K_2C_2O_4 + H_2C_2O_4 = 2K_3[Fe(C_2O_4)_3] \cdot 4H_2O$$

加入乙醇后，便析出三草酸合铁（Ⅲ）酸钾晶体。

本实验采用阴离子交换法测定三草酸合铁（Ⅲ）配阴离子的电荷数。先将准确称量的三草酸合铁（Ⅲ）酸钾晶体溶于水，然后使其通过装有苯乙烯强碱性阴离子交换树脂 $R-N^+C(CH_3)_3Cl^-$（国产 717 型）的交换柱，三草酸合铁（Ⅲ）酸钾溶液中的配阴离子 X^{Z-} 与阴离子树脂上的 Cl^- 进行交换，发生如下反应：

$$Z\,[R-N^+C(CH_3)_3Cl^-] + X^{Z-} \rightleftharpoons [R-N^+(CH_3)_3]_Z X^{Z-} + ZCl^-$$

收集交换出来的含 Cl^- 的溶液，用标准硝酸银溶液滴定（莫尔法）。通过测定氯离子的含量，就可以确定配阴离子的电荷数 Z，即

$$Z = \frac{n_{Cl^-}}{n_{配合物}}$$

三、仪器和药品

仪器：台秤，分析天平，酸式滴定管，称量瓶，移液管，烧杯，表面皿，温度计（100℃），玻璃管（20mm×400mm），容量瓶（100mL），滤纸。

药品：$(NH_4)_2Fe(SO_4)_2 \cdot 6H_2O$（自制），$H_2SO_4$（$1mol \cdot L^{-1}$），$H_2C_2O_4$（饱和溶液），$K_2C_2O_4$（饱和溶液），$H_2O_2$（3%），乙醇（95%），国产 717 型苯乙烯强碱性阴离子交换树脂，标准 $AgNO_3$（$0.1mol \cdot L^{-1}$），K_2CrO_4（5%），NaCl（$1mol \cdot L^{-1}$）。

四、实验内容

1. 草酸亚铁的制备

在 250mL 烧杯中加入 5.0g 自制的 $(NH_4)_2Fe(SO_4)_2 \cdot 6H_2O$ 固体，加入 15mL 蒸馏水和几滴 $3mol \cdot L^{-1}$ H_2SO_4，加热溶解后再加入 25mL 饱和 $H_2C_2O_4$ 溶液，加热搅拌至沸，并维持微沸 5min，停止加热，静置。待黄色晶体 $FeC_2O_4 \cdot 2H_2O$ 沉降后，用倾析法弃去上层清液，用热蒸馏水洗涤沉淀三次，以除去可溶性杂质。

2. 三草酸合铁（Ⅲ）酸钾的制备

在上述洗涤过的沉淀中加入 10mL 饱和 $K_2C_2O_4$ 溶液，水浴加热至 40℃。用滴管慢慢加入 20mL 3% H_2O_2，不断搅拌溶液并维持温度在 40℃左右（有什么现象?）。然后将溶液加热至沸，并分两次加入 8mL 饱和 $H_2C_2O_4$ 溶液，第一次加 5mL，第二次慢慢滴加 3mL（又有什么现象?）。趁热过滤，滤液中加入 10mL 95%乙醇，用表面皿盖好烧杯，放置于暗处，让其冷却结晶。减压过滤，称重，计算产率。产物应避光保存。

3. 三草酸合铁（Ⅲ）配阴离子电荷的测定

1）装柱

将经过预处理的国产717型苯乙烯强碱性阴离子交换树脂（氯型）装入一支玻璃管（20mm×400mm）中，树脂高度约为20cm，在树脂顶部保留0.5cm高的水，并放入一小团玻璃丝，以防止注入溶液时将树脂冲起。要求装好的交换柱均匀、无裂缝、无气泡。

2）交换

用蒸馏水淋洗树脂，直至检查流出液中不含Cl^-为止，用螺旋夹夹紧柱下部的胶管。在洗涤过程中，注意始终保持液面略高于树脂层。

称取1g（称准至1mg）三草酸合铁（Ⅲ）酸钾，用10～15mL蒸馏水溶解，将溶液全部转移入交换柱中。松开螺旋夹，控制流出液速度为$3mL \cdot min^{-1}$，用100mL容量瓶收集流出液。当柱中液面下降至离树脂层0.5cm左右时，用少量蒸馏水（约5mL）洗涤小烧杯并将洗涤液转入交换柱，如此重复操作两三次，再用滴管吸取蒸馏水洗涤交换柱上部管壁上残留的溶液，使样品溶液尽量全部流过树脂床。当收集的溶液达60～70mL时，可检查流出液，不含Cl^-时停止收集（与开始淋洗时比较），将螺旋夹夹紧。用蒸馏水稀释容量瓶内溶液至刻度，摇匀，作滴定分析用。

3）再生

用$1mol \cdot L^{-1}$ NaCl溶液淋洗树脂柱，直至流出液酸化后检查不出Fe^{3+}为止，树脂回收。

4）氯离子含量的测定

准确吸取25.00mL淋洗液于锥形瓶内，加入1mL 5% K_2CrO_4溶液，用$0.1mol \cdot L^{-1}$ $AgNO_3$标准溶液滴定至溶液刚出现稳定的砖红色（边摇边滴），记录数据。重复滴定两次，计算氯离子的含量。

附：$0.1mol \cdot L^{-1}$ $AgNO_3$ 标准溶液的配制和标定

称取约8.5g $AgNO_3$，用蒸馏水溶解后稀释到500mL，摇匀。

准确称取0.15～0.20g NaCl三份，分别置于3个洁净的锥形瓶中，各加入25mL蒸馏水使其溶解，然后加入1mL 5% K_2CrO_4溶液。在充分摇动下，用$AgNO_3$溶液滴定至溶液刚出现稳定的砖红色。记录三次滴定的数据，计算$AgNO_3$溶液的浓度。

五、数据记录和处理

（1）以表格形式记录本实验的有关数据。

(2) 计算收集到的 Cl^- 的含量和配阴离子的电荷数。

六、思考题

1. 影响三草酸合铁（Ⅲ）酸钾产量的主要因素有哪些?

2. 三草酸合铁（Ⅲ）酸钾见光易分解，应如何保存?

3. 用离子交换法测定三草酸合铁（Ⅲ）配阴离子的电荷数时，为什么必须控制流出液的流速? 过快或过慢有何影响?

实验三十二　硫代硫酸钠的制备

一、目的要求

1. 了解硫代硫酸钠的制备方法。

2. 学习产品中的硫酸盐和亚硫酸盐的限量分析方法。

二、实验原理

硫代硫酸钠俗称“海波”，又名“大苏打”，是无色透明单斜晶体，易溶于水，不溶于乙醇，具有较强的还原性和配位能力。硫代硫酸钠具有很大的实用价值。在分析化学中用来定量测定碘，在摄影业中作定影剂，在纺织工业和造纸工业中作脱氯剂，在医药中用作急救解毒剂。

硫代硫酸钠的制备方法有多种，其中亚硫酸钠法是工业和实验室中应用的主要方法。该法是利用亚硫酸钠溶液在沸腾温度下与硫粉化合，制得硫代硫酸钠，即

$$Na_2SO_3 + S \xrightarrow{\triangle} Na_2S_2O_3$$

常温下从溶液中结晶出来的硫代硫酸钠为 $Na_2S_2O_3 \cdot 5H_2O$。

反应液经过滤、浓缩结晶、过滤、干燥即得产品。

三、仪器和药品

仪器：烧杯，蒸发皿，布氏漏斗，吸滤瓶，25mL 比色管，容量瓶，移液管。

药品：Na_2SO_3（s），硫粉，I_2 溶液（0.05mol · L^{-1}），$BaCl_2$（25%），HCl(0.1mol · L^{-1})，$Na_2S_2O_3$(0.05mol · L^{-1})，Na_2SO_4 溶液（100mg · L^{-1}），乙醇。

四、实验内容

1. $Na_2S_2O_3$ 的制备

称取 2g 硫粉，研碎后置于 100mL 烧杯中，用 1mL 乙醇使其润湿，再加入

6g Na_2SO_3 固体和 30mL H_2O，加热混合物并不断搅拌。待溶液沸腾后改用小火加热，继续搅拌并保持微沸 40min 以上，直至仅剩下少许硫粉悬浮在溶液中（可在反应过程中适当补加少量水，以保持溶液体积为 20mL 左右）。趁热过滤，将滤液转移至蒸发皿中，水浴加热，蒸发滤液直至溶液呈微黄色浑浊为止。冷却至室温，即有大量晶体析出（若放置一段时间仍没有晶体析出，可搅拌或投入一粒 $Na_2S_2O_3$ 晶体以促使晶体析出）。减压过滤，并用少量乙醇洗涤晶体，抽干后再用滤纸吸干。称量，计算产率。

2. 硫酸盐和亚硫酸盐的限量分析

先用 I_2 将被测样品中的 $S_2O_3^{2-}$ 和 SO_3^{2-} 分别氧化为 $S_4O_6^{2-}$ 和 SO_4^{2-}，然后用微量的 SO_4^{2-} 与 $BaCl_2$ 溶液作用，生成难溶的 $BaSO_4$，使溶液变混浊。溶液的混浊度与试样中 SO_4^{2-} 和 SO_3^{2-} 的含量成正比。具体的分析步骤如下：

称取 1g 产品，溶于 25mL 水中，先加入 38mL 0.05mol · L^{-1} I_2 溶液，继续滴加至溶液呈浅黄色。然后将溶液转移至 100mL 容量瓶中，用水稀释至标线，摇匀。从容量瓶中吸取 10.00mL 溶液置于 25mL 比色管中，稀释至 25mL 刻度。再加入 1mL 0.1mol · L^{-1} HCl 及 3mL 25%的 $BaCl_2$，摇匀。放置 10min 后，加入 1 滴 0.05mol · L^{-1} $Na_2S_2O_3$ 溶液，摇匀，立即与 SO_4^{2-} 标准系列溶液进行比浊。根据混浊度确定所制备的产品的等级。

SO_4^{2-} 标准系列溶液的配制：吸取 100mg · L^{-1} SO_4^{2-} 溶液 0.20mL、0.50mL、1.00mL，分别置于 3 支 25mL 比色管中，稀释至 25.00mL。再分别加入 1mL 0.1mol · L^{-1} HCl 及 3mL 25%的 $BaCl_2$，摇匀。放置 10min，然后加入 1 滴 0.05mol · L^{-1} $Na_2S_2O_3$ 溶液，摇匀。这 3 支比色管中 SO_4^{2-} 的含量分别相当于优级纯、分析纯和化学纯。

$Na_2S_2O_3 \cdot 5H_2O$ 各级试剂纯度的国家标准（GB 637—77）见表 6-4。

表 6-4　$Na_2S_2O_3 \cdot 5H_2O$ 各级试剂纯度的国家标准（指标以%计）

名　称	优级纯	分析纯	化学纯
$Na_2S_2O_3 \cdot 5H_2O$	不少于 99.0	不少于 99.0	不少于 98.0
澄清度试验	合格	合格	合格
水不溶物	0.002	0.005	0.01
硫酸盐及亚硫酸盐（以 SO_4 计）	0.02	0.05	0.1
硫化物（S）	0.0002	0.0005	0.001
钙（Ca）	0.003	0.005	0.01
铁（Fe）	0.0005	0.001	0.001
砷（As）	0.0005	0.001	0.001
重金属（以 Pb 计）	0.001	0.001	0.002

五、思考题

1. 蒸发浓缩时，为什么不可将溶液蒸干？
2. 过滤所得产物晶体时为什么要用乙醇洗涤？
3. 如果空气中湿度太大，将发生什么情况？
4. 限量分析的结果显示产品达到什么等级？实验的成败原因是什么？

附：微型实验

1. 微型仪器

微型烧杯（10mL），微型表面皿（5cm），微型吸滤瓶（口径 19mm，容积 20mL），微型布氏漏斗（口径 20mm，容积 5mL），洗耳球（代替真空泵），蒸发皿（10mL）。

2. 实验步骤

同常规实验。但应注意如下两点：

（1）试剂用量减少为硫粉 0.25g（研细后称取），亚硫酸钠 0.75g，乙醇 10 滴，水 4mL。

（2）为防止水分过分蒸发，反应时应在烧杯上加盖表面皿。

实验三十三　重铬酸钾的制备

一、目的要求

1. 了解利用固体碱熔氧化法从铬铁矿粉制备重铬酸钾的基本原理。
2. 练习熔融、浸取操作，巩固过滤、结晶和重结晶等基本操作。

二、实验原理

经过精选后的铬铁矿的主要成分是亚铬酸铁[$Fe(CrO_2)_2$ 或 $FeO \cdot Cr_2O_3$]，其中含有 35%～45% Cr_2O_3。除铁外，还含有硅、铝等杂质。由铬铁矿精粉制备重铬酸钾的第一步是将有效成分 Cr_2O_3 从矿石中提取出来。根据 Cr（Ⅲ）的还原性质，通常选择将铬铁矿粉与碱混合，在空气中用氧气氧化或与其他强氧化剂如氯酸钾加热熔融，将 Cr(Ⅲ)氧化成 Cr(Ⅵ)，使难溶于水的 Cr_2O_3 氧化成易溶于水的六价铬酸盐，反应方程式如下：

$$4FeO \cdot Cr_2O_3 + 8Na_2CO_3 + 7O_2 \xlongequal{\triangle} 8Na_2CrO_4 + 2Fe_2O_3 + 8CO_2 \uparrow$$

在实验室中制备重铬酸钾时，为降低熔点使上述反应能在较低温度下进行，可加入固体氢氧化钠作助熔剂，并以氯酸钾代替氧气加速氧化，其反应方程式如下：

$$6FeO \cdot Cr_2O_3 + 12Na_2CO_3 + 7KClO_3 \xlongequal{\triangle} 12Na_2CrO_4 + 3Fe_2O_3 + 7KCl + 12CO_2\uparrow$$

$$6FeO \cdot Cr_2O_3 + 24NaOH + 7KClO_3 \xlongequal{\triangle} 12Na_2CrO_4 + 3Fe_2O_3 + 7KCl + 12H_2O\uparrow$$

同时，原料中的 Al_2O_3、Fe_2O_3 和 SiO_2 转变为相应的可溶性盐，即

$$Al_2O_3 + Na_2CO_3 = 2NaAlO_2 + CO_2\uparrow$$

$$Fe_2O_3 + Na_2CO_3 = 2NaFeO_2 + CO_2\uparrow$$

$$SiO_2 + Na_2CO_3 = Na_2SiO_3 + CO_2\uparrow$$

用水浸取熔体，铁（Ⅲ）酸钠强烈水解，生成的氢氧化铁沉淀与其他不溶性杂质（如 Fe_2O_3、未反应的铬铁矿等）一起成为残渣；而铬酸钠、偏铝酸钠、硅酸钠则进入溶液。减压过滤后，弃去残渣，将滤液的 pH 调至 7～8，使偏铝酸钠、硅酸钠水解生成沉淀，与铬酸钠分开，即

$$NaAlO_2 + 2H_2O = Al(OH)_3\downarrow + NaOH$$

$$Na_2SiO_3 + 2H_2O = H_2SiO_3\downarrow + 2NaOH$$

过滤，弃去沉淀，将含有铬酸钠的滤液酸化，使其转变为重铬酸钠

$$2CrO_4^{2-} + 2H^+ = Cr_2O_7^{2-} + H_2O$$

重铬酸钾则由重铬酸钠与氯化钾进行复分解反应制得，即

$$Na_2Cr_2O_7 + 2KCl = K_2Cr_2O_7 + 2NaCl$$

因重铬酸钾和氯化钠的溶解度随温度变化相差很大，所以将溶液浓缩后冷却，即有大量重铬酸钾晶体析出，而氯化钠仍留在溶液中。

三、仪器和药品

仪器：台秤，铁坩埚，坩埚钳，泥三角，水浴埚，蒸发皿，布氏漏斗，吸滤瓶，烧杯（100mL、250mL），研钵。

药品：H_2SO_4（$3mol \cdot L^{-1}$，$6mol \cdot L^{-1}$），无水乙醇，铬铁矿粉（100 目），Na_2CO_3（无水），NaOH(s)，$KClO_3$(s)，KCl(s)。

四、实验内容

1. 氧化焙烧

称取 6g 铬铁矿粉与 4g $KClO_3$，混合均匀，另取 Na_2CO_3 和 NaOH 各 4.5g 于铁坩埚中，混匀，先用小火加热直至熔融，再将矿粉分三或四次加入坩埚中，并不断搅拌。加完矿粉后，加大火焰，用大火灼烧 30～35min，稍冷几分钟，再将坩埚置于冷水中骤冷，以便浸取。

2. 熔块提取

加少量去离子水于坩埚中，小心加热至沸，然后将溶液倾入 100mL 烧杯中，再向坩埚中加水，加热至沸，如此反复操作几次，即可取出熔块。将烧杯中的溶液与全部熔块一起煮沸 15min，并不断搅拌以加速溶解。稍冷后吸滤，残渣用 10mL 去离子水洗涤，吸滤，弃去残渣。控制滤液与洗涤液总体积为 40mL 左右。

3. 中和除铝、硅

将滤液用 $3mol \cdot L^{-1} H_2SO_4$ 调节 pH 为 7～8，加热煮沸数分钟后，趁热过滤，残渣用少量去离子水洗涤后弃去。

4. 酸化、复分解和结晶

将滤液转移至蒸发皿中，用 $6mol \cdot L^{-1} H_2SO_4$ 调 pH 至强酸性，使铬酸钠转化为重铬酸钠（注意溶液颜色的变化）。再加 1g KCl，在水浴上加热，并不断搅拌，浓缩至溶液表面有晶膜为止。冷却结晶，吸滤，得重铬酸钾晶体。

若需提纯，可按 $K_2Cr_2O_7$ 与 H_2O 的质量比为 1∶1.5 的比例，将重铬酸钾粗品溶于蒸馏水中，加热使晶体溶解，浓缩，冷却结晶，吸滤，得纯重铬酸钾晶体，最后在 40～50℃下烘干，称量并计算产率。

五、思考题

1. 在制备重铬酸钾的实验中，NaOH 和 Na_2CO_3 混合物的作用是什么？

2. 重铬酸钾和氯化钠均为可溶性盐，怎样利用不同温度下溶解度的差异使它们分离？

3. Cr(Ⅲ)转变成 Cr(Ⅵ)需在何种介质中进行？Cr(Ⅵ)转变成 Cr(Ⅲ)又需在何种介质中进行？

实验三十四　由钛铁矿制备二氧化钛

一、目的要求

1. 了解用浓硫酸溶解钛铁矿制取二氧化钛的原理和方法。
2. 学习无机制备中的砂浴、溶矿浸取、高温煅烧等操作。
3. 学习高酸度下进行水解的方法。
4. 了解钛盐的性质。

二、实验原理

钛铁矿的主要成分为钛酸铁 $FeTiO_3$，杂质主要为镁、锰、钒、铬、铝等。由于这些杂质的存在，还由于一部分铁（Ⅱ）在风化过程中转化为铁（Ⅲ）而失去，使得二氧化钛的含量变化范围较大，一般为 50%左右。本实验采用浓硫酸溶解钛铁矿的方法来制取二氧化钛。

在 160～200℃时，过量的浓硫酸与钛铁矿发生下列反应：

$$FeTiO_3 + 2H_2SO_4 \Longrightarrow TiOSO_4 + FeSO_4 + 2H_2O$$

$$FeTiO_3 + 3H_2SO_4 \Longrightarrow Ti(SO_4)_2 + FeSO_4 + 3H_2O$$

它们都是放热反应。反应一开始，便进行得很剧烈。

用水浸取分解产物，这时钛和铁等以硫酸氧钛（$TiOSO_4$）和硫酸亚铁形式进入溶液。还有一部分硫酸高铁也进入溶液。因此，必须把浸出液中铁（Ⅲ）盐全部用金属铁屑还原为亚铁盐，即

$$Fe + 2Fe^{3+} \Longrightarrow 3Fe^{2+}$$

铁屑应当过量些，可以进一步把小部分 TiO^{2+} 还原为 Ti^{3+}，以保护 Fe^{2+} 不被氧化，有关电对的电极电势如下：

$$Fe^{2+} + 2e^- \Longrightarrow Fe \qquad \varphi^\ominus = -0.447V$$

$$Fe^{3+} + e^- \Longrightarrow Fe^{2+} \qquad \varphi^\ominus = +0.771V$$

$$TiO^{2+} + 2H^+ + e^- \Longrightarrow Ti^{3+} + H_2O \qquad \varphi^\ominus = +0.10V$$

把溶液冷却到 0℃以下，便会有大量 $FeSO_4 \cdot 7H_2O$ 晶体析出。剩下的硫酸亚铁可以在硫酸氧钛水解或偏钛酸（水解产物）的水洗过程中除去。

为了使 $TiOSO_4$ 在高酸度下水解，可先取一部分上述 $TiOSO_4$ 溶液，使其水解并分散为偏钛酸溶胶，以此作为晶种与其余的 $TiOSO_4$ 溶液一起加热至沸腾进行水解，即得“偏钛酸”沉淀，即

$$TiOSO_4 + 2H_2O \Longrightarrow H_2TiO_3 + H_2SO_4$$

偏钛酸在 800～1000℃高温下灼烧即得二氧化钛，反应方程式如下：

$$H_2TiO_3 \overset{\triangle}{\Longrightarrow} TiO_2 + H_2O$$

三、仪器和药品

仪器：蒸发皿（150mL），温度计（250℃），试管，烧杯（250mL，100mL），吸滤瓶，布氏漏斗，玻璃砂漏斗，坩埚，量筒（100mL），台秤，砂浴盘，玻璃棒。

药品：H_2SO_4（$2mol \cdot L^{-1}$，浓），NaOH（40%），H_2O_2（3%），钛铁矿精矿粉（325 目），铁粉，冰，食盐，沸石，砂子。

四、实验内容

1. 由钛铁矿制取二氧化钛

1）硫酸分解钛铁矿

称取 25g 磨细的钛铁矿精矿（300 目）放入蒸发皿中，加入 20mL 浓硫酸，搅拌均匀后放在砂浴上加热，并经常搅拌。用温度计测量反应物的温度，当温度升至 110～120℃时，要不停地搅动反应物，并注意观察反应物的变化。开始时有白烟冒出，颜色变蓝，且黏度增大。当温度升至 150℃左右时，反应猛烈进行，反应物迅速变稠变硬，这一过程在几分钟内即可结束，因此在这段时间要大力搅拌，以免反应物凝固在蒸发皿壁上。猛烈反应结束后，把温度计插在砂浴中，测量砂浴温度，保持在 200℃左右约半小时。最后将蒸发皿移出砂浴，冷却至室温。

2）硫酸溶矿的浸取

将产物转入烧杯中，加入 60mL 水，搅拌至产物全部分散为止，浸取约 1h。为了加速溶解，也可稍稍加热，但温度不得超过 70℃，以免硫酸氧钛过早水解形成白色乳浊状极难过滤的产物。吸滤，滤渣用约 10mL 水洗涤一次，弃去滤渣。

证实浸取液中有 Ti（Ⅳ）化合物存在的方法：取少量滤液，滴加 3% H_2O_2 溶液，发生下列反应：

$$TiO^{2+} + H_2O_2 = [TiO(H_2O_2)]^{2+} \text{（橙黄色）}$$

这是 TiO^{2+} 的特征反应，可用于 TiO^{2+} 的定性鉴定。

3）除去主要杂质铁

向滤液中慢慢加入约 1g（勿多于 1g）铁粉，并不断搅拌至溶液变为紫黑色为止（Ti^{3+} 为紫色）。吸滤，滤液用冰盐水冷却至 0℃以下，即有 $FeSO_4 \cdot 7H_2O$ 晶体析出。再冷却一段时间后，进行吸滤。硫酸亚铁作为副产品回收。

4）钛盐水解

先取约 1/5 体积经分离硫酸亚铁后的浸出液，在不断搅拌下逐滴加入到约为浸出液总体积 8～10 倍的沸水中。继续煮沸约 10～15min，再慢慢加入其余全部浸出液，加完后继续煮沸约半小时（应适当补充水）。然后静置沉降，先用倾析法除去上层水，然后用热的 $2mol \cdot L^{-1}$ H_2SO_4 洗涤沉淀两次，再用热水冲洗多次，直至冲洗液中检验不到 Fe^{2+} 为止。吸滤即得偏钛酸。

5）灼烧

把偏钛酸放在坩埚中，先小火烘干，然后大火灼烧至不再冒白烟为止（也可放在马弗炉内于 850℃灼烧）。冷却，即得白色二氧化钛粉末。称量，计算产率。

2. 二氧化钛的定性检验

取米粒大小的自制二氧化钛粉末置于试管中，加入 2mL 浓硫酸，再加入几粒沸石，摇动试管，加热至近沸，试管内有何变化？静置冷却后，取 0.5mL 溶液，滴入 1 滴 3%的 H_2O_2，观察现象。

在另一试管中加入少量自制二氧化钛固体和 2mL 40%NaOH 溶液，加热。静置后取上层清液，小心滴入浓硫酸至溶液呈酸性，再滴入几滴 3%H_2O_2，观察现象。

五、思考题

1. 温度对浸取产物有何影响？为什么温度要控制在 75℃以下？
2. 在水溶液中能否有 Ti^{2+}、TiO_4^{4-} 等离子共存？
3. 在本实验条件下，$TiOSO_4$ 水解时，Ti^{3+} 是否也水解？
4. 实验中能否用其他金属来还原 Fe^{3+}？在洗涤偏钛酸时，如何检验冲洗液中是否含有 Fe^{2+}？

第7章　综合和设计实验

实验三十五　常见阳离子的定性分析

一、目的要求

1. 掌握常见20多种阳离子的主要性质。
2. 掌握各种离子的鉴定及混合后的分离操作。

二、实验原理

阳离子的种类较多，常见的有20多种，个别定性检出时容易发生相互干扰，所以，一般阳离子分析都是利用阳离子的共同特性，先将阳离子分成几组，然后再根据阳离子的个别特性加以检出。凡能使一组阳离子在适当的条件下生成沉淀而与其他组阳离子分离的试剂称为组试剂。利用不同的组试剂将阳离子先逐组分离，再进行检出的方法，称为阳离子的系统分析。

为巩固无机化学理论知识和元素及其化合物性质，本实验将常见的20多种阳离子分为六组。

第一组：易溶组　Na^+、K^+、NH_4^+、Mg^{2+}

第二组：氯化物组　Ag^+、Hg_2^{2+}、Pb^{2+}

第三组：硫酸盐组　Ba^{2+}、Ca^{2+}、Pb^{2+}

第四组：氨合物组　Cu^{2+}、Cd^{2+}、Zn^{2+}、Co^{2+}、Ni^{2+}

第五组：两性组　Al^{3+}、Cr^{3+}、Sb（Ⅲ，Ⅴ）、Sn（Ⅱ，Ⅳ）

第六组：氢氧化物组　Fe^{2+}、Fe^{3+}、Bi^{3+}、Mn^{2+}、Hg^{2+}

然后再根据各组离子的特性，加以分离和比较，其分离方法如下：

三、仪器和药品

仪器：试管，离心管，离心机，烧杯，玻璃棒，黑、白点滴板，铝试管架。

药品：HAc(6mol・L^{-1})，NaOH(40%,6mol・L^{-1})，$Na_3[Co(NO_2)_6]$（饱和），乙酸铀酰锌试剂，镁试剂，HCl(浓,2mol・L^{-1})，NH_4Ac(3mol・L^{-1})，$K_2Cr_2O_7$(0.1mol・L^{-1})，K_2CrO_4(0.1mol・L^{-1})，HNO_3(浓,6mol・L^{-1})，NaAc(饱和,3mol・L^{-1})，KI(0.1mol・L^{-1})，NH_3・H_2O(浓,6mol・L^{-1})，H_2SO_4(3 mol・L^{-1},1mol・L^{-1})，乙醇(95%)，$(NH_4)_2C_2O_4$（饱和），NH_4Cl

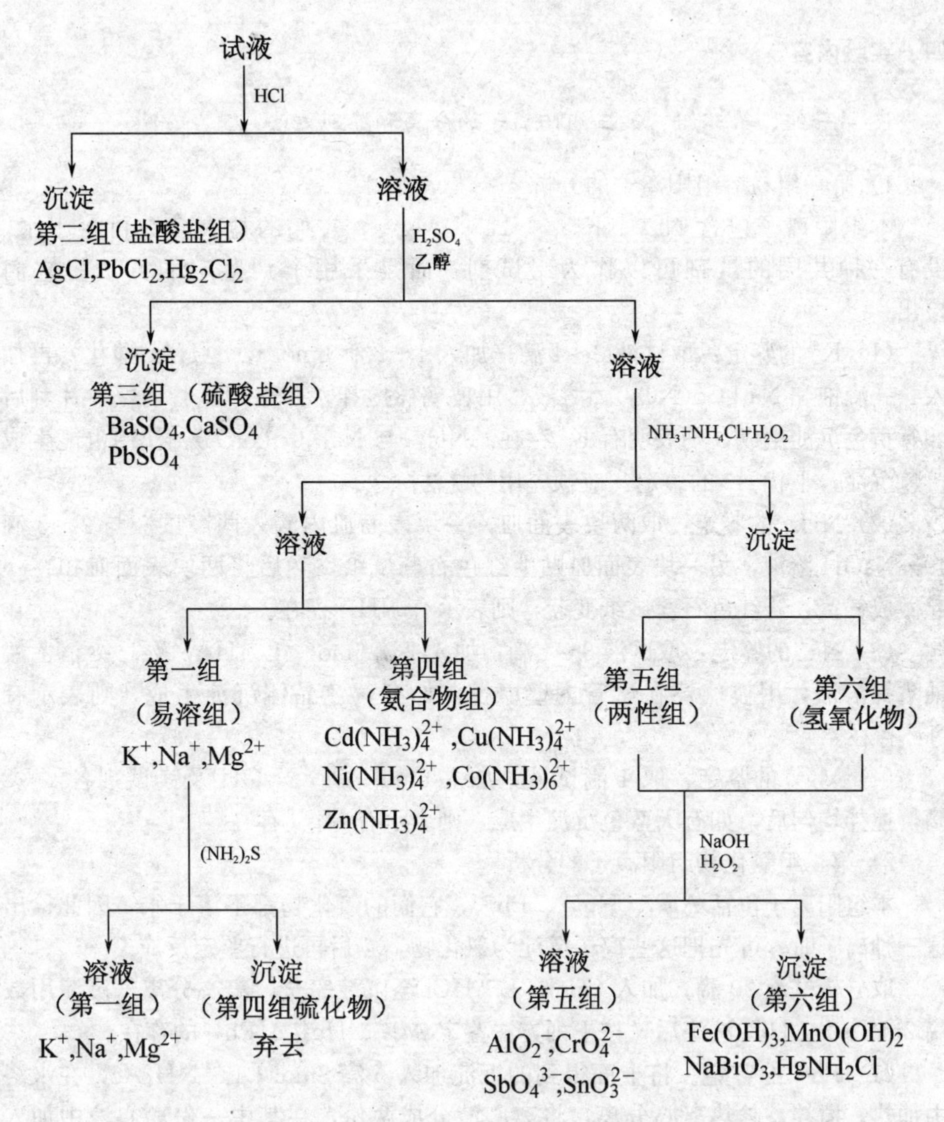

(3mol·L^{-1}，0.1mol·L^{-1})，Na_2CO_3（饱和），H_2O_2（3%），$K_4[Fe(CN)_6]_7$（0.1mol·L^{-1}），$SnCl_2$（0.1mol·L^{-1}），NH_4SCN（饱和），二乙酰二肟，戊醇，$(NH_4)_2S$（6mol·L^{-1}），二苯硫腙，H_2S（饱和），乙醚，铝试剂，铝片，$HgCl_2$（0.1mol·L^{-1}），锡箔，$NaBiO_3$(s)，KSCN（0.1mol·L^{-1}），pH 试纸，红色石蕊试纸，阳离子试液：Na^+，K^+，NH_4^+，Mg^{2+}，Ag^+，Hg_2^{2+}，Pb^{2+}，Ba^{2+}，Ca^{2+}，Cu^{2+}，Cd^{2+}，Zn^{2+}，Co^{2+}，Ni^{2+}，Al^{3+}，Cr^{3+}，Sb(Ⅲ，Ⅴ)，Sn(Ⅱ，Ⅳ)，Fe^{2+}，Fe^{3+}，Bi^{3+}，Mn^{2+}，Hg^{2+}。

四、实验内容

1. 第一组、第二组、第三组阳离子的分离和鉴别方法

1）第一组易溶组阳离子的分析

本组阳离子包含 Na^+、K^+、NH_4^+、Mg^{2+}，它们的盐大多数可溶于水，没有一种共同的试剂可以作为组试剂，而是采用个别鉴定的方法将它们检出。

（1）K^+的鉴定：取试液 3～4 滴，加入 1～2 滴 6mol · L^{-1} HAc 酸化，再加入4～5滴饱和 $Na_3[Co(NO_2)_6]$溶液，用玻璃棒搅拌，并摩擦试管内壁，片刻后如有黄色沉淀生成，则表明有 K^+存在。NH_4^+ 与 $Na_3[Co(NO_2)_6]$作用也能生成黄色沉淀，干扰 K^+的鉴定，应预先用灼烧法除去。

（2）NH_4^+ 的鉴定：取两块表面皿，一块表面皿内滴入两滴试液与 2～3 滴 40%NaOH 溶液，另一块表面皿贴上红色石蕊试纸，然后将两块表面皿扣在一起做成气室，若红色石蕊试纸变蓝，则表示有 NH_4^+ 存在。

（3）Na^+的鉴定：取试液 3～4 滴，加入 1 滴 6mol · L^{-1} HAc 及 7～8 滴乙酸铀酰锌溶液，用玻璃棒在试管内壁摩擦，如有黄色晶体沉淀生成，则表示有 Na^+存在。

（4）Mg^{2+}的鉴定：取 1 滴试液，加入 6mol · L^{-1} NaOH 及镁试剂各 1～2 滴，搅拌均匀后，如有天蓝色沉淀生成，则表示有 Mg^{2+}存在。

2）第二组氯化物组阳离子的分析

本组阳离子包括 Ag^+、Hg_2^{2+}、Pb^{2+}，它们的氯化物都不溶于水，因此检出这三种离子时，可先把这些离子沉淀为氯化物，然后再进行鉴定反应。

取分析试液 20 滴，加入 2mol · L^{-1} HCl 至沉淀完全，离心分离，沉淀用数滴 2mol · L^{-1} HCl 洗涤后，按下列方法鉴定 Ag^+、Hg_2^{2+}、Pb^{2+}的存在。

（1）Pb^{2+}的鉴定。将上面得到的沉淀加入 5 滴 3mol · L^{-1} NH_4Ac，在水浴中加热，搅拌，趁热离心分离。将离心液分成两份，在其中一份离心液中加入 2～3滴 $K_2Cr_2O_7$ 或 K_2CrO_4，若有黄色沉淀，表示有 Pb^{2+}存在，再试验沉淀在 6mol · L^{-1} HNO_3、6mol · L^{-1} NaOH、6mol · L^{-1} HAc 及饱和 NaAc 溶液中的溶解情况，写出反应方程式。

在另一份离心液中加入 1～2 滴 0.1mol · L^{-1} KI 溶液，观察现象，试验沉淀在热水中的溶解情况。

沉淀用数滴 3mol · L^{-1} NH_4Ac 溶液洗涤后，离心分离除去 Pb^{2+}，保留沉淀作 Ag^+和 Hg_2^{2+} 的鉴定。

（2）Ag^+和 Hg_2^{2+} 的分离和鉴定。取上面保留的沉淀加入 5～6 滴 NH_3 ·

H_2O，不断搅拌，若沉淀变为灰黑色，表示有 Hg_2^{2+} 存在，离心分离。在离心液中加入硝酸酸化，如有白色沉淀产生，表示有 Ag^+存在。

第二组阳离子的分离示意图如下：

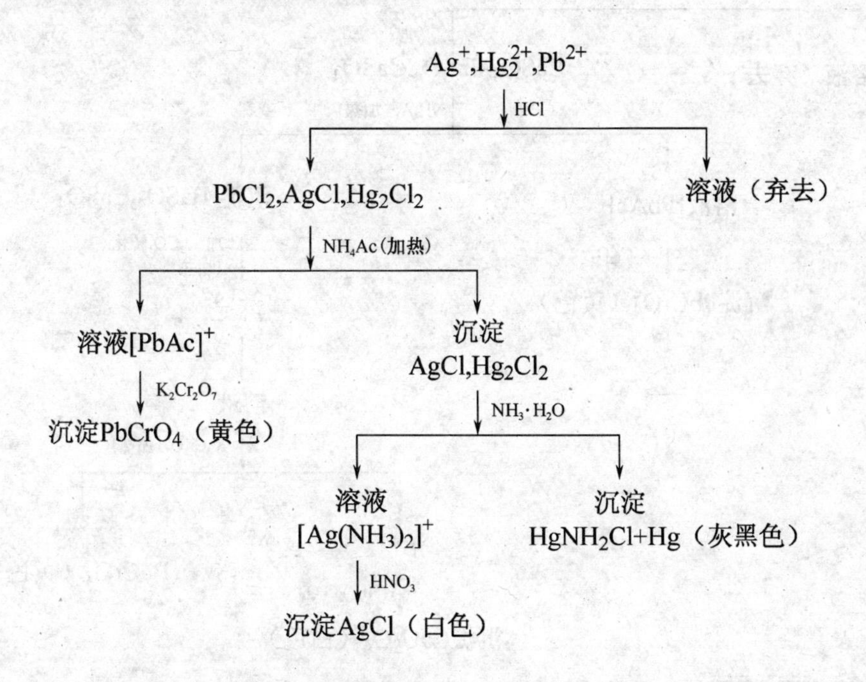

3）第三组硫酸盐组阳离子的分析

取 Ca^{2+}、Ba^{2+}、Pb^{2+}混合试液 20 滴，在水浴中加热，逐滴加入 1mol · L^{-1} H_2SO_4至沉淀完全后再过量数滴，加入 95%乙醇 4～5 滴，静置 3～5min，冷却后离心分离，沉淀用混合液（10 滴 1mol · L^{-1} H_2SO_4 加入乙醇 3～4 滴）洗涤数次后，弃去洗涤液，在沉淀中加入 7～8 滴 3mol · L^{-1} NH_4Ac，加热搅拌，离心分离，离心液按第二组鉴定 Pb^{2+} 的方法鉴定 Pb^{2+} 的存在。

沉淀加入 10 滴饱和碳酸钠溶液，置于沸水浴中加热，搅拌 1～2min，离心分离，弃去离心液。沉淀再用饱和碳酸钠溶液同样处理两次，用约 10 滴热蒸馏水洗涤一次，弃去洗涤液。沉淀用数滴 HAc 溶解后，加入氨水调节 pH 为4～5，加入 2～3 滴 $K_2Cr_2O_7$，加热搅拌生成黄色沉淀，表示有 Ba^{2+}存在。

离心分离，在离心液中加入饱和 $(NH_4)_2C_2O_4$ 溶液 2～3 滴，温热后，慢慢生成白色沉淀，表示有 Ca^{2+}存在。

第三组阳离子的分离示意图如下：

2. 第四、第五、第六组离子的分离和鉴定方法

1）第四组氨合物组阳离子的分析

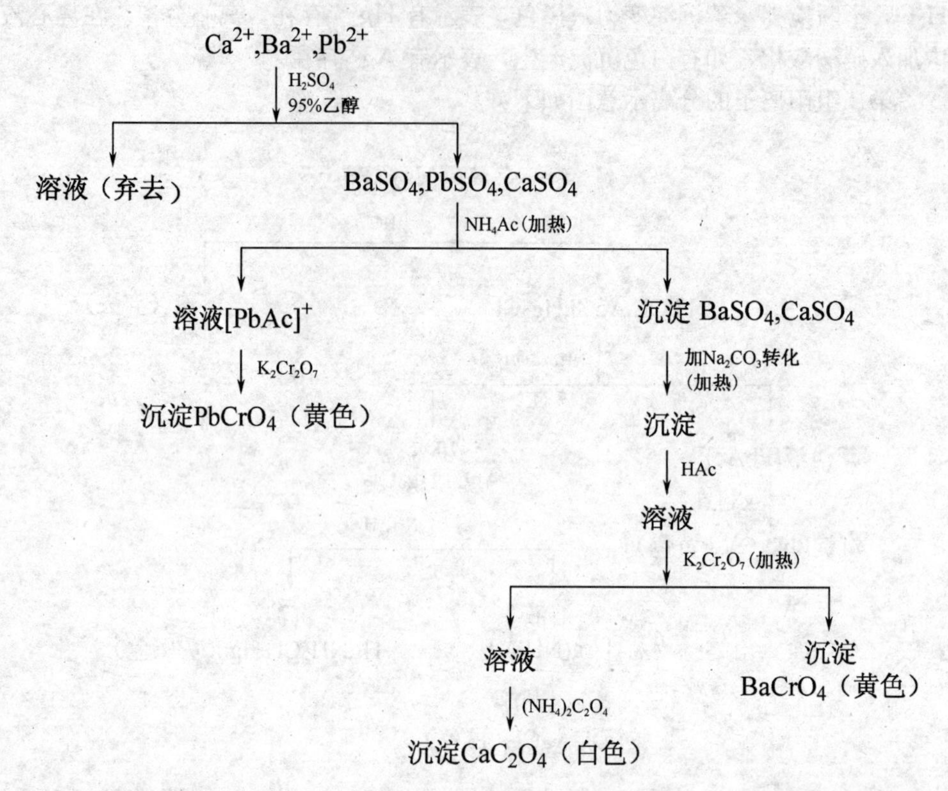

本组阳离子包括 Cu^{2+}、Cd^{2+}、Zn^{2+}、Co^{2+}、Ni^{2+} 等，它们和过量的氨水都能生成相应的氨合物，故本组称为氨合物组。

取本组混合液 20 滴，加入两滴 3mol·L^{-1} NH_4Cl 和 3～4 滴 3%的 H_2O_2，用浓氨水碱化后水浴加热，再滴加氨水，每滴加一滴即搅拌，注意有无沉淀生成，如有沉淀生成，再加入浓氨水，并过量 4～5 滴，搅拌后注意沉淀是否溶解，继续在水浴中加热 1min，取出，冷却后离心分离，离心液按下列方法鉴定 Cu^{2+}、Cd^{2+}、Zn^{2+}、Co^{2+}、Ni^{2+} 等。

(1) Cu^{2+} 的鉴定：取离心液 2～3 滴，加入 HAc 酸化后，加入 $K_4[Fe(CN)_6]$溶液 1～3 滴，生成红棕色沉淀，表示有 Cu^{2+} 存在。

(2) Co^{2+} 的鉴定：取离心液 2～3 滴，加入 HCl 酸化后，加入新配制的 $SnCl_2$ 溶液 2～3 滴、饱和 NH_4SCN 溶液 2～3 滴和戊醇 5～6 滴，搅拌后有机层呈蓝色，表示有 Co^{2+} 存在。

(3) Ni^{2+} 的鉴定：取离心液两滴，加入二乙酰二肟溶液 1 滴、戊醇 5 滴，搅拌后出现红色，表示有 Ni^{2+} 存在。

(4) Zn^{2+}、Cd^{2+} 的分离和鉴定：取离心液 15 滴，在沸水浴中加热近沸，加入 5～6 滴 $(NH_4)_2S$ 溶液，搅拌加热至沉淀凝聚，再继续加热 3～4min，离心分离。沉淀用数滴 0.1mol · L^{-1} NH_4Cl 溶液洗涤两次，离心分离，弃去洗涤液。在沉淀中加入 4～5 滴 2mol · L^{-1} HCl，充分搅拌片刻，离心分离，将离心液在沸水浴中加热除尽 H_2S，加入 6mol · L^{-1} NaOH 碱化并过量 2～3 滴，搅拌，离心分离。取离心液 5 滴，加入 10 滴二苯硫腙，搅拌并在沸水浴中加热，水溶液呈粉红色，表示有 Zn^{2+} 存在。

沉淀用数滴蒸馏水洗涤两次后，离心分离，弃去洗涤液，沉淀中加入 3～4 滴 2mol · L^{-1} HCl，搅拌溶解后，加入等体积饱和 H_2S 溶液，如有黄色沉淀生成，表示有 Cd^{2+} 存在。

第四组阳离子分离示意图如下：

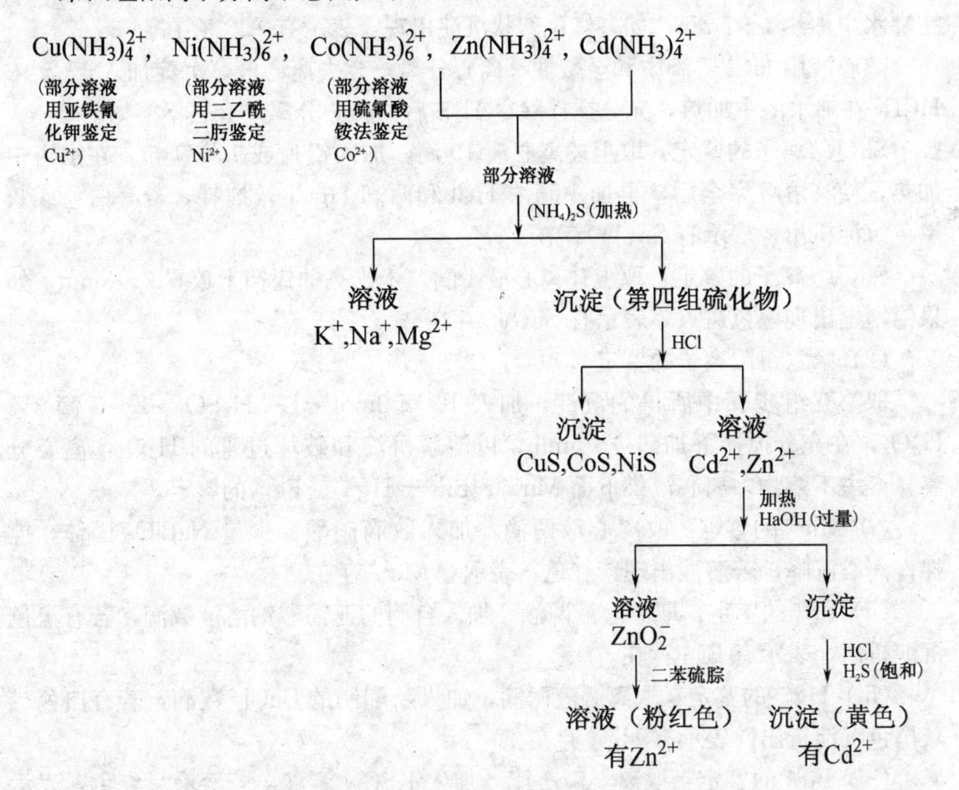

2）第五组（两性组）和第六组（氢氧化物组）阳离子分离

取第五、第六两组混合离子试液 20 滴在水浴中加热，加入两滴 3mol · L^{-1} NH_4Cl 和 3～4 滴 3% H_2O_2，逐滴加入浓氨水至沉淀完全，离心分离，弃去离心液。

在所得沉淀中加入 3～4 滴 3% H_2O_2 溶液和 15 滴 6mol · L^{-1} NaOH，在沸水浴中加热搅拌 3～5min，使 CrO_2^- 氧化为 CrO_4^{2-}，并破坏过量的 H_2O_2，离心分离，离心液作鉴定第五组阳离子用，沉淀作鉴定第六组阳离子用。

(1) 第五组阳离子 Cr^{3+}、Al^{3+}、Sb(Ⅴ)、Sn(Ⅳ)的鉴定。

(i) Cr^{3+}的鉴定：取离心液两滴，加入乙醚两滴，逐滴加入浓硝酸酸化，加入3%的 H_2O_2 2～3滴，振荡试管，乙醚层出现蓝色，表示有 Cr^{3+} 存在。

(ii) Al^{3+}、Sb(Ⅴ)和Sn(Ⅳ)的鉴定：将剩余的离心液用硫酸酸化，然后用氨水碱化并过量几滴，离心分离，弃去离心液，沉淀用数滴0.1mol·L^{-1} NH_4Cl洗涤，加入3mol·L^{-1} NH_4Cl及浓氨水各两滴、$(NH_4)_2S$溶液7～8滴，在水浴中加热至沉淀凝聚，离心分离。

沉淀用含数滴0.1mol·L^{-1} NH_4Cl溶液洗涤一两次后加入 H_2SO_4 2～3滴，加热使沉淀溶解，然后加入3滴3mol·L^{-1} NH_4Ac、两滴铝试剂溶液，搅拌，在沸水中加热1～2min，如有红色絮状沉淀出现，表示有 Al^{3+} 存在。

离心液用HCl逐滴中和至酸性，离心分离，弃去离心液，沉淀加入15滴浓HCl，在沸水浴中加热，充分搅拌除尽 H_2S 后，离心分离，弃去不溶物。

Sn(Ⅳ)离子的鉴定：取上述离心液10滴，加入铝片或少许镁粉，在水浴中加热，使其溶解完全后，再加1滴浓HCl和两滴 $HgCl_2$，搅拌，若有白色或灰黑色沉淀析出，表示有Sn(Ⅳ)存在。

Sb(Ⅴ)离子的鉴定：取上述离心液1滴，于光亮的锡箔上放置2～3min，如果锡箔上出现黑色斑点，表示有Sb(Ⅴ)存在。

(2) 第六组阳离子的鉴定。

取第五组步骤中所得的沉淀，加入10滴3mol·L^{-1} H_2SO_4、2～3滴3% H_2O_2，在充分搅拌下加热3～5min，以溶解沉淀和破坏过量的 H_2O_2，离心分离，弃去不溶物，离心液供下面 Mn^{2+}、Bi^{3+}、Hg^{2+}、Fe^{3+} 的鉴定。

(i) Mn^{2+}的鉴定：取离心液两滴，加入数滴硝酸、少量 $NaBiO_3$ 固体，搅拌，离心沉降，若溶液出现紫红色，表示有 Mn^{2+} 存在。

(ii) Bi^{3+}的鉴定：取离心液两滴，加入自制的亚锡酸钠溶液数滴，若有黑色沉淀析出，表示有 Bi^{3+} 存在。

(iii) Hg^{2+}的鉴定：取离心液两滴，加入新配制的 $SnCl_2$ 数滴，若有白色或灰黑色沉淀析出，表示有 Hg^{2+} 存在。

(iv) Fe^{3+}的鉴定：取离心液1滴，加入KSCN溶液，若溶液呈红色，表示有 Fe^{3+} 存在。

第五组、第六组阳离子的分离示意图如下：

3. 未知阳离子混合液的分析

在下列编号试液中可能含有所列阳离子，领取一份试液进行分离分析鉴定。

(1) Ag^+、Ca^{2+}、Al^{3+}、Fe^{3+}、Ba^{2+}、Na^+。

(2) Sn(Ⅳ)、Ca^{2+}、Cr^{3+}、Ni^{2+}、Cu^{2+}、NH_4^+。

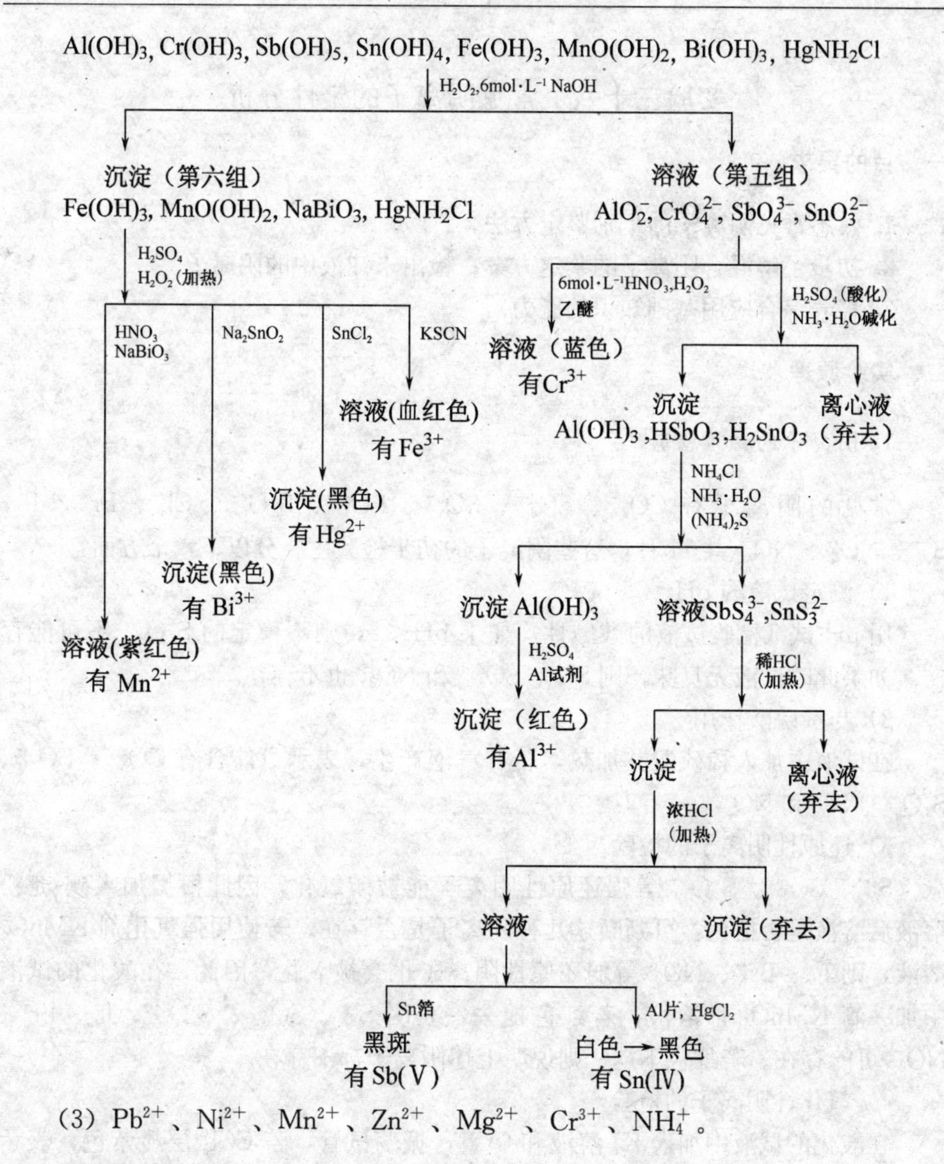

（3）Pb^{2+}、Ni^{2+}、Mn^{2+}、Zn^{2+}、Mg^{2+}、Cr^{3+}、NH_4^+。

五、思考题

1. 拟定各组阳离子的分离和鉴定的方案。
2. 如何消除个别离子在鉴定中的干扰？
3. 如果未知液呈碱性，哪些离子可能不存在？

实验三十六　常见阴离子的定性分析

一、目的要求

1. 熟悉常见阴离子的个别鉴定方法。

2. 初步了解混合阴离子的鉴定方案；检出未知液中的阴离子。

3. 培养综合应用基础知识的能力。

二、实验原理

1. 阴离子的初步检验

常见的阴离子有 CO_3^{2-}、SO_3^{2-}、SO_4^{2-}、PO_4^{3-}、$S_2O_3^{2-}$、Cl^-、Br^-、I^-、S^{2-}、NO_2^-、NO_3^- 共 11 种，这些阴离子的初步检验主要分以下六个方面：

1）测定试液的 pH

用 pH 试纸检验试液的酸碱性，如果 $pH<2$，则不稳定的 $S_2O_3^{2-}$ 不可能存在，如果此时试液无臭味，则 S^{2-}、SO_3^{2-} 和 NO_2^- 也不存在。

2）与稀硫酸作用

在试液中加入稀硫酸并加热，若有气泡产生，表示可能含有 CO_3^{2-}、SO_3^{2-}、$S_2O_3^{2-}$、S^{2-} 和 NO_2^-。

3）还原性阴离子的检验

S^{2-}、SO_3^{2-}、$S_2O_3^{2-}$ 等强还原性阴离子能被碘氧化，因此根据加入碘-淀粉溶液后溶液是否褪色，可判断这几种阴离子是否存在。若使用强氧化剂 $KMnO_4$ 溶液，则 I^-、Br^-、NO_2^- 等弱还原性阴离子也会被氧化，因此，在酸化的试液中加一滴 $KMnO_4$ 稀溶液，若红色褪去，表明 S^{2-}、SO_3^{2-}、$S_2O_3^{2-}$、I^-、Br^-、NO_2^- 可能存在。若红色不褪，则说明上述阴离子都不存在。

4）氧化性阴离子的检验

在酸化的试液中加入 KI 溶液和 CCl_4，振荡试管，若 CCl_4 层显紫色，表示 NO_2^- 可能存在。

5）与 $BaCl_2$ 溶液的作用

在中性或弱碱性试液中滴加 $BaCl_2$ 溶液，若生成白色沉淀，表示可能存在 SO_4^{2-}、CO_3^{2-}、SO_3^{2-}、PO_4^{3-}、$S_2O_3^{2-}$（当浓度大于 $4.5g \cdot L^{-1}$ 时），若没有沉淀生成，则 SO_4^{2-}、CO_3^{2-}、SO_3^{2-}、PO_4^{3-} 不存在，而 $S_2O_3^{2-}$ 不能确定。

6）与 $AgNO_3$、HNO_3 的作用

试液中加入 $AgNO_3$ 溶液，有沉淀生成，然后用稀硝酸酸化，若仍有沉淀，表示可能有 Cl^-、Br^-、I^-、S^{2-}、$S_2O_3^{2-}$。若无沉淀生成，表明以上离子都不

存在。

由沉淀颜色还可以初步判断含有哪些离子：沉淀若呈白色，表示有 Cl^-；淡黄色表示有 Br^-、I^-；黑色表示有 S^{2-}（应注意的是黑色可能掩盖其他沉淀的颜色）；若沉淀由白变黄、橙、褐，最后呈现黑色，则可能有 $S_2O_3^{2-}$。

经过以上初步检验后，就可以判断哪些阴离子可能存在，然后对可能存在的阴离子进行个别鉴定。

2. 阴离子的个别鉴定

1）S^{2-} 的检出

S^{2-} 含量多时，可将试液酸化，然后用 $Pb(Ac)_2$ 试纸检查 H_2S。S^{2-} 含量少时，可在碱性溶液中加入 $Na_2[Fe(CN)_5NO]$ 检验。S^{2-} 存在时，形成 $Na_4[Fe(CN)_5NOS]$，溶液变紫。

2）$S_2O_3^{2-}$ 的检出

S^{2-} 的存在会妨碍 SO_3^{2-} 和 $S_2O_3^{2-}$ 的检出，因此必须先把 S^{2-} 除去。可在溶液中加入 $CdCO_3$ 固体，利用沉淀的转化除去 S^{2-}，即

$$S^{2-} + CdCO_3(s) \longrightarrow CdS(s) + CO_3^{2-}$$

然后，在除去 S^{2-} 的溶液里加入硝酸银，生成沉淀，颜色迅速变黄色、棕色，最后变为黑色，表示有 $S_2O_3^{2-}$。

3）SO_3^{2-} 的检出

在点滴板上滴入两滴饱和 $ZnSO_4$，然后加入 1 滴 $K_4[Fe(CN)_6]$ 和 1 滴 $Na_2[Fe(CN)_5NO]$ 溶液，并用氨水将溶液调至中性，再滴加已除去 S^{2-} 的试液，若出现红色沉淀，表示有 SO_3^{2-}。

4）SO_4^{2-} 的检出

溶液用 HCl 酸化，若有沉淀，离心分离，在所得清液里加入 $BaCl_2$ 溶液，生成白色沉淀，表示有 SO_4^{2-} 存在。

5）CO_3^{2-} 的检出

一般用 $Ba(OH)_2$ 气体瓶法检出 CO_3^{2-}。用此法时，SO_3^{2-}、$S_2O_3^{2-}$ 干扰检出，需预先加入数滴 H_2O_2 将它们氧化为 SO_4^{2-}，再检验 CO_3^{2-}。

6）PO_4^{3-} 的检出

一般用生成磷钼酸铵的反应来检出。但 SO_3^{2-}、$S_2O_3^{2-}$、S^{2-} 等还原性阴离子以及大量 Cl^- 都干扰检出。还原性阴离子能将钼还原成“钼蓝”而破坏试剂，大量的 Cl^- 能降低反应的灵敏度。所以要先滴加浓 HNO_3，煮沸，以除去干扰。此外，磷钼酸铵能溶于磷酸盐，所以要加入过量的试剂。

7）Cl^-、Br^-、I^-的检出

由于强还原性阴离子妨碍Br^-、I^-的检出，因此一般将Cl^-、Br^-、I^-沉淀为银盐，离心分离，再以$2mol \cdot L^{-1}$氨水处理沉淀，在所得银氨溶液中先检出Cl^-。氨水处理后，残渣（Br^-、I^-的银盐沉淀）再用锌粉处理，在所得清液中加入CCl_4和氯水，若开始时CCl_4层呈紫色，表示有I^-，继续加氯水并震荡，CCl_4层紫色褪去变为橙黄色，则说明含有Br^-。若I^-浓度很大，加入很多氯水也难以使紫色褪去，这时可在溶液中加入H_2SO_4和KNO_2并加热，使I^-氧化成I_2，蒸发除去I_2后，再检出Br^-。

8）NO_2^- 的检出

在上述11种阴离子范围内，只有NO_2^- 能把I^-氧化成I_2。可在酸性介质下加KI和CCl_4，若CCl_4层呈紫色，表示有NO_2^-。另一种鉴定NO_2^- 的方法是通过加入对氨基苯磺酸和α-萘胺，生成红色的偶氮染料。

9）NO_3^- 的检出

NO_2^- 不存在时，可直接用二苯胺检出。当试液含有NO_2^- 时，因NO_2^- 与二苯胺也能发生相似的反应，所以必须先除去NO_2^-。可加入尿素并加热，使NO_2^-分解而除去，即

$$2NO_2^- + CO(NH_2)_2 + 2H^+ = CO_2 + 2N_2 + 3H_2O$$

通过检查确定无NO_2^- 时，再检出NO_3^-。

三、仪器和药品

仪器：离心机，试管，点滴板。

药品：H_2SO_4($2mol \cdot L^{-1}$,浓)，HNO_3($2mol \cdot L^{-1}$,浓)，HCl($2mol \cdot L^{-1}$,浓)，NaOH($2mol \cdot L^{-1}$,$6mol \cdot L^{-1}$)，$NH_3 \cdot H_2O$($2mol \cdot L^{-1}$,$6mol \cdot L^{-1}$)，$KMnO_4$($0.01mol \cdot L^{-1}$)，KI($0.1mol \cdot L^{-1}$)，$BaCl_2$($0.5mol \cdot L^{-1}$)，$AgNO_3$($0.1mol \cdot L^{-1}$)，$K_4[Fe(CN)_6]$($0.1mol \cdot L^{-1}$)，$Na_2[Fe(CN)_5NO]$(1%)，H_2O_2(3%)，$ZnSO_4$（饱和），$Ba(OH)_2$（饱和），氯水（饱和），$(NH_4)_2MoO_4$试剂，碘-淀粉溶液，$CdCO_3$(s)，Zn粉，KNO_2（s），对氨基苯磺酸，α-萘胺，二苯胺，尿素，CCl_4，$Pb(Ac)_2$试纸，pH试纸，已知液Ⅰ(Cl^-,Br^-,I^-)，已知液Ⅱ(S^{2-},$S_2O_3^{2-}$,SO_3^{2-})，未知阴离子混合液。

四、实验内容

1. 已知阴离子混合物的分离与鉴定

（1）Cl^-、Br^-、I^-混合液。

（2）S^{2-}、$S_2O_3^{2-}$、SO_3^{2-} 混合液。

2. 未知阴离子混合液的分析

配制含有 5～7 种阴离子的未知液进行分析。

五、思考题

1. 若试液显酸性，上述 11 种阴离子中哪些离子不可能存在？

2. 鉴定 CO_3^{2-} 时，如何防止 SO_3^{2-} 的干扰？

3. 鉴定 SO_4^{2-} 时，怎样除去 SO_3^{2-}、$S_2O_3^{2-}$、CO_3^{2-} 的干扰？

4. 请找出一种能区别以下 5 种溶液的试剂：Na_2S、$NaNO_3$、$NaCl$、$Na_2S_2O_3$、Na_2HPO_4。

实验三十七　配合物的光谱化学序测定

一、目的要求

1. 了解不同配体对配合物的中心金属离子 d 轨道能级分裂的影响。

2. 测定铬配合物某些配体的光谱化学序。

二、实验原理

在过渡金属配合物中，由于配体场的影响，使中心离子原来能量相同的 d 轨道分裂为能量不同的两组或两组以上的不同轨道。配体的对称性不同，d 轨道的分裂形式和分裂轨道间的能量差也不同。中心离子的 d 轨道在不同配体场中的能级分裂如图 7-1 所示。

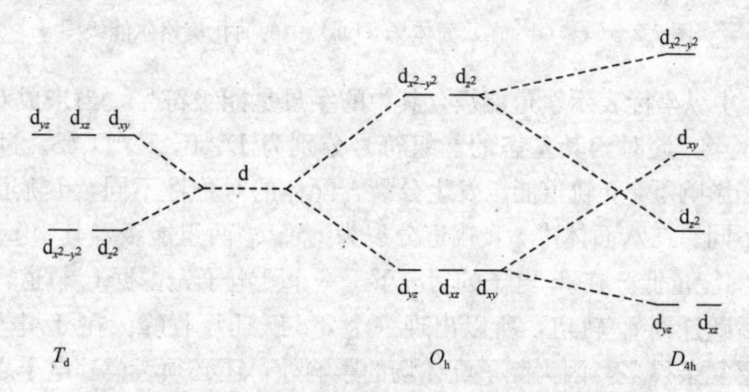

图 7-1　中心离子的 d 轨道在不同配体场中的能级分裂

电子在分裂 d 轨道间的跃迁称为 d-d 跃迁，这种 d-d 跃迁的能量，相当于可见光区的能量范围，这就是过渡金属配合物呈现颜色的原因。

分裂的最高能级的 d 轨道和最低能级的 d 轨道之间的能量差称为分裂能，常用Δ来表示。Δ值的大小受中心离子的电荷、周期数、d电子数和配体性质等因素影响。对于同一中心离子和相同构型的配合物，Δ值的大小取决于配体的强弱。按分裂能Δ值的相对大小来排列的配体顺序称为光谱化学序。

光谱化学序对于研究配合物的性质有着重要的意义，利用它可以判断和比较配合物中配体场的强弱。不同配体的Δ值各不相同，我们可通过测定配合物的电子光谱，由一定的吸收峰位置所对应的波长，按下式计算而求得，从而得到配合物的光谱化学序。

$$\Delta=\frac{1}{\lambda}\times 10^{7}(\text{cm}^{-1})$$

式中，λ为波长，单位为nm。

以轨道能量对分裂能Δ作图，所得到的能级图称为奥格尔（Orgel）能级图。奥格尔能级图是通过量子力学计算得到的。图7-2是$Cr^{3+}(d^3)$在八面体场（Oh）中的简化奥格尔能级图。

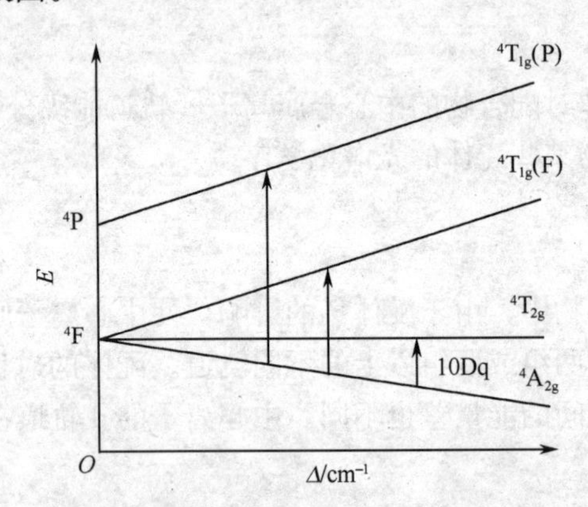

图7-2　$Cr^{3+}(d^3)$在八面体场（Oh）中的简化奥格尔能级图

图7-2中纵坐标表示轨道能级，其中的字母是能级符号，当未成对电子数n为1、2、3、4、5时，其基态的能级符号分别为^2D、^3F、^4F、^5D、^6S。过渡金属离子在配体场影响下，d轨道能级发生分裂，配体的对称性不同，d轨道能级分裂的形式也不同。在八面体中，d轨道分裂为t_{2g}、e_g两组能级，其中t_{2g}轨道能量比e_g轨道的能量低。在d^1电子的情况下，一个d电子先占据t_{2g}轨道，吸收一定波长的光后跃迁到e_g轨道，所以出现一个d-d跃迁吸收峰。在d^n电子的情况，其能级图要复杂得多，因为除了配体场的影响外，还必须考虑d电子之间的相互作用。图7-2为本实验的$Cr^{3+}(d^3)$的奥格尔能级图，^4F是它的基态，d电子的允许跃迁有$^4A_{2g}\rightarrow{}^4T_{2g}$、$^4A_{2g}\rightarrow{}^4T_{1g}(F)$、$^4A_{2g}\rightarrow{}^4T_{1g}(P)$，与这三种跃迁相对应的电子光谱应有三个吸收峰。在实验测定的电子光谱中，往往只出现两个明显的吸收峰，因为第三个吸收峰被强的电荷迁移吸收峰所覆盖。其中$^4A_{2g}\rightarrow{}^4T_{2g}$跃迁的能

量为10Dq（Δ），则这两个能级之间的能量差即为八面体配合物中的分裂能Δ，故Δ值可从电子光谱中与$^4A_{2g} \to ^4T_{2g}$跃迁相对应的最大波长的吸收峰位置求得。当测得不同配体的Δ值后按其大小排列即可得光谱化学序。

不同d^n电子和不同构型的配合物的电子光谱是不同的。因此，计算分裂能Δ的方法也各不相同。在八面体和四面体中，d^1、d^4、d^6、d^9电子的电子光谱只有一个简单的吸收峰，其Δ值直接由吸收峰位置的波长计算。对d^2、d^3、d^7、d^8电子的电子光谱都应有三个吸收峰，其中八面体的d^3、d^8电子和四面体的d^2、d^7电子，由最大波长吸收峰位置的波长计算Δ值；而八面体的d^2、d^7电子和四面体的d^3、d^8电子，其Δ值由最小波长吸收峰和最大波长吸收峰的波长倒数之差来计算。

三、仪器和药品

仪器：722型分光光度计，烧瓶（100mL），冷凝管（20cm），烧杯（250mL，100mL，25mL，10mL），水浴锅，容量瓶（100mL，50mL），吸滤瓶，布氏漏斗，砂芯漏斗，锥形瓶，研钵，量筒。

药品：三氯化铬（$CrCl_3 \cdot 6H_2O$，s），$K_2Cr_2O_7$(s)，乙二酸钾（$K_2C_2O_4 \cdot H_2O$，s），碱式碳酸铬（$CrO_3 \cdot xCO_2 \cdot yH_2O$，s），KSCN(s)，乙二酸（$H_2C_2O_4 \cdot 2H_2O$，s），硫酸铬钾[$KCr(SO_4)_2 \cdot 12H_2O$,s]，甲醇，丙酮，无水乙二胺（en），乙醇，乙酰丙酮（Hacac），H_2O_2(10%)，锌粉，乙二胺四乙酸二钠盐(s)，苯。

四、实验内容

1. 配合物的合成

1）[$Cr(en)_3$]Cl_3的合成

称取13.5g三氯化铬溶于25mL的甲醇中，再加入0.5g锌粉，把此混合液转入到100mL烧瓶中并装上回流冷凝管，在水浴中回流，同时缓慢加入20mL乙二胺，加完后继续回流1h。冷却过滤，并用10%的乙二胺甲醇溶液洗涤黄色沉淀，最后再用10mL乙醇洗涤，得粉末状的黄色产物[$Cr(en)_3$]Cl_3。产物应储存在棕色瓶内。

2）K_3[$Cr(NCS)_6$]$\cdot 4H_2O$的合成

在100mL水中溶解6g KSCN和5g硫酸铬钾，加热溶液至近沸约1h，然后注入50mL乙醇，稍冷却即有硫酸钾晶体析出，过滤除去，滤液进一步蒸发浓缩至有少量暗红色晶体开始析出，冷却过滤并在乙醇中重结晶提纯，得暗红色晶体K_3[$Cr(NCS)_6$]$\cdot 4H_2O$。产物在空气中干燥。

3）$K_3[Cr(C_2O_4)_3]\cdot 3H_2O$ 的合成

在 100mL 水中溶解 3g 乙二酸钾和 7g 乙二酸，再慢慢加入 2.5g 磨细的重铬酸钾并不断搅拌，待反应完毕后蒸发溶液近干使晶体析出。冷却后过滤并用丙酮洗涤，得深绿色 $K_3[Cr(C_2O_4)_3]\cdot 3H_2O$ 晶体，在 110℃烘干。

4）$[Cr\text{-}EDTA]^-$ 的合成

称取 0.5g EDTA 二钠盐溶于 100mL 水中，加热使其全部溶解，调节溶液的 pH 为 3～5，然后加入 0.5g 三氯化铬，稍加热得紫色的 $[Cr\text{-}EDTA]^-$ 配合物溶液。

5）$K[Cr(H_2O)_6](SO_4)_2$ 的合成

称取 0.5g 硫酸铬钾溶于 100mL 水中，即得紫蓝色的 $K[Cr(H_2O)_6](SO_4)_2$ 溶液。

6）$Cr(acac)_3$ 的合成

称取 2.5g 碱式碳酸铬于 100mL 锥形瓶中，然后注入 20mL 乙酰丙酮。将锥形瓶放入 85℃的水浴中加热，同时缓慢滴加 30mL 10% H_2O_2 溶液，此时溶液呈紫红色，当反应结束（起沸停止）后，将锥形瓶置于冰盐水中冷却，析出的沉淀过滤并用冷乙醇洗涤，得紫红色晶体，在 110℃烘干。

2. 配合物电子光谱的测定

称取上述配合物各 0.15g，分别溶于少量的水中，然后转入 100mL 容量瓶中，并稀释到刻度。对制得的 $[Cr\text{-}EDTA]^-$ 配合物溶液则取其体积的1/3～1/4转移到 100mL 容量瓶中，并稀释到刻度。三乙酰丙酮合铬配合物不溶于水，故称取 0.08g 溶于苯中，转移到 50mL 容量瓶中，并稀释到刻度。

以相应溶剂作为空白，用 1cm 比色皿分别测定以上各配合物溶液在波长 360～700nm的吸光度。每间隔 10nm 测定一次，在吸收峰处间隔可适当缩小，增加测定点。

五、数据记录和处理

（1）将各配合物在不同波长的吸光度记入表 7-1 中。

表 7-1 各配合物在不同波长的吸光度

波长/nm \ 配合物	$[Cr(en)_3]^{3+}$	$[Cr(NCS)_6]^{3-}$	$[Cr(C_2O_4)_3]^{3-}$	$[Cr\text{-}EDTA]^-$	$[Cr(H_2O)_6]^{3+}$	$Cr(acac)_3$
360						
⋮						
700						

（2）以波长 λ（nm）为横坐标，吸光度 *A* 为纵坐标作图，即得配合物的电子光谱。

(3) 由电子光谱确定的各配合物最大波长吸收峰的位置，并按下式计算不同配体的分裂能 Δ：

$$\Delta=\frac{1}{\lambda}\times10^{7}(\mathrm{cm}^{-1})$$

由计算所得的 Δ 值的相对大小，排列出配体的光谱化学序。

六、思考题

1. 如何解释配体强度对分裂能 Δ 的影响？
2. 为何不同 d 电子的配合物要以不同的吸收峰来计算它的 Δ 值？
3. 在测定配合物电子光谱时所配溶液的浓度是否要十分正确？为什么？

需查阅的参考文献：

日本化学会. 1975. 新实验化学讲座. 东京：丸善株式会

Elving P J. Zemel B. 1957. Absorption in the ultraviolet and visible regions of chloroaquchromium(Ⅲ) ions in acid media. J. Am. Chem. Soc. ,79,1281.

Pass G, Sutcliffe H. 1974. Practical inorganic chemistry. 2nd Ed. London：Chapman-Hall

Pucell K F, Kotz J C. 1977. Inorganic chemistry. Philadelphia：Saunders

实验三十八　从废定影液中回收银

一、目的要求

1. 了解从废定影液中回收银的原理和方法。
2. 增强环保意识，并训练查阅文献、设计方案、实验操作的综合能力。

二、实验原理

感光材料上敷有一层含有 AgBr 胶体粒子的明胶，在感光过程中，在光的作用下，AgBr 分解成“银核”，即

$$AgBr\xrightarrow{h\nu}Ag+Br$$

经过显影液的作用，含有银核的 AgBr 粒子被还原为 Ag 变为黑色成像，而未感光的 AgBr 粒子在定影时，则被定影液中的 $Na_2S_2O_3$ 溶解形成 $Ag(S_2O_3)_2^{3-}$，即

$$AgBr+2S_2O_3^{2-}\longrightarrow Ag(S_2O_3)_2^{3-}+Br^-$$

一般情况下，感光材料经曝光、显影后，只有约 25% 的 AgBr 被还原为 Ag 成像，而剩余的约 75% 的 AgBr 则溶解在定影液中，若不加以回收，不仅造成浪

费，也会造成对环境的污染。

从废定影液中回收银的方法有电解法和化学法。就银的回收率而言，电解法没有化学法高。化学法又可分为直接还原法和间接还原法。直接还原法常用保险粉（$Na_2S_2O_4$）作还原剂将 $Ag(S_2O_3)_2^{3-}$ 直接还原为 Ag，但这种还原剂不稳定，极易受潮分解。间接还原法是用适当的试剂（如 Na_2S、NaClO、H_2O_2 等）将 $Ag(S_2O_3)_2^{3-}$ 先转化为难溶化合物沉淀（Ag_2S 或 Ag_2O），然后再使之还原为单质银。

三、实验要求

（1）查阅有关文献资料，设计从废定影液中回收银的方案（可设计两种不同方案进行比较）。

（2）自行列出实验用品和详细实验步骤，经指导教师审核后进行实验。

（3）测定废定影液中含银量，做处理前后含银量比较，计算回收率。

需查阅的参考文献：

北京师范大学化学系无机化学教研室. 1982. 简明化学手册. 北京:北京大学出版社

李盛. 1984. 从实验室废液中回收银. 化学世界,(12):466.

余建国. 1995. 由废定影液-卤化银制备硝酸银. 化学世界,(9):491.

张宗贵. 1994. 从废定影液中回收银方法简介. 云南化工,(2):55.

实验三十九　水热法制备 SnO_2 纳米微晶

一、目的要求

1. 了解水热法制备纳米氧化物的原理和实验方法。
2. 研究制备 SnO_2 纳米微晶的工艺条件。
3. 学习用透射电子显微镜检测超细微粒的粒径。
4. 学习用 X 射线衍射法（XRD）确定产物的物相。

二、实验原理

纳米技术是在 20 世纪 80 年代末诞生的一种高科技。该技术是在纳米尺寸范围内研究物质的组成和性质，并通过直接操纵和安排原子、分子而创造新物质。纳米粒子通常是指粒径为 1～100nm 的超微颗粒。当物质处于纳米尺寸状态时，常常表现出既不同于原子、分子，又不同于块体材料的特殊性质，如表面效应、小尺寸效应、量子尺寸效应和宏观量子隧道效应等。这些特性使纳米粒子显示出一系列独特的电学、磁学、光学和催化性能，因此具有极高的研究价值和广阔的应用前景。

纳米材料的合成方法有气相法、液相法和固相法。气相法包括：气相沉积、真空蒸发和电子束溅射等；液相法包括水热法、共沉淀法和溶胶-凝胶(sol-gel)法。

水热合成方法是将反应物密封在反应釜中，在高于环境温度和压力的条件下发生化学反应。人们应用水热合成方法制得了很多重要的固体材料，如介孔晶体、超离子导体、化学传感器、复合氧化物陶瓷、磁性和荧光材料等。水热法也是合成纳米粒子、凝胶、薄膜及具有特定堆积次序的材料的一种重要手段。用水热法制备氧化物微粉所得产物直接为晶态，无须经过焙烧晶化过程，可以减少颗粒团聚，形状比较规则，粒度比较均匀。

SnO_2 是一种半导体氧化物，有四方晶系及正交晶系两种变体，主要用作珐琅釉和乳白玻璃的原料。SnO_2 纳米微晶由于具有很大的比表面积，是一种很好的气敏和湿敏材料。

本实验以水热法制备 SnO_2 纳米微晶。利用水解 $SnCl_4$ 产生的 $Sn(OH)_4$ 脱水缩合晶化产生 SnO_2 纳米微晶，其反应式如下：

$$SnCl_4 + 4H_2O \xlongequal{} Sn(OH)_4 + 4HCl$$

$$nSn(OH)_4 \xlongequal{} nSnO_2 + 2nH_2O$$

三、仪器和药品

仪器：100mL 的不锈钢压力釜（有聚四氟乙烯内胆），带控温装置的烘箱，磁力搅拌器，酸度计，离心机，吸滤水泵，多晶 X 射线衍射仪，透射电子显微镜（TEM）。

药品：$SnCl_4 \cdot 5H_2O(s)$，KOH(s)，乙酸（s），乙酸铵（s），乙醇（95%）。

四、实验内容

1. 实验条件的选择

水热反应的条件如反应物的浓度、反应物混合均匀程度、温度、压力、体系的 pH 及反应时间等，对产物的产量、物相、形态、粒子尺寸及分布均有较大影响。

升高温度有利于 $SnCl_4$ 水解反应和 $Sn(OH)_4$ 的脱水缩合，但是温度过高将导致 SnO_2 微晶长大，而得不到 SnO_2 纳米粉。反应温度控制在 120～160℃为宜。

体系的 pH 较低时，$SnCl_4$ 的水解受到抑制，产物中残留过多的 Sn^{4+}，造成 SnO_2 粒子间的团聚，并且降低了产率；体系的 pH 较高时，$SnCl_4$ 水解较完全，形成大量的$Sn(OH)_4$，进一步脱水缩合成SnO_2纳米微晶，但是如果酸度太低，反应速率过快，也会导致SnO_2团聚。因此，体系的酸度最好控制在pH=1～2。

反应时间控制在2h左右。

2. 产物的表征

1）产物的后处理

从压力釜取出的产物经减压过滤后，先用含乙酸铵的混合溶液洗涤多次，再用95%的乙醇溶液洗涤，然后自然风干。

2）物相分析

取少量产物研细，用多晶X射线衍射仪测定其物相（图7-3）。在JCPDS（Joint Committee on Powder Diffraction Standards）卡片集中查出SnO_2的标准衍射数据，将样品的d值与相对强度和标准卡片的数据相对照，确定产物是否为SnO_2。

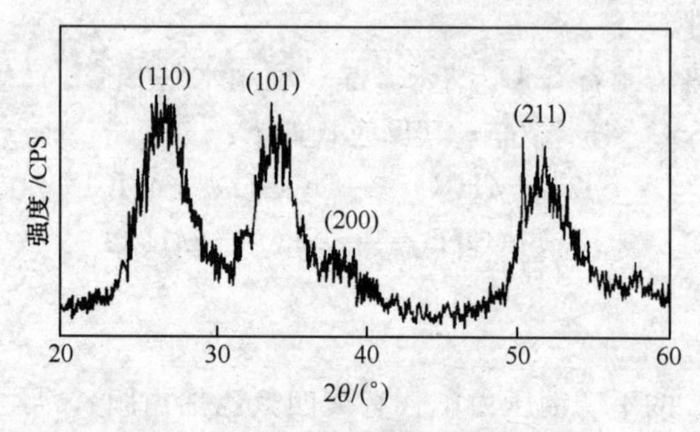

图7-3 SnO_2纳米微晶的XRD图

3）粒子大小分析与观察

(1) 用谢乐（Scherrer）公式计算样品在hkl方向上的平均晶粒尺寸，即

$$D_{hkl}=\frac{\kappa\lambda}{\beta_{hkl}\cos\theta_{hkl}}$$

式中，β_{hkl}为hkl的半峰宽；θ_{hkl}为hkl的衍射峰的衍射角；λ为X射线的波长；κ为常数，通常取0.9。

(2) 用透射电子显微镜（TEM）直接观察样品粒子的尺寸与形貌。

注意事项：

(1) $SnCl_4\cdot 5H_2O$容易潮解，最好使用新买试剂，用完后保存在干燥器中。它还具有较强的腐蚀性，操作过程中避免直接接触皮肤。

(2) 用乙酸调节酸度时，要边加边搅拌，注意搅拌均匀。刚开始时滴加的速度可以稍快，当pH接近2时要逐滴滴加。

五、思考题

1. 什么是纳米材料？纳米材料有何新特性？
2. 水热法制备 SnO_2 纳米微晶过程中，哪些因素会影响产物的粒子大小及分布？
3. 如何减少纳米粒子在干燥过程中的团聚？
4. 如何测定纳米粒子的大小？

需查阅的参考文献：

柯扬船，皮特·斯壮. 2003. 聚合物-无机纳米复合材料. 北京：化学工业出版社

辛剑，孟长功. 2004. 基础化学实验. 北京：高等教育出版社

张立德. 2000. 纳米材料. 北京：化学工业出版社

张志焜，崔作林. 2000. 纳米技术与纳米材料. 北京：国防工业出版社

实验四十　聚碱式氯化铝的制备与净水试验

一、目的要求

1. 了解聚碱式氯化铝的制备原理和方法。
2. 试验聚碱式氯化铝的净水作用。

二、实验原理

絮凝沉降是目前净化浊水和污水最有效、最经济的方法之一。聚碱式氯化铝（简称聚铝）是目前国内外广泛采用的絮凝剂，其化学通式可表示为

$$[Al_2(OH)_nCl_{6-n}]_m \quad n=1\sim5, m<10$$

它可看作是 Al^{3+} 部分水解后产生的 OH^- 在 Al^{3+} 之间架桥，而形成的一系列不同聚合度化合物的混合物，如 $Al_2(OH)_4Cl_2$、$Al_3(OH)_5Cl_4$、$Al_{13}(OH)_{34}Cl_5$ 等。在水溶液中，这些化合物可解离出 $Al_2(OH)_4^{2+}$、$Al_3(OH)_5^{4+}$、$Al_{13}(OH)_{34}^{5+}$ 等带正电荷的离子。自然界中的胶体通常是带负电荷的，这些高正电荷的离子将有效地降低负胶粒的 $|\zeta|$ 电势，促使其聚沉。此外，聚铝与胶粒之间还存在着羟基的架桥作用和吸附作用，这些作用也都有助于胶粒形成大的絮凝物而沉降。

聚铝净水作用的强弱与其“盐基度”有关。所谓盐基度就是聚铝各物种的混合物中 OH^- 取代 Cl^- 的平均百分数。例如，假设聚铝为单一的 $Al_2(OH)_4Cl_2$，则盐基度 $B=(4/6)\times100\%=66.7\%$，$AlCl_3$ 和 $Al(OH)_3$ 的盐基度分别为 0%和 100%。一般来说，聚铝的盐基度控制在 50%～80%时净水效果较好。因此，由 $AlCl_3$ 制备聚铝时，要设法提高它的盐基度，即提高它的碱度。

提高盐基度的方法一般有以下三种：

(1) 加入碱性物质。在 $AlCl_3$ 溶液中加入一定量的 NaOH 或 $NH_3 \cdot H_2O$ 等，可制得聚铝。但此法同时引入大量电解质，会影响产品质量。在 $AlCl_3$ 溶液中加入 $Al(OH)_3$ 可避免上述问题。

(2) 用金属铝与 $AlCl_3$ 溶液反应。利用铝与水溶液中 H^+ 反应后溶液的酸度降低，从而引入了 OH^-。

(3) 含水 $AlCl_3$ 晶体加热分解。$AlCl_3 \cdot 6H_2O$ 在一定温度下加热，因发生热解反应而制得聚铝。

三、仪器和药品

仪器：锥形瓶，马弗炉，磁力搅拌器。

药品：盐酸，氨水，铝粉，铝矾土，黏土。

四、实验内容

1. 由铝矾土制备 $AlCl_3$

(1) 将铝矾土粉（60 目）置于马弗炉内，于 750℃灼烧 1～1.5h（灼烧温度不得超过 850℃），使其转化为易溶于酸的熟料（此实验由预备室完成）。

(2) 取 10g 熟料置于锥形瓶中，加入 25mL $6mol \cdot L^{-1}$ HCl，在锥形瓶上装上冷凝器，于磁力搅拌器上加热搅拌。控制温度缓慢上升，待反应缓慢后再在 90～95℃保温 1～1.5h。稍冷后过滤，即得 $AlCl_3$ 溶液。

2. 由 $AlCl_3$ 制聚铝

从上面介绍的三种制备方法中选择一种，自行拟定实验步骤制聚铝。

实验提示：

(1) 由 $Al(OH)_3$ 和 $AlCl_3$ 反应制聚铝时应注意：

(i) $Al(OH)_3$ 可通过 $AlCl_3$ 溶液加氨水来制取，因此可将制得的 $AlCl_3$ 溶液的一半用来制取 $Al(OH)_3$，然后与另一半 $AlCl_3$ 溶液反应，制得盐基度为 50% 的产品。

(ii) 若 $Al(OH)_3$ 沉淀过滤比较困难，可加入少量聚丙烯酰胺溶液絮凝。

(iii) $Al(OH)_3$ 和 $AlCl_3$ 溶液反应较慢，需要不断加热搅拌，直至混合物溶解透明。

(2) 用 Al 和 $AlCl_3$ 溶液反应制聚铝时应注意：

(i) 铝粉要分批加入，以防止反应太激烈而逸出溶液。随着溶液 pH 的增大，反应速率变慢，此时应加热促使反应。最后保温在 90℃让其充分反应，直至溶液 pH 升高至 3.5 左右。

(ii) 除去多余铝粉后的聚铝溶液，为进一步提高其净水能力，可陈化数天或80℃保温数小时。

(3) 由 $AlCl_3$ 溶液加热分解制聚铝时应注意：

(i) 应先将 $AlCl_3$ 溶液浓缩至较稠的溶液，然后置于马弗炉内，在200℃焙烧1h左右。焙烧时有HCl气体放出，反应在通风橱中进行。

(ii) 由热解得到的 $Al_2(OH)_nCl_{6-n}$ 为立体网格结构的晶体，其絮凝性能差，应加水对其进行活化。水合反应方程式可表示为

$$Al_2(OH)_nCl_{6-n}+(6-n)H_2O \longrightarrow [Al_2(OH)_n \cdot (6-n)H_2O]Cl_{6-n}$$

活化使得 Cl^- 从配离子的内界变成外界，有利于配阳离子正电荷的升高。加水活化的具体操作方法为，在不断搅拌下，往焙烧得到的粉末状晶体中滴加水，使其成为黏稠度适中的糊状物（此时因水合作用会放出大量的热，同时反应物颜色变深）。加完水后，再继续搅拌数分钟，糊状物的黏稠度变大，静置一段时间后自动凝结成固态产物。

3. 净水试验

在一个盛满水的桶内加入一些黏土，搅拌均匀后静置2min，让黏土中粗砂粒沉降。取上层的浊水两份，每份1000mL分别置于大烧杯中。在一份浊水中滴加4滴聚铝溶液（固态聚铝加3倍水溶解），立即激烈搅拌3min，静置5min后与另一份未加聚铝的浊水进行对比，记录聚铝的絮凝情况。

五、思考题

1. 聚铝溶液净水的机理是什么？
2. 将新制得的聚铝溶液陈化数天或加热保温数小时，往往可进一步提高其净水能力。为什么？

实验四十一　镧-间羟基苯甲酸-8-羟基喹啉三元配合物的合成

一、目的要求

用无机合成方法制备镧-间羟基苯甲酸-8-羟基喹啉固体三元配合物，用红外光谱、紫外光谱等测定方法进行表征并了解其抗菌机理。

二、实验原理

(1) 低温固相法有不使用溶剂、高选择性、高产率、工艺过程简单、符合绿色化学以及可实现分子自组装等优点。

（2）本实验采用低温固相法在室温下合成镧-间羟基苯甲酸钠-8-羟基喹啉三元配合物。

三、仪器和药品

仪器：红外光谱仪，紫外光谱仪，分析天平，玛瑙研钵，烧杯（50mL，100mL），布氏漏斗，吸滤瓶，真空干燥箱。

药品：氯化镧（s），间羟基苯甲酸钠（s），8-羟基喹啉（s），无水乙醇，Zn^{2+}标准溶液（0.02mol·L^{-1}），EDTA溶液（0.02mol·L^{-1}），二甲酚橙溶液（0.5%），六次甲基四胺溶液（20%）。

四、实验内容

1. 配合物的合成

精确称取0.010mol 8-羟基喹啉（8-Hq）和0.005mol间羟基苯甲酸钠（NaMBA），在玛瑙研钵中充分研磨，体系颜色由白色渐渐转变为黄色，再加入0.005mol $LaCl_3·6H_2O$，充分研磨1h后，体系颜色保持黄色。将固体粉末转移到布氏漏斗中，先用无水乙醇洗涤三次，再用少量的二次蒸馏水洗涤三次，将粉末放入真空干燥箱于70℃干燥4h，得固体粉末产物。（经多次探索，$LaCl_3·6H_2O$、NaMBA、8-Hq的最佳投料配比为1∶1∶2）

2. 配合物的表征

配合物合成后，可进行配合物的组成分析、摩尔电导测定、红外光谱测定、紫外光谱测定、差热热重分析等。本次实验重点放在红外光谱和紫外光谱的测定上。

1）配合物的红外光谱测定

若稀土离子和配体未发生配合反应，则配体的各特征频率仍然保留不变。若发生反应，则其特征频率必然发生变化。因此，从基团特征峰频率的变化，可以确定配位基团和配位原子。

把所制备的配合物和游离配体（间羟基苯甲酸和8-羟基喹啉）在相同条件下，以4000～400cm^{-1}进行红外光谱扫描。列表（表7-2）比较基团的特征峰频率（如羧酸、羧酸盐、8-羟基喹啉和水），然后进行讨论。

表7-2 配合物的红外光谱（cm^{-1}）

化合物	$\nu_{C=N}$	ν_{as,COO^-}	ν_{s,COO^-}	ν_{C-O}	ν_{La-O}
三元配合物					
间羟基苯甲酸					
8-羟基喹啉					

2）配合物的紫外-可见光谱测定

配体含有苯环在紫外光区有吸收谱带，当形成配合物后谱带是否发生移动？强度有否改变？以 DMF 为溶剂测定配体和配合物的紫外-可见吸收光谱（180～600nm），再根据配体和配合物的最大吸收峰的吸光度和浓度计算相应的摩尔吸光系数（表 7-3）。

表 7-3　紫外-可见吸收峰及摩尔吸光系数

化合物	浓度/$(mol\cdot L^{-1})$	第一吸收峰			第二吸收峰		
		吸光度 A	λ_{max}/nm	ε_{max}/$(L\cdot mol\cdot cm^{-1})$	吸光度 A	λ_{max}/nm	ε_{max}/$(L\cdot mol\cdot cm^{-1})$
Na_2MBA							
8-Hq							
配合物							

3. 应用前景

所合成的配合物具有抗菌活性，可作抗菌剂使用。能表现抗菌活性的微生物的种类集合称为该抗菌剂的抗菌谱（antibacterial spectrum）。能对许多种微生物同时表现抗菌活性的抗菌剂称为广谱抗菌剂，只对一种或少量几种微生物表现抗菌活性的抗菌剂称特异性抗菌剂。抗菌广谱性表征了抗菌剂对不同菌的抑制和杀灭能力。

表 7-4 结果表明，纳米抗菌粉体对大肠杆菌、金黄色葡萄球菌、白色念珠菌、巨大芽孢杆菌具有很强的抗菌性，最低抑菌浓度（MIC）均为 $10mg\cdot L^{-1}$，远远低于 $800mg\cdot L^{-1}$，对黄曲霉的抗菌性略弱，但仍然低于 $800mg\cdot L^{-1}$，所以该抗菌剂广谱抗菌性能很好。

表 7-4　最低抑菌浓度

测试微生物菌株	最低抑菌浓度/$(mg\cdot L^{-1})$
大肠杆菌	10
金黄色葡萄球菌	10
白色念珠菌	10
黄曲霉	30
巨大芽孢杆菌	10

细菌的一般尺度为短径 0.5～1μm，长径 0.5～5μm，所合成的纳米级配合物对细菌细胞磷脂和肽链上的羧基有较强的亲和力，更容易与细菌的转移核糖核酸（t-RNA）中的磷酰基键合，抑制了其核酸酶的活性及功能，从而使细菌的生长受到抑制。另一方面，由于合成的配合物尺度小，对细菌细胞膜的穿透和破坏能力增强，使它们生长和代谢需要的关键成分流失，导致细菌死亡，因而抗菌性能提高。同时还可以大大节约原材料，降低成本。

五、思考题

1. 本实验无机合成的原理是什么？
2. 在配合物合成过程中应注意哪些问题？
3. 使用红外、紫外光谱表征配合物的生成应注意哪些问题？

需查阅的参考文献：

陈建文，蔡晨波. 2004. 灭菌、消毒与抗菌技术. 北京：化学工业出版社

倪嘉缵. 2002. 稀土生物无机化学. 第二版. 北京：科学出版社

王则民. 1995. 稀土水杨酸 8-羟基喹啉配合物的表征和抑菌效应. 自然杂志，17(1)：54～55

实验四十二　水热法制备羟基磷灰石纳米粒子

一、目的要求

1. 了解水热法制备无机化合物的制备过程。
2. 了解羟基磷灰石的基本概况与形成机理。
3. 利用红外光谱判断磷酸根离子或有机基团的存在。

二、实验原理

对无机人工骨材料的研究是近 20 年内兴起的。1892～1970 年大约 80 年的时间里，只有石膏被作为骨置换材料。1970 年，法国的博茵（Boutin）用氧化铝制造了人造髋关节，开创了用陶瓷制造人造骨、人造关节的先例。1971 年，美国发明了生物玻璃，由于其前所未有的骨亲和性而为人们所瞩目。同年联邦德国开发出无机组成近似于骨和牙齿的 TCP 陶瓷，其多孔体可以作为非常优良的骨置换材料。1974 年和 1975 年，美国和日本同时开发出羟基磷灰石陶瓷，这种陶瓷的组成与骨和齿的无机质成分极为相近，其机体亲和性十分优良，与自体骨的程度相同，如今已在世界范围内广泛应用，临床上可作为人造齿根、人造骨、人造鼻软骨、骨填充材料等。20 世纪 80 年代中期布郎（Brown）及诸亮（Chow）在美国牙齿医学会设于美国国家标准和科技学院的研究室发明了磷酸钙骨水泥，它的最终产物是羟基磷灰石（简称 HA 或 HAP），$Ca_5(PO_4)_3OH$是一种磷酸钙盐。在各种人工骨材料中，羟基磷灰石以其极高的生物相容性和生物活性而受到人们的瞩目，各国研究者争相对该材料进行研究和开发。由于人体齿和骨的主要成分是 HA，因此各种形式的 HA 都与机体有很好的亲和性，不会引起异体大分子反应、连续的炎症反应、毒性反应或使血清中钙和磷的浓度提高。而且它具有良好的生物相容性和生物活性，能与骨形成很强的化学结合，能产生骨

传导作用，是理想的硬组织替代材料，已成为国内外骨外科医生临床使用的材料。羟基磷灰石粉末可用作骨缺损部分的填充修复材料，也可进一步制成性能优良的 HA 涂层材料、HA 陶瓷、复合材料或骨组织工程支架材料等。

生物陶瓷材料的性能与其粉体的制备方法、性质是密切相关的。目前，国内外对羟基磷灰石的合成方法主要有热压烧结法、湿式粉末法、煅烧磷酸钙法、水热合成法、溶胶-凝胶法等，其中水热法是制备结晶良好、无团聚的纳米粉体的优选方法之一。用水热法制备纳米晶体有许多优点，例如，产物直接为晶态，无需烧结晶化，可以减少在烧结过程中难以避免的团聚；粒度均匀，形态比较规则；改变水热反应条件可得到具有不同晶体结构和形貌的产物。

对于磷酸钙盐，它们的存在形式多种多样[$Ca(H_2PO_4)_2 \cdot H_2O$, $Ca(H_2PO_4)_2$, $CaHPO_4 \cdot 2H_2O$, $CaHPO_4$, $Ca_8(HPO_4)_2(PO_4)_5 \cdot 5H_2O$, α-$Ca_3(PO_4)_2$, β-$Ca_3(PO_4)_2$, $Ca_x(PO_4)_y \cdot nH_2O$, $Ca_{10-x}(HPO_4)_x \cdot (PO_4)_{6-x}(OH)_{2-x}(0<x<1)$, $Ca_{10}(PO_4)_6(OH)_2$, $Ca_4(PO_4)_2O_2$]，其生成条件也各不相同，但是它们之间可以相互转化，这就是人体骨骼中具有各种磷酸钙盐的原因。

本实验以 $Ca(NO_3)_2$ 和 $(NH_4)_2HPO_4$ 为原料，以 PAMAM 为基质，控制溶液的 pH（大于 9），在水热条件下，经过一定的时间，可以得到羟基磷灰石。本实验所涉及的化学反应为

$$Ca(NO_3)_2 + (NH_4)_2HPO_4 \longrightarrow Ca_{10}(PO_4)_6(OH)_2 + NH_4NO_3$$

三、仪器和药品

仪器：水热反应釜（50mL），烘箱，磁力搅拌器，真空干燥箱，红外光谱仪，多晶 X 射线衍射仪，透射电子显微镜（TEM），分析天平。

药品：$Ca(NO_3)_2$(s, A. R.), $(NH_4)_2HPO_4$(s, A. R.)，无水乙醇（A. R.），聚酰胺-胺（PAMAM），氨水。

四、实验内容

1. 羟基磷灰石纳米粒子的制备

（1）称取一定量的 $Ca(NO_3)_2$、$(NH_4)_2HPO_4$、1.5 代～5.5 代的 PAMAM，分别溶解于蒸馏水中配成一定浓度的溶液。

（2）将 PAMAM 溶液逐滴加入 $Ca(NO_3)_2$ 溶液中，搅拌 3h，以保证两种溶液充分混合，然后将 $(NH_4)_2HPO_4$ 溶液逐滴（大约每秒 1 滴）加入到该混合溶液中，加入稀氨水调节溶液的 pH 为 9，再连续搅拌 30min。

（3）将悬浊液转移到水热反应釜中，在一定温度下加热一段时间。冷却，过滤出沉淀物，用蒸馏水及无水乙醇反复洗涤沉淀物数次，最后于 60℃烘干 8h。

2. 产物的表征

获得的羟基磷酸钙纳米复合物，可以利用红外光谱、多晶 X 射线衍射、TEM 等多种方法进行表征。通过改变实验条件，如反应温度、时间、PAMAM 的代数及浓度等，考察这些实验条件对产物的组成、结构、形貌等的影响。可以寻找有关参考书籍进行进一步的分析和了解，以获取更多的信息。

1）红外光谱

测定产物的红外光谱，判断磷酸根离子的存在或有机基团的存在（图 7-4）。

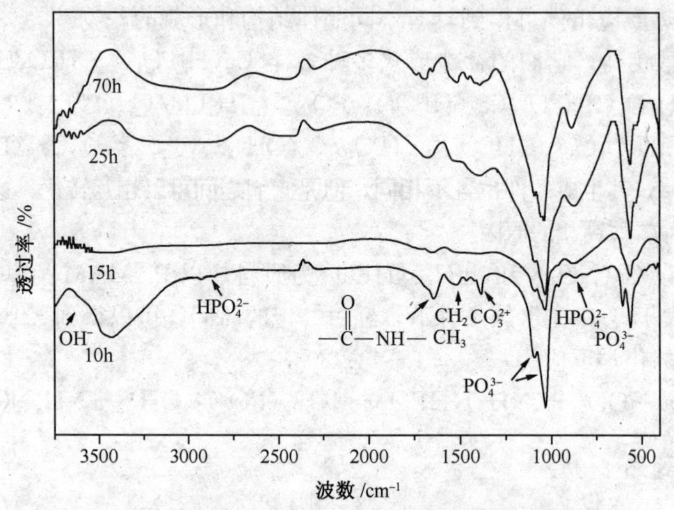

图 7-4　不同反应时间所得产物的红外光谱图

2）XRD 谱

取少量产物，研细，用多晶 X 射线衍射仪测定其 XRD 谱（图 7-5）。

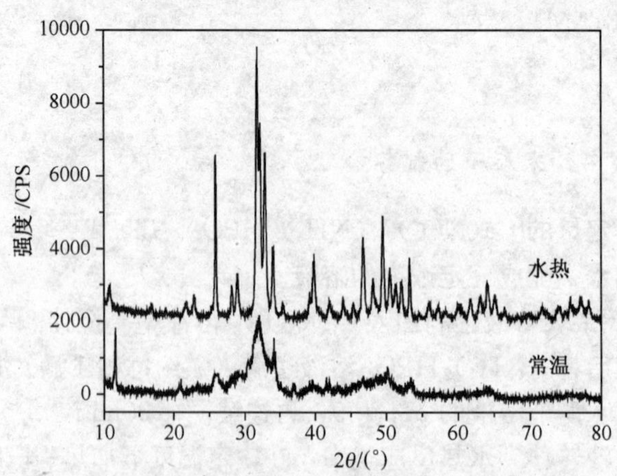

图 7-5　常温和水热制备的 HA 的 XRD 谱

3）TEM

用透射电子显微镜直接观察样品粒子的尺寸与形貌，并可进一步进行 EDX 元素分析和测定选区电子衍射图（图 7-6）。

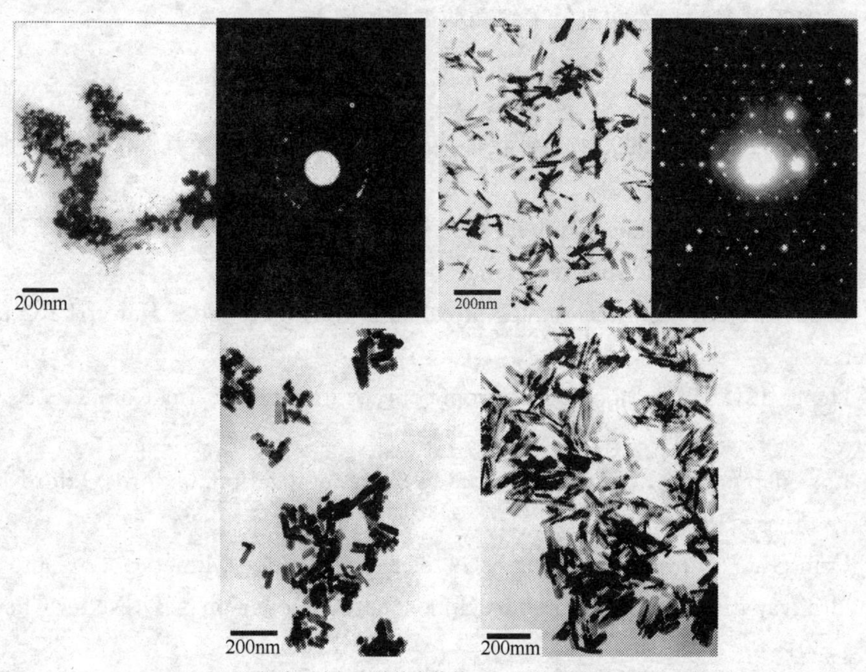

(a) 各种尺寸与形貌的产物的TEM照片和选区电子衍射图

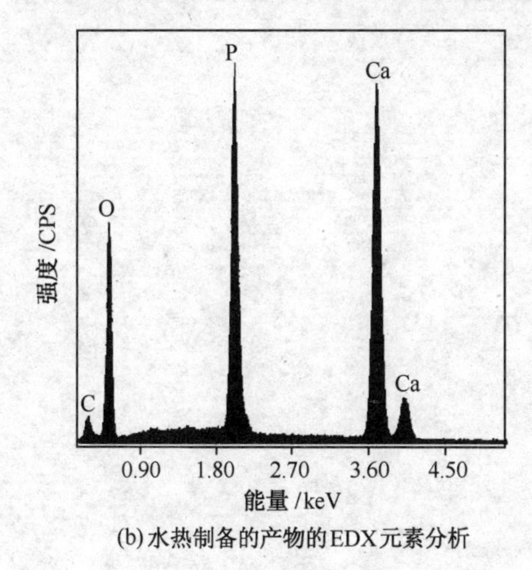

(b) 水热制备的产物的EDX元素分析

图 7-6　TEM 测试结果

五、思考题

1. 给出的树枝状化合物是否可以用其他表面活性剂代替？

2. 理解磷酸钙盐的化学平衡，结合平衡常数（酸的电离常数，沉淀的溶度积常数，反应平衡常数）说明在不同 pH 条件下磷酸根的存在状态与相互转化关系。

3. 查阅更多的相关文献，了解磷酸钙盐的用处。

需查阅的参考文献：

黄立业，徐可为. 1999. 纳米针状羟基磷灰石涂层的制备及其性能的研究. 硅酸盐学报. 27(3)：351

Aoki H. 1991. Science and medical applications of hydroxyapatite. Tokyo：Japanese Associatin of Apatite Science

Groot K De. 1983. Bioceramics of calcium phosphate. Boca Raton：CRC publisher

Hench L L. 1991. Bioceramics-from concept to clinic. J. Am. Ceram. Soc. ，74：1487

Lowenstam H A，Weiner S. 1989. On biomineralization. Oxford：Oxford University Press

Ozin G A ，Varaksa N，Coombs N，et al. 1997. Bone Mimetics：A Composite of hydroxyapatite and calcium dodecylphosphate lamellar phase. J. Mater Chem. ，7(8)：1601

第三部分

附　　录

附　录

附录1　国际单位制（SI）和我国的法定计量单位

1. 国际单位制基本单位

量的名称	量的符号	单位名称	单位符号
长度	L	米	m
质量	m	千克	kg
时间	t	秒	s
电流	I	安［培］	A
热力学温度	T	开尔文	K
物质的量	n	摩［尔］	mol
光强度	I（I_v）	坎德拉	cd

2. 国际单位制导出单位（部分）

量的名称	量的符号	单位名称	单位符号
面积	A（S）	平方米	m^2
体积	V	立方米	m^3
压力	p	帕［斯卡］	Pa
功、能、热量	W（A）；E（W）；Q	焦［耳］	J
电量、电荷	Q	库［仑］	C
电势、电压、电动势	V，U	伏［特］	V
摄氏温度	t，θ	摄氏度	℃

3. 国际单位制词冠（部分）

倍数	中文符号	国际符号
10^1	十	da
10^2	百	h
10^3	千	k
10^6	兆	M
10^9	吉	G
10^{12}	太	T
10^{-1}	分	d
10^{-2}	厘	c
10^{-3}	毫	m
10^{-6}	微	μ
10^{-9}	纳	n
10^{-12}	皮	p

4. 我国的法定计量单位（部分）

量的名称	量的符号	单位名称	单位符号
时间	t	分	min
		[小] 时	h
		天（日）	d
体积	V	立方分米（升）	dm^3（L）
		立方厘米（毫升）	cm^3（mL）
能	E（W）	电子伏特	eV
质量	m	吨	t

注：[ ] 内的字是在不致混淆的情况下可以省略的字；（ ）内的字为前者的同义词。

5. 基本物理常数

物理量	数 值	单 位
摩尔气体常量 R	8.3143（12）	$J \cdot mol^{-1} \cdot K^{-1}$
阿伏伽德罗常量 N_A	6.02252（28）$\times 10^{23}$	mol^{-1}
光在真空中的速度 c	2.997925（3）$\times 10^{8}$	$m \cdot s^{-1}$
普朗克常量 h	6.6256（5）$\times 10^{-34}$	$J \cdot s$
元电荷 e	1.60210（7）$\times 10^{-19}$	C或$J \cdot V^{-1}$
法拉第常量 F	96487.0（16）	$C \cdot mol^{-1}$或$J \cdot V^{-1} \cdot mol^{-1}$
热力学绝对零度 T_0	273.15	K

附录2 国际相对原子质量表（2001）

序数	名称	符号	相对原子质量	序数	名称	符号	相对原子质量
1	氢	H	1.00794	18	氩	Ar	39.948
2	氦	He	4.002602	19	钾	K	39.0983
3	锂	Li	6.941	20	钙	Ca	40.078
4	铍	Be	9.012182	21	钪	Sc	44.955910
5	硼	B	10.811	22	钛	Ti	47.867
6	碳	C	12.0107	23	钒	V	50.9415
7	氮	N	14.00674	24	铬	Cr	51.9961
8	氧	O	15.9994	25	锰	Mn	54.938049
9	氟	F	18.9984032	26	铁	Fe	55.845
10	氖	Ne	20.1797	27	钴	Co	58.933200
11	钠	Na	22.989770	28	镍	Ni	58.6934
12	镁	Mg	24.3050	29	铜	Cu	63.546
13	铝	Al	26.981538	30	锌	Zn	65.409
14	硅	Si	28.0855	31	镓	Ga	69.723
15	磷	P	30.973761	32	锗	Ge	72.64
16	硫	S	32.06	33	砷	As	74.92160
17	氯	Cl	35.453	34	硒	Se	78.96

续表

序数	名称	符号	相对原子质量	序数	名称	符号	相对原子质量
35	溴	Br	79.904	74	钨	W	183.84
36	氪	Kr	83.798	75	铼	Re	186.207
37	铷	Rb	85.4678	76	锇	Os	190.23
38	锶	Sr	87.62	77	铱	Ir	192.217
39	钇	Y	88.90585	78	铂	Pt	195.078
40	锆	Zr	91.224	79	金	Au	196.96655
41	铌	Nb	92.90638	80	汞	Hg	200.59
42	钼	Mo	95.94	81	铊	Tl	204.3833
43	锝	Tc	(98)	82	铅	Pb	207.2
44	钌	Ru	101.07	83	铋	Bi	208.98038
45	铑	Rh	102.90550	84	钋	Po	(209)
46	钯	Pd	106.42	85	砹	At	(210)
47	银	Ag	107.8682	86	氡	Rn	(222)
48	镉	Cd	112.411	87	钫	Fr	(223)
49	铟	In	114.818	88	镭	Ra	(226)
50	锡	Sn	118.710	89	锕	Ac	(227)
51	锑	Sb	121.760	90	钍	Th	232.0381
52	碲	Te	127.60	91	镤	Pa	231.03588
53	碘	I	126.90447	92	铀	U	238.0289
54	氙	Xe	131.293	93	镎	Np	(237)
55	铯	Cs	132.90545	94	钚	Pu	(244)
56	钡	Ba	137.327	95	镅	Am	(243)
57	镧	La	138.9055	96	锔	Cm	(247)
58	铈	Ce	140.116	97	锫	Bk	(247)
59	镨	Pr	140.90765	98	锎	Cf	(251)
60	钕	Nd	144.24	99	锿	Es	(252)
61	钷	Pm	(145)	100	镄	Fm	(257)
62	钐	Sm	150.36	101	钔	Md	(258)
63	铕	Eu	151.964	102	锘	No	(259)
64	钆	Gd	157.25	103	铹	Lr	(262)
65	铽	Tb	158.92534	104	𬬻	Rf	(261)
66	镝	Dy	162.500	105	𬭊	Db	(262)
67	钬	Ho	164.93032	106	𬭳	Sg	(263)
68	铒	Er	167.259	107	𬭛	Bh	(262)
69	铥	Tm	168.93421	108	𬭶	Hs	(265)
70	镱	Yb	173.04	109	鿏	Mt	(266)
71	镥	Lu	174.967	110		Uun	(269)
72	铪	Hf	178.49	111		Uuu	
73	钽	Ta	180.9479	112		Uub	

附录3 水的饱和蒸气压(p/kPa)

T/℃	0	1	2	3	4	5	6	7	8	9
0	0.61129	0.65716	0.70605	0.75813	0.81359	0.87260	0.93537	1.0021	1.0730	1.1482
10	1.2281	1.3129	1.4027	1.4979	1.5988	1.7056	1.8185	1.9380	2.0644	2.1978
20	2.3388	2.4877	2.6447	2.8104	2.9850	3.1690	3.3629	3.5670	3.7818	4.0078
30	4.2455	4.4953	4.7578	5.0335	5.3229	5.6267	5.9453	6.2795	6.6298	6.9969
40	7.3814	7.7840	8.2054	8.6463	9.1075	9.5898	10.094	10.620	11.171	11.745
50	12.344	12.970	13.623	14.303	15.012	15.752	16.522	17.324	18.159	19.028
60	19.932	20.873	21.851	22.868	23.925	25.022	26.163	27.347	28.576	29.852
70	31.176	32.549	33.972	35.448	36.978	38.563	40.205	41.905	43.665	45.487
80	47.373	49.324	51.342	53.428	55.585	57.815	60.119	62.499	64.958	67.496
90	70.117	72.823	75.614	78.494	81.465	84.529	87.688	90.945	94.301	97.759
100	101.32	104.99	108.77	112.66	116.67	120.79	125.03	129.39	133.88	138.50
110	143.24	148.12	153.13	158.29	163.58	169.02	174.61	180.34	186.23	192.28
120	198.48	204.85	211.38	218.09	224.96	232.01	239.24	246.66	254.25	262.04
130	270.02	278.20	286.57	295.15	303.93	312.93	322.14	331.57	341.22	351.09
140	361.19	371.53	382.11	392.92	403.98	415.29	426.85	438.67	450.75	463.10
150	475.72	488.61	501.78	515.23	528.96	542.99	557.32	571.94	586.87	602.11
160	617.66	633.53	649.73	666.25	683.10	700.29	717.84	735.70	753.94	772.52
170	791.47	810.78	830.47	850.53	870.98	891.80	913.03	934.64	956.66	979.09
180	1001.9	1025.2	1048.9	1073.0	1097.5	1122.5	1147.9	1173.8	1200.1	1226.9
190	1254.2	1281.9	1310.1	1338.8	1368.0	1397.6	1427.8	1458.5	1489.7	1521.4
200	1553.6	1586.4	1619.7	1653.6	1688.0	1722.9	1758.4	1794.5	1831.1	1868.4
210	1906.2	1944.6	1983.6	2023.2	2063.4	2104.2	2145.7	2187.8	2230.5	2273.8
220	2317.8	2362.5	2407.8	2453.8	2500.5	2547.9	2595.9	2644.6	2694.1	2744.2
230	2795.1	2846.7	2899.0	2952.1	3005.9	3060.4	3115.7	3171.8	3228.6	3286.3
240	3344.7	3403.9	3463.9	3524.7	3586.3	3648.8	3712.1	3776.2	3841.2	3907.0
250	3973.6	4041.2	4109.6	4178.9	4249.1	4320.2	4392.2	4465.1	4539.0	4613.7
260	4689.4	4766.1	4843.7	4922.3	5001.8	5082.3	5163.8	5246.3	5329.8	5414.3
270	5499.9	5586.4	5674.0	5762.7	5852.4	5943.1	6035.0	6127.9	6221.9	6317.0
280	6413.2	6510.5	6608.9	6708.5	6809.2	6911.1	7014.1	7118.3	7223.7	7330.2
290	7438.0	7547.0	7657.2	7768.6	7881.3	7995.2	8110.3	8226.8	8344.5	8463.5
300	8583.8	8705.4	8828.3	8952.6	9078.2	9205.1	9333.4	9463.1	9594.2	9726.7
310	9860.5	9995.8	10133	10271	10410	10551	10694	10838	10984	11131
320	11279	11429	11581	11734	11889	12046	12204	12364	12525	12688
330	12852	13019	13187	13357	13528	13701	13876	14053	14232	14412
340	14594	14778	14964	15152	15342	15533	15727	15922	16120	16320
350	16521	16725	16931	17138	17348	17561	17775	17992	18211	18432
360	18655	18881	19110	19340	19574	19809	20048	20289	20533	20780
370	21030	21283	21539	21799	22055					

附录4　常见化合物的摩尔质量($g \cdot mol^{-1}$)

化合物	摩尔质量	化合物	摩尔质量	化合物	摩尔质量
Ag_3AsO_4	462.52	$CaSO_4$	136.14	$FeCl_2$	126.75
$AgBr$	187.77	$CdCO_3$	172.42	$FeCl_2 \cdot 4H_2O$	198.81
$AgCl$	143.32	$CdCl_2$	183.82	$FeCl_3$	162.21
$AgCN$	133.89	CdS	144.47	$FeCl_3 \cdot 6H_2O$	270.30
$AgSCN$	165.95	$Ce(SO_4)_2$	332.24	$FeNH_4(SO_4)_2 \cdot 12H_2O$	482.18
Ag_2CrO_4	331.73	$Ce(SO_4)_2 \cdot 4H_2O$	404.30	$Fe(NO_3)_3$	241.86
AgI	234.77	$CoCl_2$	129.84	$Fe(NO_3)_3 \cdot 9H_2O$	404.00
$AgNO_3$	169.87	$CoCl_2 \cdot 6H_2O$	237.93	FeO	71.85
$AlCl_3$	133.34	$Co(NO_3)_2$	182.94	Fe_2O_3	159.69
$AlCl_3 \cdot 6H_2O$	241.43	$Co(NO_3)_2 \cdot 6H_2O$	291.03	Fe_3O_4	231.54
$Al(NO_3)_3$	213.00	CoS	90.99	$Fe(OH)_3$	106.87
$Al(NO_3)_3 \cdot 9H_2O$	375.13	$CoSO_4$	154.99	FeS	87.91
Al_2O_3	101.96	$CoSO_4 \cdot 7H_2O$	281.10	Fe_2S_3	207.87
$Al(OH)_3$	78.00	$CO(NH_2)_2$(尿素)	60.06	$FeSO_4$	151.91
$Al_2(SO_4)_3$	342.14	$(CH_2)_6N_4$(六亚甲基四胺)	140.19	$FeSO_4 \cdot 7H_2O$	278.01
$Al_2(SO_4)_3 \cdot 18H_2O$	666.41	$C_{14}H_{14}N_3O_3SNa$(甲基橙)	327.33	$Fe(NH_4)_2(SO_4)_2 \cdot 6H_2O$	392.13
As_2O_3	197.84	$C_4H_8N_2O_2$(丁二酮肟)	116.12	H_3AsO_3	125.94
As_2O_5	229.84	$C_{12}H_8N_2 \cdot H_2O$(邻菲罗啉)	198.22	H_3AsO_4	141.94
As_2S_3	246.03	$CrCl_3$	158.36	H_3BO_3	61.83
$BaCO_3$	197.34	$CrCl_3 \cdot 6H_2O$	266.45	HBr	80.91
BaC_2O_4	225.35	$Cr(NO_3)_3$	238.01	HCN	27.03
$BaCl_2$	208.24	Cr_2O_3	151.99	$HCOOH$	46.03
$BaCl_2 \cdot 2H_2O$	244.27	$CuCl$	99.00	CH_3COOH	60.05
$BaCrO_4$	253.32	$CuCl_2$	134.45	H_2CO_3	62.02
BaO	153.33	$CuCl_2 \cdot 2H_2O$	170.48	$H_2C_2O_4$	90.04
$Ba(OH)_2$	171.34	$CuSCN$	121.62	$H_2C_2O_4 \cdot 2H_2O$	126.07
$BaSO_4$	233.39	CuI	190.45	$H_2C_4H_4O_4$(丁二酸)	118.09
$BiCl_3$	315.34	$Cu(NO_3)_2$	187.56	$H_2C_4H_4O_6$(酒石酸)	150.09
$BiOCl$	260.43	$Cu(NO_3) \cdot 3H_2O$	241.60	$H_3C_6H_5O_7 \cdot H_2O$(柠檬酸)	210.14
CO_2	44.01	CuO	79.54	HCl	36.46
CaO	56.08	Cu_2O	143.09	HF	20.01
$CaCO_3$	100.09	CuS	95.61	HI	127.91
CaC_2O_4	128.10	$CuSO_4$	159.06	HIO_3	175.91
$CaCl_2$	110.99	$CuSO_4 \cdot 5H_2O$	249.68	HNO_2	47.01
$CaCl_2 \cdot 6H_2O$	219.08			HNO_3	63.01
$Ca(NO_3)_2 \cdot 4H_2O$	236.15				
$Ca(OH)_2$	74.09				
$Ca_3(PO_4)_2$	310.18				

续表

化合物	摩尔质量	化合物	摩尔质量	化合物	摩尔质量
H_2O	18.015	$KNaC_4H_4O_6 \cdot 4H_2O$	282.22	NH_4VO_3	116.98
H_2O_2	34.02	KNO_3	101.10	Na_3AsO_3	191.89
H_3PO_4	98.00	KNO_2	85.10	$Na_2B_4O_7$	201.22
H_2S	34.08	K_2O	94.20	$Na_2B_4O_7 \cdot 10H_2O$	381.37
H_2SO_3	82.07	KOH	56.11	$NaBiO_3$	279.97
H_2SO_4	98.07	K_2SO_4	174.25	$NaCN$	49.01
$HgCl_2$	271.50	$MgCO_3$	84.31	$NaSCN$	81.07
Hg_2Cl_2	472.09	$MgCl_2$	95.21	Na_2CO_3	105.99
HgI_2	454.40	$MgCl_2 \cdot 6H_2O$	203.30	$Na_2CO_3 \cdot 10H_2O$	286.14
$Hg_2(NO_3)_2$	525.19	MgC_2O_4	112.33	$Na_2C_2O_4$	134.00
$Hg_2(NO_3)_2 \cdot 2H_2O$	561.22	$Mg(NO_3)_2 \cdot 6H_2O$	256.41	CH_3COONa	82.03
$Hg(NO_3)_2$	324.60	$MgNH_4PO_4$	137.32	$CH_3COONa \cdot 3H_2O$	136.08
HgO	216.59	MgO	40.30	$NaCl$	58.44
HgS	232.65	$Mg(OH)_2$	58.32	$NaClO$	74.44
$HgSO_4$	296.65	$Mg_2P_2O_7$	222.55	$NaHCO_3$	84.01
Hg_2SO_4	497.24	$MgSO_4 \cdot 7H_2O$	246.47	$Na_2HPO_4 \cdot 12H_2O$	358.14
$KAl(SO_4)_2 \cdot 12H_2O$	474.38	$MnCO_3$	114.95	$Na_2H_2Y \cdot 2H_2O$	372.24
KBr	119.00	$MnCl_2 \cdot 4H_2O$	197.91	$NaNO_2$	69.00
$KBrO_3$	167.00	$Mn(NO_3)_2 \cdot 6H_2O$	287.04	$NaNO_3$	85.00
KCl	74.55	MnO	70.94	Na_2O	61.98
$KClO_3$	122.55	MnO_2	86.94	Na_2O_2	77.98
$KClO_4$	138.55	MnS	87.00	$NaOH$	40.00
KCN	65.12	$MnSO_4$	151.00	Na_3PO_4	163.94
$KSCN$	97.18	$MnSO_4 \cdot 4H_2O$	223.06	Na_2S	78.04
K_2CO_3	138.21	NO	30.01	$Na_2S \cdot 9H_2O$	240.18
K_2CrO_4	194.19	NO_2	46.01	Na_2SO_3	126.04
$K_2Cr_2O_7$	294.18	NH_3	17.03	Na_2SO_4	142.04
$K_3Fe(CN)_6$	329.25	CH_3COONH_4	77.08	$Na_2S_2O_3$	158.10
$K_4Fe(CN)_6$	368.35	$NH_2OH \cdot HCl$（盐酸羟氨）	69.49	$Na_2S_2O_3 \cdot 5H_2O$	248.17
$KFe(SO_4)_2 \cdot 12H_2O$	503.24			$NiCl_2 \cdot 6H_2O$	237.70
$KHC_2O_4 \cdot H_2O$	146.14	NH_4Cl	53.49	NiO	74.70
$KHC_2O_4 \cdot H_2C_2O_4 \cdot H_2O$	254.19	$(NH_4)_2CO_3$	96.09	$Ni(NO_3)_2 \cdot 6H_2O$	290.80
$KHC_4H_4O_6$（酒石酸氢钾）	188.18	$(NH_4)_2C_2O_4$	124.10	NiS	90.76
		$(NH_4)_2C_2O_4 \cdot H_2O$	142.11	$NiSO_4 \cdot 7H_2O$	280.86
$KHC_8H_4O_4$（苯二甲酸氢钾）	204.22	NH_4SCN	76.12	$Ni(C_4H_7N_2O_2)_2$（丁二酮肟合镍）	288.91
		NH_4HCO_3	79.06		
$KHSO_4$	136.16	$(NH_4)_2MoO_4$	196.01	P_2O_5	141.95
KI	166.00	NH_4NO_3	80.04	$PbCO_3$	267.21
KIO_3	214.00	$(NH_4)_2HPO_4$	132.06	PbC_2O_4	295.22
$KIO_3 \cdot HIO_3$	389.91	$(NH_4)_2S$	68.14	$PbCl_2$	278.10
$KMnO_4$	158.03	$(NH_4)_2SO_4$	132.13	$PbCrO_4$	323.19

续表

化合物	摩尔质量	化合物	摩尔质量	化合物	摩尔质量
$Pb(CH_3COO)_2 \cdot 3H_2O$	379.30	Sb_2S_3	339.68	$SrSO_4$	183.69
$Pb(CH_3COO)_2$	325.29	SiF_4	104.08	$UO_2(CH_3COO)_2 \cdot 2H_2O$	424.15
PbI_2	461.01	SiO_2	60.08	$ZnCO_3$	125.39
$Pb(NO_3)_2$	331.21	$SnCl_2$	189.60	ZnC_2O_4	153.40
PbO	223.20	$SnCl_2 \cdot 2H_2O$	225.63	$ZnCl_2$	136.29
PbO_2	239.20	$SnCl_4$	260.50	$Zn(CH_3COO)_2$	183.47
$Pb_3(PO_4)_2$	811.54	$SnCl_4 \cdot 5H_2O$	350.58	$Zn(CH_3COO)_2 \cdot 2H_2O$	219.50
PbS	239.30	SnO_2	150.69	$Zn(NO_3)_2$	189.39
$PbSO_4$	303.30	SnS_2	150.75	$Zn(NO_3)_2 \cdot 6H_2O$	297.48
SO_3	80.06	$SrCO_3$	147.63	ZnO	81.38
SO_2	64.06	SrC_2O_4	175.64	ZnS	97.44
$SbCl_3$	228.11	$SrCrO_4$	203.61	$ZnSO_4$	161.54
$SbCl_5$	299.02	$Sr(NO_3)_2$	211.63	$ZnSO_4 \cdot 7H_2O$	287.55
Sb_2O_3	291.50	$Sr(NO_3)_2 \cdot 4H_2O$	283.69		

附录 5　某些无机化合物在水中的溶解度

1. 固体

化合物	溶解度/[g·(100g $H_2O)^{-1}$]	T/℃	化合物	溶解度/[g·(100g $H_2O)^{-1}$]	T/℃
Ag_2O	0.0013	20	AgF	182	15.5
BaO	3.48	20	NH_4F	100	0
$BaO_2 \cdot 8H_2O$	0.168		$(NH_4)_2SiF_6$	18.6	17
As_2O_3	3.7	20	$LiCl$	63.7	0
As_2O_5	150	16	$LiCl \cdot H_2O$	86.2	20
$LiOH$	12.8	20	$NaCl$	35.7	0
$NaOH$	42	0	$NaOCl \cdot 5H_2O$	29.3	0
KOH	107	15	KCl	34.0	20
$Ca(OH)_2$	0.185	0	$KCl \cdot MgCl_2 \cdot 6H_2O$	64.5	19
$Ba(OH)_2 \cdot 8H_2O$	5.6	15	$MgCl_2 \cdot 6H_2O$	167	
$Ni(OH)_2$	0.013		$CaCl_2$	74.5	20
BaF_2	0.12	25	$CaCl_2 \cdot 6H_2O$	279	0
AlF_3	0.559	25	$BaCl_2$	37.5	26

续表

化合物	溶解度/[g·(100g H_2O)$^{-1}$]	T/℃	化合物	溶解度/[g·(100g H_2O)$^{-1}$]	T/℃
$BaCl_2 \cdot 2H_2O$	58.7	100	$CaSO_4 \cdot 1/2H_2O$	0.3	20
$AlCl_3$	69.9	15	$CaSO_4 \cdot 2H_2O$	0.241	
$SnCl_2$	83.9	0	$Al_2(SO_4)_3$	31.3	0
$CuCl_2 \cdot 2H_2O$	110.4	0	$Al_2(SO_4)_3 \cdot 18H_2O$	86.9	0
$ZnCl_2$	432	25	$CuSO_4$	14.3	0
$CdCl_2$	140	20	$CuSO_4 \cdot 5H_2O$	31.6	0
$CdCl_2 \cdot 5/2H_2O$	168	20	$[Cu(NH_3)_4]SO_4 \cdot H_2O$	18.5	21.5
$HgCl_2$	6.9	20	Ag_2SO_4	0.57	0
$[Cr(H_2O)_4Cl_2] \cdot 2H_2O$	58.5	25	$ZnSO_4 \cdot 7H_2O$	96.5	20
$MnCl_2 \cdot 4H_2O$	151	8	$3CdSO_4 \cdot 8H_2O$	113	0
$FeCl_2 \cdot 4H_2O$	160.1	10	$HgSO_4 \cdot 2H_2O$	0.003	18
$FeCl_3 \cdot 6H_2O$	91.9	20	$Cr_2(SO_4)_3 \cdot 18H_2O$	120	20
$CoCl_3 \cdot 6H_2O$	76.7	0	$CrSO_4 \cdot 7H_2O$	12.35	0
$NiCl_2 \cdot 6H_2O$	254	20	$MnSO_4 \cdot 6H_2O$	147.4	
NH_4Cl	29.7	0	$MnSO_4 \cdot 7H_2O$	172	
$NaBr \cdot 2H_2O$	79.5	0	$FeSO_4 \cdot H_2O$	50.9	70
KBr	53.48	0		43.6	80
NH_4Br	97	25		37.3	90
HIO_3	286	0	$FeSO_4 \cdot 7H_2O$	37.0	10
NaI	184	25		48.0	20
$NaI \cdot 2H_2O$	317.9	0		60.2	30
KI	127.5	0		73.3	40
KIO_3	4.74	0	$Fe_2(SO_4)_3 \cdot 9H_2O$	440	
KIO_4	0.66	15	$CoSO_4 \cdot 7H_2O$	60.4	3
NH_4I	154.2	0	$NiSO_4 \cdot 6H_2O$	62.52	0
Na_2S	15.4	10	$NiSO_4 \cdot 7H_2O$	75.6	15.5
$Na_2S \cdot 9H_2O$	47.5	10	$(NH_4)_2SO_4$	70.6	0
NH_4HS	128.1	0	$NH_4Al(SO_4)_2 \cdot 12H_2O$	15	20
$Na_2SO_3 \cdot 7H_2O$	32.8	0	$NH_4Cr(SO_4)_2 \cdot 12H_2O$	21.2	25
$Na_2SO_4 \cdot 10H_2O$	11	0	$(NH_4)_2SO_4 \cdot FeSO_4 \cdot 6H_2O$	36.5	20
	92.7	30	$NH_4Fe(SO_4)_2 \cdot 12H_2O$	124.0	25
$NaHSO_4$	28.6	25	$Na_2S_2O_3 \cdot 5H_2O$	79.4	0
$Li_2SO_4 \cdot H_2O$	34.9	25	$NaNO_2$	81.5	15
$KAl(SO_4)_2 \cdot 12H_2O$	5.9	20	KNO_2	281	0
	11.7	40		413	100
	17.0	50	$LiNO_3 \cdot 3H_2O$	34.8	0
$KCr(SO_4)_2 \cdot 12H_2O$	24.39	25	KNO_3	13.3	0
$BeSO_4 \cdot 4H_2O$	42.5	25		246	100
$MgSO_4 \cdot 7H_2O$	71	20	$Mg(NO_3)_2 \cdot 6H_2O$	125	

续表

化合物	溶解度/[g·(100g H_2O)$^{-1}$]	T/℃	化合物	溶解度/[g·(100g H_2O)$^{-1}$]	T/℃
$Ca(NO_3)_2 \cdot 4H_2O$	266	0	KCN	50	
$Sr(NO_3)_2 \cdot 4H_2O$	60.43	0	$K_4[Fe(CN)_6] \cdot 3H_2O$	14.5	0
$Ba(NO_3)_2 \cdot H_2O$	63	20	$K_3[Fe(CN)_6]$	33	4
$Al(NO_3)_3 \cdot 9H_2O$	63.7	25	H_3PO_4	548	
$Pb(NO_3)_2$	37.65	0	$Na_3PO_4 \cdot 10H_2O$	8.8	
$Cu(NO_3)_2 \cdot 6H_2O$	243.7	0	$(NH_4)_3PO_4 \cdot 3H_2O$	26.1	25
$AgNO_3$	122	0	$NH_4MgPO_4 \cdot 6H_2O$	0.0231	0
$Zn(NO_3)_2 \cdot 6H_2O$	184.3	20	$Na_4P_2O_7 \cdot 10H_2O$	5.41	0
$Cd(NO_3)_2 \cdot 4H_2O$	215		$Na_2HPO_4 \cdot 7H_2O$	104	40
$Mn(NO_3)_2 \cdot 4H_2O$	426.4	0	H_3BO_3	6.35	20
$Fe(NO_3)_2 \cdot 6H_2O$	83.5	20	$Na_2B_4O_7 \cdot 10H_2O$	2.01	0
$Fe(NO_3)_3 \cdot 6H_2O$	150	0	$(NH_4)_2B_4O_7 \cdot 4H_2O$	7.27	18
$Co(NO_3)_2 \cdot 6H_2O$	133.8	0	$NH_4B_5O_8 \cdot 4H_2O$	7.03	18
NH_4NO_3	118.3	0	K_2CrO_4	62.9	20
Na_2CO_3	7.1	0	Na_2CrO_4	87.3	20
$Na_2CO_3 \cdot 10H_2O$	21.52	0	$Na_2CrO_4 \cdot 10H_2O$	50	10
K_2CO_3	112	20	$CaCrO_4 \cdot 2H_2O$	16.3	20
$K_2CO_3 \cdot 2H_2O$	146.9		$(NH_4)_2CrO_4$	40.5	30
$(NH_4)_2SO_4 \cdot H_2O$	100	15	$Na_2Cr_2O_7 \cdot 2H_2O$	238	0
$NaHCO_3$	6.9	0	$K_2Cr_2O_7$	4.9	0
NH_4HCO_3	11.9	0	$(NH_4)_2Cr_2O_7$	30.8	15
$Na_2C_2O_4$	3.7	20	$H_2MoO_4 \cdot H_2O$	0.133	18
$FeC_2O_4 \cdot 2H_2O$	0.022		$Na_2MoO_4 \cdot 2H_2O$	56.2	0
$(NH_4)_2C_2O_4 \cdot H_2O$	2.54	0	$(NH_4)_2Mo_7O_{24} \cdot 4H_2O$	43	
$NaC_2H_3O_2$	119	0	$Na_2WO_4 \cdot 2H_2O$	41	0
$NaC_2H_3O_2 \cdot 3H_2O$	76.2	0	$KMnO_4$	6.38	20
$Pb(C_2H_3O_2)_2$	44.3	20	$Na_3AsO_4 \cdot 12H_2O$	38.9	15.5
$Zn(C_2H_3O_2)_2 \cdot 2H_2O$	31.1	20	$NH_4H_2AsO_4$	33.74	0
$NH_4C_2H_3O_2$	148	4	NH_4VO_3	0.52	15
KSCN	177.2	0	$NaVO_3$	21.1	25
NH_4SCN	128	0			

2. 气体

气体	T/℃	溶解度/[mL·(100mLH_2O)$^{-1}$]	气体	T/℃	溶解度/[mL·(100mLH_2O)$^{-1}$]	气体	T/℃	溶解度/[mL·(100mLH_2O)$^{-1}$]
H_2	0	2.14	N_2	0	2.33	O_2	0	4.89
	20	0.85		40	1.42		25	3.16
CO	0	3.5	NO	0	7.34	H_2S	0	437
	20	2.32		60	2.37		40	186
CO_2	0	171.3	NH_3	0	89.9	Cl_2	10	310
	20	90.1		100	7.4		30	177
SO_2	0	22.8						

附录6 几种常见酸碱的密度和浓度

酸或碱	分子式	密度/(g·mL^{-1})	溶质质量分数	浓度/(mol·L^{-1})
冰醋酸	CH_3COOH	1.05	0.995	17
稀乙酸		1.04	0.34	6
浓盐酸	HCl	1.18	0.36	12
稀盐酸		1.10	0.20	6
浓硝酸	HNO_3	1.42	0.72	16
稀硝酸		1.19	0.32	6
浓硫酸	H_2SO_4	1.84	0.96	18
稀硫酸		1.18	0.25	3
磷酸	H_3PO_4	1.69	0.85	15
浓氨水	$NH_3 \cdot H_2O$	0.90	0.28～0.30(NH_3)	15
稀氨水		0.96	0.10	6
稀氢氧化钠	NaOH	1.22	0.20	6

附录7 常见难溶电解质的溶度积

化合物	$K_{sp}^{\ominus}$	化合物	$K_{sp}^{\ominus}$
AgBr	7.7×10^{-13}(25℃)	$AgIO_3$	3.0×10^{-8}(25℃)
$AgBrO_3$	5.77×10^{-5}(25℃)	AgOH	1.52×10^{-8}(20℃)
Ag_2CO_3	6.15×10^{-12}(25℃)	Ag_3PO_4	1.4×10^{-16}(25℃)
AgCl	1.56×10^{-10}(25℃)	Ag_2S	1.6×10^{-49}(18℃)
Ag_2CrO_4	9×10^{-12}(25℃)	AgSCN	1.16×10^{-12}(25℃)
$Ag[Ag(CN)_2]$	2.2×10^{-12}(20℃)	$Al(OH)_3$(无定形)	1.3×10^{-33}(18～20℃)
$Ag_2Cr_2O_7$	2×10^{-7}(25℃)	$BaCO_3$	8.1×10^{-9}(25℃)
AgI	1.5×10^{-16}(25℃)	$BaCrO_4$	1.6×10^{-10}(18℃)

续表

化合物	$K_{sp}^{\ominus}$	化合物	$K_{sp}^{\ominus}$
BaF_2	1.73×10^{-6}(25.8℃)	Hg_2I_2	1.2×10^{-28}(25℃)
$Ba(IO_3)_2\cdot2H_2O$	6.5×10^{-10}(25℃)	HgS	$4\times10^{-53}\sim2\times10^{-49}$(18℃)
$BaC_2O_4\cdot2H_2O$	1.2×10^{-7}(18℃)	$KHC_4H_4O_6$	3.8×10^{-4}(18℃)
$BaSO_4$	1.08×10^{-10}(25℃)	Li_2CO_3	1.7×10^{-3}(25℃)
$CaCO_3$	8.7×10^{-9}(25℃)	$MgCO_3$	2.6×10^{-5}(12℃)
CaF_2	3.95×10^{-11}(26℃)	MgF_2	7.1×10^{-9}(18℃)
$Ca(IO_3)_2\cdot6H_2O$	6.44×10^{-7}(18℃)	$Mg(OH)_2$	1.2×10^{-11}(18℃)
$CaC_2O_4\cdot H_2O$	2.57×10^{-9}(25℃)	MgC_2O_4	8.57×10^{-5}(18℃)
$Ca_3(PO_4)_2$	2.0×10^{-29}(25℃)	$Mn(OH)_2$	4×10^{-14}(18℃)
$CaSO_4$	1.96×10^{-4}(25℃)	MnS	1.4×10^{-15}(18℃)
$CaC_4H_4O_6\cdot2H_2O$	7.7×10^{-7}(18℃)	NiS	1.4×10^{-24}(18℃)
$CdC_2O_4\cdot3H_2O$	1.53×10^{-8}(18℃)	NH_4MgPO_4	2.5×10^{-13}(25℃)
CdS	3.6×10^{-29}(18℃)	PbC_2O_4	2.74×10^{-11}(18℃)
CoS	3×10^{-26}(18℃)	$PbCO_3$	3.3×10^{-14}(18℃)
CuBr	4.15×10^{-8}(18～20℃)	$PbCrO_4$	1.77×10^{-14}(18℃)
CuCl	1.02×10^{-6}(18～20℃)	PbF_2	3.2×10^{-8}(18℃)
CuC_2O_4	2.87×10^{-8}(25℃)	PbI_2	1.39×10^{-8}(25℃)
$Cu(IO_3)_2$	1.4×10^{-7}(25℃)	$Pb(IO_3)_2$	2.6×10^{-13}(25.8℃)
CuI	5.06×10^{-12}(18～20℃)	$PbSO_4$	1.06×10^{-8}(18℃)
Cu_2S	2×10^{-47}(16～18℃)	PbS	3.4×10^{-28}(18℃)
CuS	8.5×10^{-45}(18℃)	$SrCO_3$	1.6×10^{-9}(25℃)
CuSCN	1.6×10^{-11}(18℃)	SrF_2	2.8×10^{-9}(18℃)
$Fe(OH)_2$	1.64×10^{-14}(18℃)	SrC_2O_4	5.61×10^{-8}(18℃)
$Fe(OH)_3$	1.1×10^{-36}(18℃)	$SrSO_4$	3.81×10^{-7}(17.4℃)
FeC_2O_4	2.1×10^{-7}(25℃)	$Zn(OH)_2$	1.8×10^{-14}(18～20℃)
FeS	3.7×10^{-19}(18℃)	$ZnC_2O_4\cdot2H_2O$	1.35×10^{-9}(18℃)
Hg_2Br_2	1.3×10^{-21}(25℃)	ZnS	1.2×10^{-23}(18℃)
Hg_2Cl_2	2×10^{-18}(25℃)		

附录 8　弱酸弱碱在水溶液中的解离常数

名称	化学式	解离常数 $K^{\ominus}$	$pK^{\ominus}$	温度 T/K
乙酸	HAc	1.76×10^{-5}	4.75	298
碳酸	H_2CO_3	$K_1=4.30\times10^{-7}$	6.37	298
		$K_2=5.61\times10^{-11}$	10.25	298
乙二酸	$H_2C_2O_4$	$K_1=5.9\times10^{-2}$	1.23	298
		$K_2=6.4\times10^{-5}$	4.19	298
亚硝酸	HNO_2	4.6×10^{-4}	3.37	285.5

续表

名称	化学式	解离常数 $K^{\ominus}$	$pK^{\ominus}$	温度 T/K
磷酸	H_3PO_4	$K_1=7.52\times10^{-3}$	2.12	298
		$K_2=6.23\times10^{-8}$	7.21	298
		$K_3=2.2\times10^{-13}$	12.67	291
亚硫酸	H_2SO_3	$K_1=1.54\times10^{-2}$	1.81	291
		$K_2=1.02\times10^{-7}$	6.91	298
氢硫酸	H_2S	$K_1=9.1\times10^{-8}$	7.04	291
		$K_2=1.1\times10^{-12}(7.1\times10^{-15})$	11.96(14.15)	298
氢氰酸	HCN	4.93×10^{-10}	9.31	298
铬酸	H_2CrO_4	$K_1=1.8\times10^{-1}$	0.74	298
		$K_2=3.20\times10^{-7}$	6.49	298
硼酸	H_3BO_3	5.8×10^{-10}	9.24	298
氢氟酸	HF	3.53×10^{-4}	3.45	298
次氯酸	HClO	2.95×10^{-5}	4.53	291
次溴酸	HBrO	2.06×10^{-9}	8.69	298
次碘酸	HIO	2.3×10^{-11}	10.64	298
碘酸	HIO_3	1.69×10^{-1}	0.77	298
砷酸	H_3AsO_4	$K_1=5.62\times10^{-3}$	2.25	291
		$K_2=1.70\times10^{-7}$	6.77	298
		$K_3=3.95\times10^{-12}$	11.40	298
亚砷酸	$HAsO_2$	6.0×10^{-10}	9.22	298
甲酸	HCOOH	1.77×10^{-4}	3.75	293
苯甲酸	C_5H_5COOH	6.46×10^{-5}	4.19	298
氯乙酸	$ClCH_2COOH$	1.40×10^{-3}	2.85	298
邻苯二甲酸	$C_6H_4(COOH)_2$	$K_1=1.12\times10^{-3}$	2.95	298
		$K_2=3.91\times10^{-6}$	5.41	298
柠檬酸	$(HOOCCH_2)_2C(OH)COOH$	$K_1=7.1\times10^{-4}$	3.14	298
		$K_2=1.68\times10^{-5}$	4.77	293
		$K_3=4.1\times10^{-7}$	6.39	298
苯酚	C_6H_5OH	1.28×10^{-10}	9.89	293
氨水	NH_3	1.77×10^{-5}	4.75	298
氢氧化铅	$Pb(OH)_2$	9.6×10^{-4}	3.02	298
氢氧化锂	LiOH	6.31×10^{-1}	0.2	298
氢氧化铍	$Be(OH)_2$	1.78×10^{-6}	5.75	298
	$Be(OH)^+$	2.51×10^{-9}	8.6	298
氢氧化铝	$Al(OH)_3$	5.01×10^{-9}	8.3	298
	$Al(OH)^{2+}$	1.99×10^{-10}	9.7	298
氢氧化锌	$Zn(OH)_2$	7.94×10^{-7}	6.1	298
氢氧化镉	$Cd(OH)_2$	5.01×10^{-11}	10.3	298
羟氨	NH_2OH	9.1×10^{-9}	8.04	298

续表

名称	化学式	解离常数 $K^{\ominus}$	$pK^{\ominus}$	温度 T/K
苯胺	$C_6H_5NH_2$	4.0×10^{-10}	9.40	298
乙二胺	$H_2NC_2H_4NH_2$	$K_1=8.5\times10^{-5}$	4.07	298
		$K_2=7.1\times10^{-8}$	7.15	298
六亚甲基四胺	$(CH_2)_6N_4$	1.4×10^{-9}	8.85	298

附录 9　标准电极电势

1. 在酸性溶液中

电对	电极反应	$\varphi^{\ominus}$/V
Ag(Ⅰ)-(0)	$Ag^+ + e^- = Ag$	+0.7996
(Ⅰ)-(0)	$AgBr + e^- = Ag + Br^-$	+0.07133
(Ⅰ)-(0)	$AgCl + e^- = Ag + Cl^-$	+0.22233
(Ⅰ)-(0)	$AgI + e^- = Ag + I^-$	−0.15224
(Ⅰ)-(0)	$[Ag(S_2O_3)_2]^{3-} + e^- = Ag + 2S_2O_3^{2-}$	+0.01
(Ⅰ)-(0)	$Ag_2CrO_4 + 2e^- = 2Ag + CrO_4^{2-}$	+0.4470
(Ⅱ)-(Ⅰ)	$Ag^{2+} + e^- = Ag^+$	+1.980
(Ⅲ)-(Ⅰ)	$Ag_2O_3(s) + 6H^+ + 4e^- = 2Ag^+ + 3H_2O$	+1.76
(Ⅲ)-(Ⅱ)	$Ag_2O_3(s) + 2H^+ + 2e^- = 2AgO + H_2O$	+1.71
Al(Ⅲ)-(0)	$Al^{3+} + 3e^- = Al$	−1.662
(Ⅲ)-(0)	$[AlF_6]^{3-} + 3e^- = Al + 6F^-$	−2.069
As(0)-(−Ⅲ)	$As + 3H^+ + 3e^- = AsH_3$	−0.608
(Ⅲ)-(0)	$HAsO_2 + 3H^+ + 3e^- = As + 2H_2O$	+0.248
(Ⅴ)-(Ⅲ)	$H_3AsO_4 + 2H^+ + 2e^- = HAsO_2 + 2H_2O$(1mol · L^{-1} HCl)	+0.560
Au(Ⅰ)-(0)	$Au^+ + e^- = Au$	+1.692
(Ⅰ)-(0)	$[AuCl_2]^- + e^- = Au + 2Cl^-$	+1.15
(Ⅲ)-(0)	$Au^{3+} + 3e^- = Au$	+1.498
(Ⅲ)-(0)	$[AuCl_4]^- + 3e^- = Au + 4Cl^-$	+1.002
(Ⅲ)-(Ⅰ)	$Au^{3+} + 2e^- = Au^+$	+1.401
B(Ⅲ)-(0)	$H_3BO_3 + 3H^+ + 3e^- = B + 3H_2O$	−0.8698
Ba(Ⅱ)-(0)	$Ba^{2+} + 2e^- = Ba$	−2.912
Be(Ⅱ)-(0)	$Be^{2+} + 2e^- = Be$	−1.847
Bi(Ⅲ)-(0)	$Bi^{3+} + 3e^- = Bi$	+0.308
(Ⅲ)-(0)	$BiO^+ + 2H^+ + 3e^- = Bi + H_2O$	+0.320
(Ⅲ)-(0)	$BiOCl + 2H^+ + 3e^- = Bi + Cl^- + H_2O$	+0.1583
(Ⅴ)-(Ⅲ)	$Bi_2O_5 + 6H^+ + 4e^- = 2BiO^+ + 3H_2O$	+1.6
Br(0)-(−Ⅰ)	$Br_2(aq) + 2e^- = 2Br^-$	+1.0873
(0)-(−Ⅰ)	$Br_2(l) + 2e^- = 2Br^-$	+1.066
(Ⅰ)-(−Ⅰ)	$HBrO + H^+ + 2e^- = Br^- + H_2O$	+1.331

续表

电对	电极反应	$\varphi^{\ominus}$/V
(Ⅰ)-(0)	$HBrO+H^{+}+e^{-}=1/2Br_2(l)+H_2O$	+1.596
(Ⅴ)-(－Ⅰ)	$BrO_3^{-}+6H^{+}+6e^{-}=Br^{-}+3H_2O$	+1.423
(Ⅴ)-(0)	$BrO_3^{-}+6H^{+}+5e^{-}=1/2Br_2+3H_2O$	+1.482
C(Ⅳ)-(Ⅱ)	$CO_2(g)+2H^{+}+2e^{-}=HCOOH(aq)$	−0.199
(Ⅳ)-(Ⅱ)	$CO_2(g)+2H^{+}+2e^{-}=CO(g)+H_2O$	−0.12
(Ⅳ)-(Ⅲ)	$2CO_2(g)+2H^{+}+2e^{-}=H_2C_2O_4(aq)$	−0.49
(Ⅳ)-(Ⅲ)	$2HCNO+2H^{+}+2e^{-}=(CN)_2+H_2O$	+0.33
Ca(Ⅱ)-(0)	$Ca^{2+}+2e^{-}=Ca$	−2.868
Cd(Ⅱ)-(0)	$Cd^{2+}+2e^{-}=Cd$	−0.4030
(Ⅱ)-(0)	Cd^{2+}+(Hg,饱和)$+2e^{-}=Cd$(Hg,饱和)	−0.3521
Ce(Ⅲ)-(0)	$Ce^{3+}+3e^{-}=Ce$	−2.336
(Ⅳ)-(Ⅲ)	$Ce^{4+}+e^{-}=Ce^{3+}(1mol\cdot L^{-1}H_2SO_4)$	+1.443
(Ⅳ)-(Ⅲ)	$Ce^{4+}+e^{-}=Ce^{3+}(0.5\sim2mol\cdot L^{-1}HNO_3)$	+1.616
(Ⅳ)-(Ⅲ)	$Ce^{4+}+e^{-}=Ce^{3+}(1mol\cdot L^{-1}HClO_4)$	+1.70
Cl(0)-(－Ⅰ)	$Cl_2(g)+2e^{-}=2Cl^{-}$	+1.35827
(Ⅰ)-(－Ⅰ)	$HClO+H^{+}+2e^{-}=Cl^{-}+H_2O$	+1.482
(Ⅰ)-(0)	$HClO+H^{+}+e^{-}=1/2Cl_2+H_2O$	+1.611
(Ⅲ)-(Ⅰ)	$HClO_2+2H^{+}+2e^{-}=HClO+H_2O$	+1.645
(Ⅳ)-(Ⅲ)	$ClO_2+H^{+}+e^{-}=HClO_2$	+1.277
(Ⅴ)-(－Ⅰ)	$ClO_3^{-}+6H^{+}+6e^{-}=Cl^{-}+3H_2O$	+1.451
(Ⅴ)-(0)	$ClO_3^{-}+6H^{+}+5e^{-}=1/2Cl_2+3H_2O$	+1.47
(Ⅴ)-(Ⅲ)	$ClO_3^{-}+3H^{+}+2e^{-}=HClO_2+H_2O$	+1.214
(Ⅴ)-(Ⅳ)	$ClO_3^{-}+2H^{+}+e^{-}=ClO_2(g)+H_2O$	+1.152
(Ⅶ)-(－Ⅰ)	$ClO_4^{-}+8H^{+}+8e^{-}=Cl^{-}+4H_2O$	+1.389
(Ⅶ)-(0)	$ClO_4^{-}+8H^{+}+7e^{-}=1/2Cl_2+4H_2O$	+1.39
(Ⅶ)-(Ⅴ)	$ClO_4^{-}+2H^{+}+2e^{-}=ClO_3^{-}+H_2O$	+1.189
Co(Ⅱ)-(0)	$Co^{2+}+2e^{-}=Co$	−0.24
(Ⅲ)-(Ⅱ)	$Co^{3+}+e^{-}=Co^{2+}(3mol\cdot L^{-1}HNO_3)$	+1.842
Cr(Ⅲ)-(0)	$Cr^{3+}+3e^{-}=Cr$	−0.744
(Ⅱ)-(0)	$Cr^{2+}+2e^{-}=Cr$	−0.913
(Ⅲ)-(Ⅱ)	$Cr^{3+}+e^{-}=Cr^{2+}$	−0.407
(Ⅵ)-(Ⅲ)	$Cr_2O_7^{2-}+14H^{+}+6e^{-}=2Cr^{3+}+7H_2O$	+1.232
(Ⅵ)-(Ⅲ)	$HCrO_4^{-}+7H^{+}+3e^{-}=Cr^{3+}+4H_2O$	+1.350
Cs(Ⅰ)-(0)	$Cs^{+}+e^{-}=Cs$	−3.026
Cu(Ⅰ)-(0)	$Cu^{+}+e^{-}=Cu$	+0.521
(Ⅰ)-(0)	$Cu_2O+2H^{+}+2e^{-}=2Cu+H_2O$	−0.36
(Ⅰ)-(0)	$CuI+e^{-}=Cu+I^{-}$	−0.185
(Ⅰ)-(0)	$CuBr+e^{-}=Cu+Br^{-}$	+0.033
(Ⅰ)-(0)	$CuCl+e^{-}=Cu+Cl^{-}$	+0.137
(Ⅱ)-(0)	$Cu^{2+}+2e^{-}=Cu$	+0.3419

续表

电对	电极反应	$\varphi^{\ominus}/V$
(Ⅱ)-(Ⅰ)	$Cu^{2+}+e^{-}=Cu^{+}$	+0.153
(Ⅱ)-(Ⅰ)	$Cu^{2+}+Br^{-}+e^{-}=CuBr$	+0.640
(Ⅱ)-(Ⅰ)	$Cu^{2+}+Cl^{-}+e^{-}=CuCl$	+0.538
(Ⅱ)-(Ⅰ)	$Cu^{2+}+I^{-}+e^{-}=CuI$	+0.86
F(0)-(－Ⅰ)	$F_2+2e^{-}=2F^{-}$	+2.866
(0)-(－Ⅰ)	$F_2(g)+2H^{+}+2e^{-}=2HF(aq)$	+3.053
Fe(Ⅱ)-(0)	$Fe^{2+}+2e^{-}=Fe$	−0.447
(Ⅲ)-(0)	$Fe^{3+}+3e^{-}=Fe$	−0.037
(Ⅲ)-(Ⅱ)	$Fe^{3+}+e^{-}=Fe^{2+}(1mol\cdot L^{-1}HCl)$	+0.771
(Ⅲ)-(Ⅱ)	$[Fe(CN)_6]^{3-}+e^{-}=[Fe(CN)_6]^{4-}$	+0.358
(Ⅵ)-(Ⅲ)	$FeO_4^{2-}+8H^{+}+3e^{-}=Fe^{3+}+4H_2O$	+2.20
(8/3)-(Ⅱ)	$Fe_3O_4(s)+8H^{+}+2e^{-}=3Fe^{2+}+4H_2O$	+1.23
Ga(Ⅲ)-(0)	$Ga^{3+}+3e^{-}=Ga$	−0.549
Ge(Ⅳ)-(0)	$H_2GeO_3+4H^{+}+4e^{-}=Ge+3H_2O$	−0.182
H(0)-(－Ⅰ)	$H_2(g)+2e^{-}=2H^{-}$	−2.25
(Ⅰ)-(0)	$2H^{+}+2e^{-}=H_2(g)$	0
(Ⅰ)-(0)	$2H^{+}([H^{+}]=10^{-7}mol\cdot L^{-1})+2e^{-}=H_2$	−0.414
Hg(Ⅰ)-(0)	$Hg_2^{2+}+2e^{-}=2Hg$	+0.7973
(Ⅰ)-(0)	$Hg_2Cl_2+2e^{-}=2Hg+2Cl^{-}$	+0.26808
(Ⅰ)-(0)	$Hg_2I_2+2e^{-}=2Hg+2I^{-}$	−0.0405
(Ⅱ)-(0)	$Hg^{2+}+2e^{-}=Hg$	+0.851
(Ⅱ)-(0)	$[HgI_4]^{2-}+2e^{-}=Hg+4I^{-}$	−0.04
(Ⅱ)-(Ⅰ)	$2Hg^{2+}+2e^{-}=Hg_2^{2+}$	+0.920
I(0)-(－Ⅰ)	$I_2+2e^{-}=2I^{-}$	+0.5355
(0)-(－Ⅰ)	$I_3^{-}+2e^{-}=3I^{-}$	+0.536
(Ⅰ)-(－Ⅰ)	$HIO+H^{+}+2e^{-}=I^{-}+H_2O$	+0.987
(Ⅰ)-(0)	$HIO+H^{+}+e^{-}=1/2I_2+H_2O$	+1.439
(Ⅴ)-(－Ⅰ)	$IO_3^{-}+6H^{+}+6e^{-}=I^{-}+3H_2O$	+1.085
(Ⅴ)-(0)	$IO_3^{-}+6H^{+}+5e^{-}=1/2I_2+3H_2O$	+1.195
(Ⅶ)-(Ⅴ)	$H_5IO_6+H^{+}+2e^{-}=IO_3^{-}+3H_2O$	+1.601
In(Ⅰ)-(0)	$In^{+}+e^{-}=In$	−0.14
(Ⅲ)-(0)	$In^{3+}+3e^{-}=In$	−0.338
K(Ⅰ)-(0)	$K^{+}+e^{-}=K$	−2.931
La(Ⅲ)-(0)	$La^{3+}+3e^{-}=La$	−2.379
Li(Ⅰ)-(0)	$Li^{+}+e^{-}=Li$	−3.0401
Mg(Ⅱ)-(0)	$Mg^{2+}+2e^{-}=Mg$	−2.372
Mn(Ⅱ)-(0)	$Mn^{2+}+2e^{-}=Mn$	−1.185
(Ⅲ)-(Ⅱ)	$Mn^{3+}+e^{-}=Mn^{2+}$	+1.5415
(Ⅳ)-(Ⅱ)	$MnO_2+4H^{+}+2e^{-}=Mn^{2+}+2H_2O$	+1.224
(Ⅳ)-(Ⅲ)	$2MnO_2+2H^{+}+2e^{-}=Mn_2O_3+H_2O$	+1.04

续表

电对	电极反应	$\varphi^{\ominus}$/V
(Ⅶ)-(Ⅱ)	$MnO_4^- + 8H^+ + 5e^- = Mn^{2+} + 4H_2O$	+1.507
(Ⅶ)-(Ⅳ)	$MnO_4^- + 4H^+ + 3e^- = MnO_2 + 2H_2O$	+1.679
(Ⅶ)-(Ⅵ)	$MnO_4^- + e^- = MnO_4^{2-}$	+0.558
Mo(Ⅲ)-(0)	$Mo^{3+} + 3e^- = Mo$	−0.200
(Ⅵ)-(0)	$H_2MoO_4 + 6H^+ + 6e^- = Mo + 4H_2O$	0.0
N(Ⅰ)-(0)	$N_2O + 2H^+ + 2e^- = N_2 + H_2O$	+1.766
(Ⅱ)-(Ⅰ)	$2NO + 2H^+ + 2e^- = N_2O + H_2O$	+1.591
(Ⅲ)-(Ⅰ)	$2HNO_2 + 4H^+ + 4e^- = N_2O + 3H_2O$	+1.297
(Ⅲ)-(Ⅱ)	$HNO_2 + H^+ + e^- = NO + H_2O$	+0.983
(Ⅳ)-(Ⅱ)	$N_2O_4 + 4H^+ + 4e^- = 2NO + 2H_2O$	+1.035
(Ⅳ)-(Ⅲ)	$N_2O_4 + 2H^+ + 2e^- = 2HNO_2$	+1.065
(Ⅴ)-(Ⅲ)	$NO_3^- + 3H^+ + 2e^- = HNO_2 + H_2O$	+0.934
(Ⅴ)-(Ⅱ)	$NO_3^- + 4H^+ + 3e^- = NO + 2H_2O$	+0.957
(Ⅴ)-(Ⅳ)	$2NO_3^- + 4H^+ + 2e^- = N_2O_4 + 2H_2O$	+0.803
Na(Ⅰ)-(0)	$Na^+ + e^- = Na$	−2.7
(Ⅰ)-(0)	$Na^+ + (Hg) + e^- = Na(Hg)$	−1.84
Ni(Ⅱ)-(0)	$Ni^{2+} + 2e^- = Ni$	−0.257
(Ⅲ)-(Ⅱ)	$Ni(OH)_3 + 3H^+ + e^- = Ni^{2+} + 3H_2O$	+2.08
(Ⅳ)-(Ⅱ)	$NiO_2 + 4H^+ + 2e^- = Ni^{2+} + 2H_2O$	+1.678
O(0)-(−Ⅱ)	$O_3 + 2H^+ + 2e^- = O_2 + H_2O$	+2.076
(0)-(−Ⅱ)	$O_2 + 4H^+ + 4e^- = 2H_2O$	+1.229
(0)-(−Ⅱ)	$O(g) + 2H^+ + 2e^- = H_2O$	+2.421
(0)-(−Ⅱ)	$1/2O_2(g) + 2H^+(10^{-7} mol \cdot L^{-1}) + 2e^- = H_2O$	+0.815
(0)-(−Ⅰ)	$O_2 + 2H^+ + 2e^- = H_2O_2$	+0.695
(−Ⅰ)-(−Ⅱ)	$H_2O_2 + 2H^+ + 2e^- = 2H_2O$	+1.776
(Ⅱ)-(−Ⅱ)	$F_2O + 2H^+ + 4e^- = H_2O + 2F^-$	+2.153
P(0)-(−Ⅲ)	$P + 3H^+ + 3e^- = PH_3(g)$	−0.063
(Ⅰ)-(0)	$H_3PO_2 + H^+ + e^- = P + 2H_2O$	−0.508
(Ⅲ)-(Ⅰ)	$H_3PO_3 + 2H^+ + 2e^- = H_3PO_2 + H_2O$	−0.499
(Ⅴ)-(Ⅲ)	$H_3PO_4 + 2H^+ + 2e^- = H_3PO_3 + H_2O$	−0.276
Pb(Ⅱ)-(0)	$Pb^{2+} + 2e^- = Pb$	−0.1262
(Ⅱ)-(0)	$PbCl_2 + 2e^- = Pb + 2Cl^-$	−0.2675
(Ⅱ)-(0)	$PbI_2 + 2e^- = Pb + 2I^-$	−0.365
(Ⅱ)-(0)	$PbSO_4 + 2e^- = Pb + SO_4^{2-}$	−0.3588
(Ⅱ)-(0)	$PbSO_4 + (Hg) + 2e^- = Pb(Hg) + SO_4^{2-}$	−0.3505
(Ⅳ)-(Ⅱ)	$PbO_2 + 4H^+ + 2e^- = Pb^{2+} + 2H_2O$	+1.455
(Ⅳ)-(Ⅱ)	$PbO_2 + SO_4^{2-} + 4H^+ + 2e^- = PbSO_4 + 2H_2O$	+1.6913
(Ⅳ)-(Ⅱ)	$PbO_2 + 2H^+ + 2e^- = PbO(s) + H_2O$	+0.28
Pd(Ⅱ)-(0)	$Pd^{2+} + 2e^- = Pd$	+0.951
(Ⅳ)-(Ⅱ)	$[PdCl_6]^{2-} + 2e^- = [PdCl_4]^{2-} + 2Cl^-$	+1.288

续表

电对	电极反应	$\varphi^{\ominus}$/V
Pt(Ⅱ)-(0)	$Pt^{2+}+2e^{-}=Pt$	+1.118
(Ⅱ)-(0)	$[PtCl_4]^{2-}+2e^{-}=Pt+4Cl^{-}$	+0.7555
(Ⅱ)-(0)	$Pt(OH)_2+2H^{+}+2e^{-}=Pt+2H_2O$	+0.98
(Ⅳ)-(Ⅱ)	$[PtCl_6]^{2-}+2e^{-}=[PtCl_4]^{2-}+2Cl^{-}$	+0.68
Rb(Ⅰ)-(0)	$Rb^{+}+e^{-}=Rb$	−2.98
S(−Ⅰ)-(−Ⅱ)	$(CNS)_2+2e^{-}=2CNS^{-}$	+0.77
(0)-(−Ⅱ)	$S+2H^{+}+2e^{-}=H_2S(aq)$	+0.142
(Ⅳ)-(0)	$H_2SO_3+4H^{+}+4e^{-}=S+3H_2O$	+0.449
(Ⅱ)-(0)	$S_2O_3^{2-}+6H^{+}+4e^{-}=3H_2O+2S$	+0.5
(Ⅳ)-(Ⅱ)	$2H_2SO_3+2H^{+}+4e^{-}=S_2O_3^{2-}+3H_2O$	+0.40
(Ⅳ)-(5/2)	$4H_2SO_3+4H^{+}+6e^{-}=S_4O_6^{2-}+6H_2O$	+0.51
(Ⅵ)-(Ⅳ)	$SO_4^{2-}+4H^{+}+2e^{-}=H_2SO_3+H_2O$	+0.172
(Ⅶ)-(Ⅵ)	$S_2O_8^{2-}+2e^{-}=2SO_4^{2-}$	+2.010
Sb(Ⅲ)-(0)	$Sb_2O_3+6H^{+}+6e^{-}=2Sb+3H_2O$	+0.152
(Ⅲ)-(0)	$SbO^{+}+2H^{+}+3e^{-}=Sb+H_2O$	+0.212
(Ⅴ)-(Ⅲ)	$Sb_2O_5+6H^{+}+4e^{-}=2SbO^{+}+3H_2O$	+0.581
Se(0)-(−Ⅱ)	$Se+2e^{-}=Se^{2-}$	−0.924
(0)-(−Ⅱ)	$Se+2H^{+}+2e^{-}=H_2Se(aq)$	−0.399
(Ⅳ)-(0)	$H_2SeO_3+4H^{+}+4e^{-}=Se+3H_2O$	+0.74
(Ⅵ)-(Ⅳ)	$SeO_4^{2-}+4H^{+}+2e^{-}=H_2SeO_3+H_2O$	+1.151
Si(0)-(−Ⅳ)	$Si+4H^{+}+4e^{-}=SiH_4(g)$	+0.102
(Ⅳ)-(0)	$SiO_2+4H^{+}+4e^{-}=Si+2H_2O$	−0.857
(Ⅳ)-(0)	$[SiF_6]^{2-}+4e^{-}=Si+6F^{-}$	−0.124
Sn(Ⅱ)-(0)	$Sn^{2+}+2e^{-}=Sn$	−0.1375
(Ⅳ)-(Ⅱ)	$Sn^{4+}+2e^{-}=Sn^{2+}$	+0.151
Sr(Ⅱ)-(0)	$Sr^{2+}+2e^{-}=Sr$	−2.899
Ti(Ⅱ)-(0)	$Ti^{2+}+2e^{-}=Ti$	−1.630
(Ⅳ)-(0)	$TiO^{2+}+2H^{+}+4e^{-}=Ti+H_2O$	−0.89
(Ⅳ)-(0)	$TiO_2+4H^{+}+4e^{-}=Ti+2H_2O$	−0.86
(Ⅳ)-(Ⅲ)	$TiO^{2+}+2H^{+}+e^{-}=Ti^{3+}+H_2O$	+0.1
(Ⅲ)-(Ⅱ)	$Ti^{3+}+e^{-}=Ti^{2+}$	−0.9
V(Ⅱ)-(0)	$V^{2+}+2e^{-}=V$	−1.175
(Ⅲ)-(Ⅱ)	$V^{3+}+e^{-}=V^{2+}$	−0.225
(Ⅳ)-(Ⅱ)	$V^{4+}+2e^{-}=V^{2+}$	−1.186
(Ⅳ)-(Ⅲ)	$VO^{2+}+2H^{+}+e^{-}=V^{3+}+H_2O$	+0.337
(Ⅴ)-(0)	$V(OH)_4^{+}+4H^{+}+5e^{-}=V+4H_2O$	−0.254
(Ⅴ)-(Ⅳ)	$V(OH)_4^{+}+2H^{+}+e^{-}=VO^{2+}+3H_2O$	+1.00
(Ⅵ)-(Ⅳ)	$VO_2^{2+}+4H^{+}+2e^{-}=V^{4+}+2H_2O$	+0.62
Zn(Ⅱ)-(0)	$Zn^{2+}+2e^{-}=Zn$	−0.7618

2. 在碱性溶液中

电对	电极反应	$\varphi^{\ominus}$/V
Ag(Ⅰ)-(0)	$AgCN+e^- = Ag+CN^-$	−0.017
(Ⅰ)-(0)	$[Ag(CN)_2]^- + e^- = Ag+2CN^-$	−0.31
(Ⅰ)-(0)	$[Ag(NH_3)_2]^+ + e^- = Ag+2NH_3$	+0.373
(Ⅰ)-(0)	$Ag_2O+H_2O+2e^- = 2Ag+2OH^-$	+0.342
(Ⅰ)-(0)	$Ag_2S+2e^- = 2Ag+S^{2-}$	−0.691
(Ⅱ)-(Ⅰ)	$2AgO+H_2O+2e^- = Ag_2O+2OH^-$	+0.607
Al(Ⅲ)-(0)	$H_2AlO_3^- + H_2O+3e^- = Al+4OH^-$	−2.33
As(Ⅲ)-(0)	$AsO_2^- + 2H_2O+3e^- = As+4OH^-$	−0.68
(Ⅴ)-(Ⅲ)	$AsO_4^{3-} + 2H_2O+2e^- = AsO_2^- + 4OH^-$	−0.71
Au(Ⅰ)-(0)	$[Au(CN)_2]^- + e^- = Au+2CN^-$	−0.60
B(Ⅲ)-(0)	$H_2BO_3^- + H_2O+3e^- = B+4OH^-$	−1.79
Ba(Ⅱ)-(0)	$Ba(OH)_2 \cdot 8H_2O+2e^- = Ba+2OH^- + 8H_2O$	−2.99
Be(Ⅱ)-(0)	$Be_2O_3^{2-} + 3H_2O+4e^- = 2Be+6OH^-$	−2.63
Bi(Ⅲ)-(0)	$Bi_2O_3+3H_2O+6e^- = 2Bi+6OH^-$	−0.46
Br(Ⅰ)-(−Ⅰ)	$BrO^- + H_2O+2e^- = Br^- + 2OH$	+0.761
(Ⅰ)-(0)	$2BrO^- + 2H_2O+2e^- = Br_2+4OH^-$	+0.45
(Ⅴ)-(−Ⅰ)	$BrO_3^- + 3H_2O+6e^- = Br^- + 6OH^-$	+0.61
Ca(Ⅱ)-(0)	$Ca(OH)_2+2e^- = Ca+2OH^-$	−3.02
Cd(Ⅱ)-(0)	$Cd(OH)_2+2e^- = Cd+2OH^-$	−0.809
Cl(Ⅰ)-(−Ⅰ)	$ClO^- + H_2O+2e^- = Cl^- + 2OH^-$	+0.81
(Ⅲ)-(−Ⅰ)	$ClO_2^- + 2H_2O+4e^- = Cl^- + 4OH^-$	+0.76
(Ⅲ)-(Ⅰ)	$ClO_2^- + H_2O+2e^- = ClO^- + 2OH^-$	+0.66
(Ⅴ)-(−Ⅰ)	$ClO_3^- + 3H_2O+6e^- = Cl^- + 6OH^-$	+0.62
(Ⅴ)-(Ⅲ)	$ClO_3^- + H_2O+2e^- = ClO_2^- + 2OH^-$	+0.33
(Ⅶ)-(Ⅴ)	$ClO_4^- + H_2O+2e^- = ClO_3^- + 2OH^-$	+0.36
Co(Ⅱ)-(0)	$Co(OH)_2+2e^- = Co+2OH^-$	−0.73
(Ⅲ)-(Ⅱ)	$Co(OH)_3+e^- = Co(OH)_2+OH^-$	+0.17
(Ⅲ)-(Ⅱ)	$[Co(NH_3)_6]^{3+} + e^- = [Co(NH_3)_6]^{2+}$	+0.108
Cr(Ⅲ)-(0)	$Cr(OH)_3+3e^- = Cr+3OH^-$	−1.48
(Ⅲ)-(0)	$CrO_2^- + 2H_2O+3e^- = Cr+4OH^-$	−1.2
(Ⅵ)-(Ⅲ)	$CrO_4^{2-} + 4H_2O+3e^- = Cr(OH)_3+5OH^-$	−0.13
Cu(Ⅰ)-(0)	$[Cu(CN)_2]^- + e^- = Cu+2CN^-$	−0.429
(Ⅰ)-(0)	$[Cu(NH_3)_2]^+ + e^- = Cu+2NH_3$	−0.12
(Ⅰ)-(0)	$Cu_2O+H_2O+2e^- = 2Cu+2OH^-$	−0.360
Fe(Ⅱ)-(0)	$Fe(OH)_2+2e^- = Fe+2OH^-$	−0.877
(Ⅲ)-(Ⅱ)	$Fe(OH)_3+e^- = Fe(OH)_2+OH^-$	−0.56
(Ⅲ)-(Ⅱ)	$[Fe(CN)_6]^{3-} + e^- = [Fe(CN)_6]^{4-}$ (0.01mol · L^{-1}NaOH)	+0.358
H(Ⅰ)-(0)	$2H_2O+2e^- = H_2+2OH^-$	−0.8277
Hg(Ⅱ)-(0)	$HgO+H_2O+2e^- = Hg+2OH^-$	+0.0977

续表

电对	电极反应	$\varphi^{\ominus}$/V
I(Ⅰ)-(－Ⅰ)	$IO^- + H_2O + 2e^- = I^- + 2OH^-$	+0.485
(Ⅴ)-(－Ⅰ)	$IO_3^- + 3H_2O + 6e^- = I^- + 6OH^-$	+0.26
(Ⅶ)-(Ⅴ)	$H_3IO_6^{2-} + 2e^- = IO_3^- + 3OH^-$	+0.7
La(Ⅲ)-(0)	$La(OH)_3 + 3e^- = La + 3OH^-$	−2.90
Mg(Ⅱ)-(0)	$Mg(OH)_2 + 2e^- = Mg + 2OH^-$	−2.690
Mn(Ⅱ)-(0)	$Mn(OH)_2 + 2e^- = Mn + 2OH^-$	−1.56
(Ⅳ)-(Ⅱ)	$MnO_2 + 2H_2O + 2e^- = Mn(OH)_2 + 2OH^-$	−0.05
(Ⅵ)-(Ⅳ)	$MnO_4^{2-} + 2H_2O + 2e^- = MnO_2 + 4OH^-$	+0.60
(Ⅶ)-(Ⅳ)	$MnO_4^- + 2H_2O + 3e^- = MnO_2 + 4OH^-$	+0.595
Mo(Ⅵ)-(0)	$MoO_4^{2-} + 4H_2O + 6e^- = Mo + 8OH^-$	−0.92
N(Ⅴ)-(Ⅲ)	$NO_3^- + H_2O + 2e^- = NO_2^- + 2OH^-$	+0.01
(Ⅴ)-(Ⅳ)	$2NO_3^- + 2H_2O + 2e^- = N_2O_4 + 4OH^-$	−0.85
Ni(Ⅱ)-(0)	$Ni(OH)_2 + 2e^- = Ni + 2OH^-$	−0.72
(Ⅲ)-(Ⅱ)	$Ni(OH)_3 + e^- = Ni(OH)_2 + OH^-$	+0.48
O(0)-(－Ⅱ)	$O_2 + 2H_2O + 4e^- = 4OH^-$	+0.401
(0)-(－Ⅱ)	$O_3 + H_2O + 2e^- = O_2 + 2OH^-$	+1.24
P(0)-(－Ⅲ)	$P + 3H_2O + 3e^- = PH_3(g) + 3OH^-$	−0.87
(Ⅴ)-(Ⅲ)	$PO_4^{3-} + 2H_2O + 2e^- = HPO_3^{2-} + 3OH^-$	−1.05
Pb(Ⅳ)-(Ⅱ)	$PbO_2 + H_2O + 2e^- = PbO + 2OH^-$	+0.47
Pt(Ⅱ)-(0)	$Pt(OH)_2 + 2e^- = Pt + 2OH^-$	+0.14
S(0)-(－Ⅱ)	$S + 2e^- = S^{2-}$	−0.47627
(5/2)-(Ⅱ)	$S_4O_6^{2-} + 2e^- = 2S_2O_3^{2-}$	+0.08
(Ⅳ)-(－Ⅱ)	$SO_3^{2-} + 3H_2O + 6e^- = S^{2-} + 6OH^-$	−0.66
(Ⅳ)-(Ⅱ)	$2SO_3^{2-} + 3H_2O + 4e^- = S_2O_3^{2-} + 6OH^-$	−0.571
(Ⅵ)-(Ⅳ)	$SO_4^{2-} + H_2O + 2e^- = SO_3^{2-} + 2OH^-$	−0.93
Sb(Ⅲ)-(0)	$SbO_2^- + 2H_2O + 3e^- = Sb + 4OH^-$	−0.66
(Ⅴ)-(Ⅲ)	$H_3SbO_6^{4-} + H_2O + 2e^- = SbO_2^- + 5OH^-$	−0.40
Se(Ⅵ)-(Ⅳ)	$SeO_4^{2-} + H_2O + 2e^- = SeO_3^{2-} + 2OH^-$	+0.05
Si(Ⅳ)-(0)	$SiO_3^{2-} + 3H_2O + 4e^- = Si + 6OH^-$	−1.697
Sn(Ⅱ)-(0)	$SnS + 2e^- = Sn + S^{2-}$	−0.94
(Ⅱ)-(0)	$HSnO_2^- + H_2O + 2e^- = Sn + 3OH^-$	−0.909
(Ⅳ)-(Ⅱ)	$[Sn(OH)_6]^{2-} + 2e^- = HSnO_2^- + 3OH^- + H_2O$	−0.93
Zn(Ⅱ)-(0)	$[Zn(CN)_4]^{2-} + 2e^- = Zn + 4CN^-$	−1.26
(Ⅱ)-(0)	$[Zn(NH_3)_4]^{2+} + 2e^- = Zn + 4NH_3(aq)$	−1.04
(Ⅱ)-(0)	$Zn(OH)_2 + 2e^- = Zn + 2OH^-$	−1.249
(Ⅱ)-(0)	$ZnO_2^{2-} + 2H_2O + 2e^- = Zn + 4OH^-$	−1.216
(Ⅱ)-(0)	$ZnS + 2e^- = Zn + S^{2-}$	−1.44

附录 10　常见配离子的标准稳定常数

配离子	$K^{\ominus}_{稳}$	$\lg K^{\ominus}_{稳}$	配离子	$K^{\ominus}_{稳}$	$\lg K^{\ominus}_{稳}$
1∶1			$[Ni(en)_3]^{2+}$	3.9×10^{18}	18.59
$[NaY]^{3-}$	5.0×10^{1}	1.69	$[Al(C_2O_4)_3]^{3-}$	2.0×10^{16}	16.30
$[AgY]^{3-}$	2.0×10^{7}	7.30	$[Fe(C_2O_4)_3]^{4-}$	1.7×10^{5}	5.23
$[CuY]^{2-}$	6.8×10^{18}	18.79	$[Fe(C_2O_4)_3]^{3-}$	1.6×10^{20}	20.20
$[MgY]^{2-}$	4.9×10^{8}	8.69	$[Zn(C_2O_4)_3]^{4-}$	1.4×10^{8}	8.15
$[CaY]^{2-}$	3.7×10^{10}	10.56	1∶4		
$[SrY]^{2-}$	4.2×10^{8}	8.62	$[CdCl_4]^{2-}$	3.5×10^{2}	2.54
$[BaY]^{2-}$	6.0×10^{7}	7.77	$[CuCl_4]^{2-}$	4.2×10^{5}	5.62
$[ZnY]^{2-}$	3.1×10^{16}	16.49	$[HgCl_4]^{2-}$	1.6×10^{15}	15.20
$[CdY]^{2-}$	3.8×10^{16}	16.57	$[SnCl_4]^{2-}$	3.0×10^{1}	1.48
$[HgY]^{2-}$	6.3×10^{21}	21.79	$[Cd(CN)_4]^{2-}$	1.3×10^{18}	18.11
$[PbY]^{2-}$	1.0×10^{18}	18.00	$[Cu(CN)_4]^{3-}$	5.0×10^{30}	30.70
$[MnY]^{2-}$	1.0×10^{14}	14.00	$[Hg(CN)_4]^{2-}$	3.2×10^{41}	41.51
$[FeY]^{2-}$	2.1×10^{14}	14.32	$[Ni(CN)_4]^{2-}$	1.0×10^{22}	22.00
$[CoY]^{2-}$	1.6×10^{16}	16.20	$[Zn(CN)_4]^{2-}$	5.8×10^{16}	16.76
$[NiY]^{-}$	4.1×10^{18}	18.61	$[Cd(NH_3)_4]^{2+}$	3.6×10^{6}	6.56
$[FeY]^{-}$	1.2×10^{25}	25.07	$[Cu(NH_3)_4]^{2+}$	1.4×10^{12}	12.15
$[CoY]^{-}$	1.0×10^{36}	36.00	$[Zn(NH_3)_4]^{2+}$	5.0×10^{8}	8.70
$[GaY]^{-}$	1.8×10^{20}	20.25	$[Zn(OH)_4]^{2-}$	1.4×10^{15}	15.15
$[InY]^{-}$	8.9×10^{24}	24.94	$[CdI_4]^{2-}$	1.3×10^{6}	6.11
$[TlY]^{-}$	3.2×10^{22}	22.51	$[HgI_4]^{2-}$	3.5×10^{30}	30.54
$[TlHY]$	1.5×10^{23}	23.17	$[Hg(SCN)_4]^{2-}$	7.7×10^{21}	21.88
$[CuOH]^{+}$	1.0×10^{5}	5.00	$[Zn(SCN)_4]^{2-}$	2.0×10^{1}	1.30
$[AgNH_3]^{+}$	2.0×10^{3}	3.30	1∶5		
1∶2			$[Fe(SCN)_5]^{2-}$	1.2×10^{6}	6.08
$[Cu(NH_3)_2]^{+}$	7.4×10^{10}	10.87	$[FeF_5]^{2-}$	2.2×10^{15}	15.34
$[Cu(CN)_2]^{-}$	2.0×10^{38}	38.30	1∶6		
$[Cu(en)_2]^{2+}$	4.0×10^{19}	19.60	$[SnCl_6]^{2-}$	6.6	0.82
$[Ag(en)_2]^{+}$	7.0×10^{7}	7.84	$[Fe(CN)_6]^{4-}$	1.0×10^{24}	24.00
$[Ag(NCS)_2]^{-}$	4.0×10^{8}	8.60	$[Fe(CN)_6]^{3-}$	1.0×10^{31}	31.00
$[AgCl_2]^{-}$	1.7×10^{5}	5.24	$[FeF_6]^{3-}$	1.0×10^{16}	16.00
$[Ag(CN)_2]^{-}$	1.3×10^{21}	21.11	$[Co(NH_3)_6]^{2+}$	2.4×10^{4}	4.38
$[Ag(NH_3)_2]^{+}$	1.7×10^{7}	7.24	$[Co(NH_3)_6]^{3+}$	1.4×10^{35}	35.15
$[Ag(S_2O_3)_2]^{3-}$	2.9×10^{13}	13.46	$[Ni(NH_3)_6]^{2+}$	1.1×10^{8}	8.04
1∶3			$[AlF_6]^{3-}$	6.9×10^{19}	19.84
$[PbCl_3]^{-}$	25	1.4			

注：Y＝$EDTA^{4-}$。

附录 11　常见离子和化合物的颜色

离子或化合物	颜　色	离子或化合物	颜　色	离子或化合物	颜　色
Ag^{+}	无	CaF_2	白	$Cr_2(SO_4)_3$	桃红
$AgBr$	淡黄	CaO	白	$Cr_2(SO_4)_3 \cdot 6H_2O$	绿
$AgCl$	白	$Ca(OH)_2$	白	$Cr_2(SO_4)_3 \cdot 18H_2O$	蓝紫
$AgCN$	白	$CaHPO_4$	白	Cu^{2+}	蓝
Ag_2CO_3	白	$Ca_3(PO_4)_2$	白	$CuBr$	白
$Ag_2C_2O_4$	白	$CaSO_3$	白	$CuCl$	白
Ag_2CrO_4	砖红	$CaSO_4$	白	$CuCl_2^-$	无
$Ag_3[Fe(CN)_6]$	橙	$CaSiO_3$	白	$CuCl_4^{2-}$	黄
$Ag_4[Fe(CN)_6]$	白	Cd^{2+}	无	$CuCN$	白
AgI	黄	$CdCO_3$	白	$Cu_2[Fe(CN)_6]$	红棕
$AgNO_3$	白	CdC_2O_4	白	CuI	白
Ag_2O	褐	$Cd_3(PO_4)_2$	白	$Cu(IO_3)_2$	淡蓝
Ag_3PO_4	黄	CdS	黄	$Cu(NH_3)_4^{2+}$	深蓝
$Ag_4P_2O_7$	白	Co^{2+}	粉红	$Cu(NH_3)_2^+$	无
Ag_2S	黑	$CoCl_2$	蓝	CuO	黑
$AgSCN$	白	$CoCl_2 \cdot 2H_2O$	紫红	Cu_2O	暗红
Ag_2SO_4	白	$CoCl_2 \cdot 6H_2O$	粉红	$Cu(OH)_2$	浅蓝
$Ag_2S_2O_3$	白	$Co(CN)_6^{3-}$	紫	$Cu(OH)_4^{2-}$	蓝
$Al(OH)_3$	白	$Co(NH_3)_6^{2+}$	黄	$Cu_2(OH)_2CO_3$	淡蓝
As_2S_3	黄	$Co(NH_3)_6^{3+}$	橙黄	$Cu_3(PO_4)_2$	淡蓝
As_2S_5	黄	CoO	灰绿	CuS	黑
Ba^{2+}	无	Co_2O_3	黑	Cu_2S	深棕
$BaCO_3$	白	$Co(OH)_2$	粉红	$CuSCN$	白
BaC_2O_4	白	$Co(OH)_3$	棕褐	$CuSO_4$	灰白
$BaCrO_4$	黄	$Co(OH)Cl$	蓝	$CuSO_4 \cdot 5H_2O$	蓝
$BaHPO_4$	白	$Co_2(OH)_2CO_3$	红	Fe^{2+}	浅绿
$Ba_3(PO_4)_2$	白	$Co_3(PO_4)_2$	紫	Fe^{3+}	淡紫
$BaSO_3$	白	CoS	黑	$FeCl_3 \cdot 6H_2O$	黄棕
$BaSO_4$	白	$Co(SCN)_4^{2-}$	蓝	$[Fe(CN)_6]^{4-}$	黄
BaS_2O_3	白	$CoSiO_3$	紫	$[Fe(CN)_6]^{3-}$	红棕
Bi^{3+}	无	$CoSO_4 \cdot 7H_2O$	红	$FeCO_3$	白
$BiOCl$	白	Cr^{2+}	蓝	$FeC_2O_4 \cdot 2H_2O$	淡黄
Bi_2O_3	黄	Cr^{3+}	蓝紫	FeF_6^{3-}	无
$Bi(OH)_3$	白	$CrCl_3 \cdot 6H_2O$	绿	$Fe(HPO_4)_2^-$	无
$Bi(OH)CO_3$	白	Cr_2O_3	绿	FeO	黑
$BiONO_3$	白	CrO_3	橙红	Fe_2O_3	砖红
Bi_2S_3	黑	CrO_2^-	绿	Fe_3O_4	黑
Ca^{2+}	无	CrO_4^{2-}	黄	$Fe(OH)_2$	白
$CaCO_3$	白	$Cr_2O_7^{2-}$	橙	$Fe(OH)_3$	红棕
CaC_2O_4	白	$Cr(OH)_3$	灰绿	$FePO_4$	浅黄

续表

离子或化合物	颜色	离子或化合物	颜色	离子或化合物	颜色
FeS	黑	$MgNH_4PO_4$	白	PbS	黑
Fe_2S_3	黑	$Mg(OH)_2$	白	$PbSO_4$	白
$Fe(SCN)^{2+}$	血红	$Mg_2(OH)_2CO_3$	白	$SbCl_6^{3-}$	无
$Fe_2(SiO_3)_3$	棕红	Mn^{2+}	肉色	$SbCl_6^-$	无
$FeSO_4 \cdot 7H_2O$	浅绿	$MnCO_3$	白	Sb_2O_3	白
Hg^{2+}	无	MnC_2O_4	白	Sb_2O_5	淡黄
Hg_2^{2+}	无	MnO_4^{2-}	绿	$SbOCl$	白
$HgCl_4^{2-}$	无	MnO_4^-	紫红	$Sb(OH)_3$	白
Hg_2Cl_2	白	MnO_2	棕	SbS_3^{3-}	无
HgI_4^{2-}	无	$Mn(OH)_2$	白	SbS_4^{3-}	无
HgI_2	红	MnS	肉色	SnO	黑或绿
Hg_2I_2	黄	$NaBiO_3$	黄	SnO_2	白
$HgNH_2Cl$	白	$Na[Sb(OH)_6]$	白	$Sn(OH)_2$	白
HgO	红或黄	$(NH_4)_2Fe(SO_4)_2 \cdot 6H_2O$	蓝绿	$Sn(OH)_4$	白
HgS	黑或红	$NH_4Fe(SO_4)_2 \cdot 12H_2O$	浅紫	$Sn(OH)Cl$	白
Hg_2S	黑	Ni^{2+}	亮绿	SnS	褐
Hg_2SO_4	白	$Ni(CN)_4^{2-}$	黄	SnS_2	黄
I_2	紫	$NiCO_3$	绿	SnS_3^{2-}	无
I_3^-	棕黄	$Ni(NH_3)_6^{2+}$	蓝紫	$SrCO_3$	白
KBr	白	NiO	暗绿	SrC_2O_4	白
$KBrO_3$	白	Ni_2O_3	黑	$SrCrO_4$	黄
KCl	白	$Ni(OH)_2$	淡绿	$SrSO_4$	白
$KClO_3$	白	$Ni(OH)_3$	黑	Ti^{3+}	紫
K_2CrO_4	黄	$Ni_2(OH)_2CO_3$	浅绿	TiO^{2+}	无
$K_2Cr_2O_7$	橙	$Ni_3(PO_4)_2$	绿	$Ti(H_2O_2)^{2+}$	桔黄
$K_3[Fe(CN)_6]$	深红	NiS	黑	V^{2+}	蓝紫
$K_4[Fe(CN)_6]$	黄	Pb^{2+}	无	V^{3+}	绿
$K[Fe(CN)_6Fe]$	蓝	$PbBr_2$	白	VO^{2+}	蓝
$KHC_4H_4O_6$	白	$PbCl_2$	白	VO_2^+	黄
$KHC_8H_4O_4$	白	$PbCl_4^{2-}$	无	VO_3^-	无
(邻苯二甲酸氢钾)		$PbCO_3$	白	V_2O_5	红棕
$K_2Na[Co(NO_2)_6]$	黄	PbC_2O_4	白	ZnC_2O_4	白
$K_3[Co(NO_2)_6]$	黄	$PbCrO_4$	黄	$Zn(NH_3)_4^{2+}$	无
K_2SO_4	白	PbI_2	黄	ZnO	白
$K_2[PtCl_6]$	黄	PbO	黄	$Zn(OH)_4^{2-}$	无
$MgCO_3$	白	PbO_2	棕褐	$Zn(OH)_2$	白
$MgCl_2 \cdot 6H_2O$	白	Pb_3O_4	红	$Zn_2(OH)_2CO_3$	白
MgC_2O_4	白	$Pb(OH)_2$	白	ZnS	白
MgF_2	白	$Pb_2(OH)_2CO_3$	白		

附录12　常用离子的主要鉴定方法

离　子	鉴定方法	条件及干扰
K^+	取两滴 K^+ 试液，加入 1 滴 HAc 酸化，再加入 3 滴六硝基合钴酸钠（$Na_3[Co(NO_2)_6]$），放置片刻，即有黄色沉淀 $K_2Na[Co(NO_2)_6]$ 产生，加入强酸，沉淀即溶解	(1)鉴定要在中性或弱酸性条件下进行，强酸、强碱均能使试剂分解 (2) NH_4^+ 可与试剂生成橙色沉淀 $(NH_4)_2Na[Co(NO_2)_6]$ 而产生干扰，但经沸水浴中加热 1～2min 后，$(NH_4)_2Na[Co(NO_2)_6]$ 分解，$K_2Na[Co(NO_2)_6]$ 不变
Na^+	取两滴 Na^+ 试液，加入 8 滴乙酸铀酰锌试剂，用玻璃棒搅拌或摩擦试管壁，有黄色乙酸铀酰锌钠晶体缓慢生成，表示有 Na^+	(1)鉴定要在中性或弱酸性条件下进行，强酸、强碱均能使试剂分解 (2)K^+ 浓度大时，可产生干扰；Ag^+、Hg^{2+}、Sb^{3+} 存在，有干扰；AsO_4^{3-}、PO_4^{3-} 会分解试剂
Ca^{2+}	取两滴 Ca^{2+} 试液，再滴加 $(NH_4)_2C_2O_4$，生成白色 CaC_2O_4 沉淀，此沉淀溶于 HCl，而不溶于 HAc	(1)反应在强酸性条件下不能进行 (2)Mg^{2+}、Ba^{2+}、Sr^{2+} 存在对反应有干扰，但 MgC_2O_4 溶解于乙酸，Ba^{2+}、Sr^{2+} 则应预先除去
Mg^{2+}	取两滴 Mg^{2+} 试液，加 1～2 滴 NaOH 碱化，滴加镁试剂，有天蓝色沉淀生成	(1)鉴定反应要在碱性条件下进行，NH_4^+ 大量存在会有干扰，可加 NaOH 并加热除去 (2) Ag^+、Hg^{2+}、Hg_2^{2+}、Cu^{2+}、Co^{2+}、Ni^{2+}、Mn^{2+}、Cr^{3+}、Fe^{3+} 及高浓度 Ca^{2+} 存在会有干扰，应预先除去
NH_4^+	取一大一小两块表面皿，在大的表面皿上滴加两滴 NH_4^+ 试液，再加 1 滴 NaOH，混匀，在小的表面皿上粘附一条润湿的酚酞试纸，将小表面皿盖在大表面皿上，做成气室。把此气室放在适当大小的、有水的烧杯上，加热烧杯，酚酞试纸变红，说明有 NH_4^+	
	取两滴 NH_4^+ 试液，加入奈氏试剂（碱性碘化汞钾），即生成黄棕色沉淀	
Ba^{2+}	取两滴 Ba^{2+} 试液，滴加硫酸溶液，即生成不溶于酸的白色沉淀	

续表

离　子	鉴定方法	条件及干扰
Al^{3+}	取1滴Al^{3+}试液，加两滴3mol·L^{-1} NH_4Ac及两滴铝试剂，微热，出现红色沉淀，再加6mol·L^{-1} $NH_3·H_2O$，沉淀不消失	(1)反应宜在HAc-NH_4Ac缓冲溶液中进行 (2)Cr^{3+}、Cu^{2+}、Ca^{2+}、Fe^{3+}、Bi^{3+}对鉴定有干扰，但加氨水后，Cr^{3+}、Cu^{2+}生成的红色化合物即分解；加$(NH_4)_2CO_3$可使Ca^{2+}生成$CaCO_3$沉淀，加NaOH可使Fe^{3+}、Bi^{3+}、Cu^{2+}生成沉淀而预先除去
Pb^{2+}	取两滴Pb^{2+}试液，加两滴0.1mol·L^{-1} K_2CrO_4，生成黄色沉淀	(1)反应要在HAc溶液中进行，强酸强碱溶液中均不能生成沉淀 (2)Ba^{2+}和Ag^+对此有干扰。可加入H_2SO_4，使Ba^{2+}、Ag^{2+}、Pb^{2+}生成硫酸盐沉淀，过滤后加入乙酸铵，乙酸铵能和Pb^{2+}生成可溶性弱电解质$Pb(Ac)_2$，然后再鉴定Pb^{2+}
Hg^{2+}	取两滴Hg^{2+}试液，滴加$SnCl_2$，首先生成Hg_2Cl_2白色沉淀，在过量$SnCl_2$存在时，Hg_2Cl_2被还原为Hg，沉淀出现灰黑色	
Ag^+	取两滴Ag^+试液，滴加3mol·L^{-1} HCl，得白色AgCl沉淀，离心分离后，在沉淀上滴加6mol·L^{-1} $NH_3·H_2O$，沉淀溶解，溶液经硝酸酸化后，又析出AgCl	
Zn^{2+}	取两滴Zn^{2+}试液，滴加1滴6mol·L^{-1}氨水，滴加$(NH_4)_2S$，即生成ZnS白色沉淀。沉淀溶于稀盐酸，不溶于乙酸	反应宜在中性或碱性条件下进行
Fe^{3+}	取1滴Fe^{3+}试液，滴加0.5mol·L^{-1} NH_4SCN，生成血红色硫氰酸铁	(1)H_3PO_4、$H_2C_2O_4$、F^-、酒石酸、柠檬酸等能与Fe^{3+}形成稳定的配合物而影响鉴定 (2)Cu^{2+}、Co^{2+}、Ni^{2+}、Cr^{3+}有颜色，使鉴定结果的颜色观察不敏感
	取1滴Fe^{3+}试液，滴入1滴2mol·L^{-1} HCl和1滴$K_4[Fe(CN)_6]$，出现蓝色沉淀	(1)鉴定要在酸性条件下进行 (2)Cu^{2+}、Co^{2+}、Ni^{2+}浓度大时，对鉴定有干扰，需预先分离除去

续表

离　子	鉴定方法	条件及干扰
Fe^{2+}	取1滴Fe^{2+}试液，滴入几滴邻二氮杂菲溶液，试液变红色	鉴定要在弱酸性条件下进行，有较好的选择性和灵敏度
	取1滴Fe^{2+}试液，滴入1滴2mol·L^{-1}HCl和1滴$K_3[Fe(CN)_6]$，出现蓝色沉淀	鉴定要在酸性条件下进行
Co^{2+}	取1～2滴Co^{2+}试液，加入10滴饱和NH_4SCN，再加5滴戊醇，振荡，静置分层，戊醇层为蓝绿色	(1)NH_4SCN浓度要大 (2)若有Fe^{3+}干扰，可加NaF掩蔽
Ni^{2+}	取1滴Ni^{2+}试液，加1滴6mol·L^{-1}氨水，再加1滴二乙酰二肟，生成鲜红色沉淀	(1)鉴定反应在氨性溶液中进行，pH＝5～10较适宜 (2)Fe^{2+}、Fe^{3+}、Cu^{2+}、Co^{2+}、Cr^{3+}、Mn^{2+}有干扰，可加柠檬酸或酒石酸掩蔽
Cr^{3+}	取3滴Cr^{3+}试液，加6mol·L^{-1} NaOH至生成的沉淀溶解，再加4滴3%H_2O_2，水浴加热，待溶液变成黄色，继续加热使剩余的H_2O_2分解，冷却后，再加6mol·L^{-1} HAc酸化，然后加两滴0.1mol·$L^{-1}$$PbNO_3$，生成黄色沉淀	Cr^{3+}的氧化需在碱性条件下；生成$PbCrO_4$的反应要在弱酸性的HAc条件下进行
Cu^{2+}	取3滴Cu^{2+}试液，加入乙酸酸化溶液，再加入亚铁氰化钾，若有Cu^{2+}存在，即生成红棕色$Cu_2[Fe(CN)_6]$沉淀，沉淀不溶于稀HNO_3而溶于$NH_3·H_2O$	(1)鉴定反应要在中性或弱酸性条件下进行 (2)Fe^{3+}及大量的Co^{2+}、Ni^{2+}会有干扰
Mn^{2+}	取两滴Mn^{2+}试液，加入10滴水、5滴2mol·$L^{-1}$$HNO_3$，再加少许$NaBiO_3$(s)，水浴加热，溶液成紫色	(1)反应宜在强酸性条件下进行 (2)Cl^-、Br^-、I^-等还原性物质及H_2O_2有干扰
Cl^-	取两滴Cl^-试液，加入$AgNO_3$溶液，立即生成白色AgCl沉淀。滴加6mol·L^{-1}氨水，沉淀溶解，再加6mol·L^{-1}硝酸，沉淀又出现	
Br^-	取两滴Br^-试液，加入氯仿，再加入氯水，振荡，氯仿层显黄色或红棕色	氯水宜逐滴加入并振荡。氯水过量，生成BrCl，氯仿层就呈黄色
I^-	取两滴I^-试液，加入氯仿，再加入氯水，振荡，氯仿层显紫红色，若加入过量氯水，紫红色消失。紫红色物质能使淀粉试剂变蓝	反应宜在酸性、中性或碱性条件下进行
SCN^-	取两滴SCN^-试液，加入$FeCl_3$溶液1～2滴，溶液出现血红色	

续表

离　子	鉴定方法	条件及干扰
NO_2^-	取两滴 NO_2^- 试液，再加 6mol · L^{-1} HAc 酸化，加入碘化钾-淀粉指示剂，若有 NO_2^- 存在，溶液即呈蓝色	
NO_3^-	取两滴 NO_3^- 试液，加入 6 滴 12mol · L^{-1} H_2SO_4 及 3 滴 α-萘胺，溶液呈淡紫红色	
S^{2-}	取 4 滴 S^{2-} 试液，加 6mol · L^{-1} 硫酸，立即在试管口放入润湿的 $Pb(Ac)_2$ 试纸，溶液反应放出的 H_2S 气体，使乙酸铅试纸出现黑色	
SO_3^{2-}	取两滴 SO_3^{2-} 试液，加入 6mol · L^{-1} 硫酸 1 滴酸化，滴入两滴碘水或 0.01mol · L^{-1} $KMnO_4$，酸化产生的 SO_2 使碘水或 $KMnO_4$ 溶液褪色	
$S_2O_3^{2-}$	取两滴 $S_2O_3^{2-}$ 试液，加入两滴 2mol · L^{-1} HCl，微热，因有淡黄色硫沉淀生成，溶液呈混浊	
SO_4^{2-}	取两滴 SO_4^{2-} 试液，加入 1 滴 6mol · L^{-1} HCl 酸化，再加 2 滴 0.1mol · L^{-1} $BaCl_2$，出现白色沉淀	氟离子和氟硅酸根离子对此鉴定反应有干扰
CO_3^{2-}	取 10 滴 CO_3^{2-} 试液于试管中，另取 1 个与试管大小相配的橡皮塞，打孔后插入 1 支没有滴头的滴管，在滴管的细口处加 1 滴澄清的石灰水，往试管中加入 3 滴 6mol · L^{-1} HCl 后，迅速塞入橡皮塞。溶液中反应产生的 CO_2 与石灰水接触，使石灰水变浑浊	
PO_4^{3-}	取两滴 PO_4^{3-} 试液，加 1 滴 6mol · L^{-1} HNO_3 酸化，再加两滴 10%钼酸铵，温热，有磷钼酸铵黄色沉淀出现	(1)沉淀溶于碱和氨水中，反应要在酸性条件下进行 (2)还原剂的存在会使 Mo^{4+} 还原为“钼蓝”而使溶液呈深蓝色，影响鉴定，故要预先除去 (3)钼酸铵与 PO_3^-、$P_2O_7^{4-}$ 的冷溶液无反应，但煮沸后由于 PO_4^{3-} 的生成而有黄色磷钼酸铵沉淀

附录 13　某些试剂溶液的配制

试　剂	浓度/(mol · L^{-1})	配制方法
三氯化铋	0.1	溶解 31.6g $BiCl_3$ 于 330mL 6mol · L^{-1} HCl，加水稀释至 1L
三氯化锑	0.1	溶解 22.8g $SbCl_3$ 于 330mL 6mol · L^{-1} HCl，加水稀释至 1L
氯化亚锡	0.5	溶解 113g$SnCl_2 \cdot 2H_2O$ 于 170mL 浓 HCl 中，必要时可加热。完全溶解后，加水稀释至 1L，然后加几粒锌粒（用时新配）
氯化铁	0.1	溶解 27g$FeCl_3 \cdot 6H_2O$ 于 100mL 6mol · L^{-1} HCl 中，加水稀释至 1L
硫化铵	3	在 200mL 浓 $NH_3 \cdot H_2O$ 中通入 H_2S 直至不再吸收，然后加入 200mL 浓 $NH_3 \cdot H_2O$，最后加水稀释至 1L（用时新配）
多硫化钠		溶解 480g$Na_2S \cdot 9H_2O$ 于 500mL 水中，再加 40gNaOH 和 18g 硫磺，充分搅拌，加水稀释至 1L（用时新配）
硫酸铵		溶解 50g$(NH_4)_2SO_4$ 于 100mL 热水，冷却后过滤
硫酸亚铁铵	0.5	溶解 196g$(NH_4)_2Fe(SO_4)_2 \cdot 6H_2O$ 于 300mL 含有 10mL 浓 H_2SO_4 的水中，加水稀释至 1L（用时新配）
硫酸亚铁	0.5	溶解 139g $Fe(SO_4) \cdot 7H_2O$ 于 300mL 含有 10mL 浓 H_2SO_4 的水中，加水稀释至 1L，再加几枚小铁钉（用时新配）
硝酸汞	0.1	溶解 33.4g $Hg(NO_3)_2 \cdot 1/2H_2O$ 于 1L 0.6mol · L^{-1} HNO_3 中
硝酸亚汞	0.1	溶解 56.1g $Hg_2(NO_3)_2 \cdot 2H_2O$ 于 1L 0.6mol · L^{-1} HNO_3 中，再加入少许金属汞
碳酸铵	0.1	溶解 96g$(NH_4)_2CO_3$ 于 1L 2mol · $L^{-1}$$NH_3 \cdot H_2O$ 中
锑酸钠	0.1	溶解 12.2g 锑粉于 50mL 浓 HNO_3 中，微热，使锑粉全部作用成白色粉末，用倾析法洗涤数次，加 50mL6mol · L^{-1} NaOH，溶解后稀释至 1L
钴亚硝酸钠		溶解 230g$NaNO_2$ 于 500mL 水中，加入 165mL6mol · L^{-1} HAc 和 30g$Co(NH_3)_2 \cdot 6H_2O$，放置 24h，取其清液，稀释至 1L，保存在棕色瓶中。此溶液应呈橙色，若变成红色，表示已分解，需重新配制
亚硝酰铁氰化钠		溶解 1g 亚硝酰铁氰化钠于 100mL 水中，保存于棕色瓶中（需新配，变绿即已失效）

续表

试 剂	浓度/(mol · L^{-1})	配制方法
奈氏试剂		溶解 115gHgI_2 和 80gKI 于水中，稀释至 500mL，再加入 500mL6mol · L^{-1} NaOH，静置后取其清液，保存在棕色瓶中
铬黑 T		将铬黑 T 和烘干的 NaCl 按 1∶100 的比例在研钵中研磨均匀
镁试剂		溶解 0.01g 镁试剂于 1L1mol · L^{-1}NaOH 中
镍试剂		溶解 10g 二乙酰二肟于 1L95%的乙醇中
钙指示剂		钙指示剂与无水 Na_2SO_4 按 2∶100 比例混合，研磨均匀
氯水		在水中通入氯气至饱和(新鲜配制)
溴水		在水中滴入溴水至饱和
碘水	0.01	溶解 1.3g 碘和 5gKI 于尽可能少的水中，加水稀释至 1L
品红溶液		0.1g 品红溶于 100mL 水中
淀粉溶液		取 0.2g 淀粉和少量水，调成糊状，倒入 100mL 沸水中，煮沸后冷却
HAc-NaAc 缓冲溶液		取 120g 无水 NaAc 溶于水，加冰醋酸 60mL，稀释至 1L (pH=5.0)
NH_3-NH_4Cl 缓冲溶液		取 54gNH_4Cl 溶于水，加浓氨水 350mL，稀释至 1L(pH=10)
甲基橙		溶解 1g 甲基橙于 1L 水中
石蕊		取 2g 石蕊溶于 50mL 水中，静置 24h 后过滤，在滤液中加 95%乙醇 30mL，再加水稀释至 1L
酚酞		取 1g 酚酞，溶解于 90mL95%乙醇和 10mL 水的混合液中

参考文献

北京师范大学无机化学教研室等．2001. 无机化学实验．第三版．北京：高等教育出版社
陈寿椿等．1994. 重要无机化学反应．第三版．上海：上海科技出版社
段长强等．1986～1992. 现代化学试剂手册．北京：化学工业出版社
日本化学会．1983～1986. 无机化合物合成手册．曹惠民等译．北京：化学工业出版社
孙尔康等．1991. 化学实验基础．南京：南京大学出版社
张向宇等．1986. 实用化学手册．北京：国防工业出版社
中山大学等．1992. 无机化学实验．第三版．北京：高等教育出版社
David R. Lide. 2003～2004. CRC Handbook of Chemistry and Physics. 84th ed. Boca Raton：CRC Press
Dean J A. 1999. Lang's Handbook of Chemistry. 15th ed. New York：McGraw-Hill Book Company

常用化学网址

http://www.las.ac.cn	中国科学院国家科学图书馆
http://www.cstnet.net.cn	中国科技网
http://chin.csdl.ac.cn	化学信息网
http://www.cpi.gov.cn	中国医药信息网
http://www.cheminfo.gov.cn	中国化工信息网
http://www.wanfangdata.com.cn	万方数据知识服务平台
http://www.cnki.net/index.htm	中国知网
http://www.nlc.gov.cn	中国国家图书馆
http://www.ccs.ac.cn	中国化学学会
http://www.acs.org(http://www.chemistry.org)	美国化学学会
http://www.rsc.org	英国皇家化学会
http://www.chemistry.or.jp	日本化学会
http://www.gdch.de	德国化学会
http://www.cas.org	美国化学文摘
http://www.patent.com.cn	中国专利信息网
http://www.uspto.gov	美国专利商标局
http://www.jpo.go.jp	日本专利局
http://ep.espacenet.com	欧洲专利局